21世纪高职、高专计算机类教材系列

C 语言程序设计教程
（第二版）

李志球　刘　昊　编著

电子工业出版社

Publishing House of Electronics Industry
北京·BEIJING

内 容 简 介

本书是《21 世纪高职、高专计算机类教材系列》之一，共 11 章。本书从先进性和实用性出发，较全面地介绍了 C 语言程序设计所涉及的基本理论、程序设计方法和实际应用技能。内容包括：程序设计和 C 语言基本概念、顺序结构、选择结构、循环结构程序设计方法，数组和字符串、函数和预处理、指针、结构体、共用体与位运算、文件、应用程序设计实例等。

本书叙述简明扼要，通俗易懂，实用性强，各章有小结，习题部分题型丰富。第 10 章可作为课程设计参考内容，第 11 章实验实训内容供学生实验时参考使用。华信教育网（http://hxedu.com.cn）提供了本书的电子教案和习题参考答案，供教师和学生下载。

本书可作为应用型本科院校、高职高专、成人高校及民办高校的计算机类和电子信息类各专业和其他专业的教材，也可作为有关技术人员自学参考用书。

未经许可，不得以任何方式复制或抄袭本书之部分或全部内容。
版权所有，侵权必究。

图书在版编目（CIP）数据

C 语言程序设计教程/李志球，刘昊编著．—2 版．—北京：电子工业出版社，2007.7
（21 世纪高职、高专计算机类教材系列）
ISBN 978-7-121-04501-1

Ⅰ. C… Ⅱ. ①李… ②刘… Ⅲ. C 语言—程序设计—高等学校：技术学校—教材 Ⅳ. TP312

中国版本图书馆 CIP 数据核字（2007）第 098495 号

责任编辑：张　榕（zr@phei.com.cn）
印　　刷：北京京师印务有限公司
装　　订：北京京师印务有限公司
出版发行：电子工业出版社
　　　　　北京市海淀区万寿路 173 信箱　邮编　100036
开　　本：787×1 092　1/16　印张：19.75　字数：505 千字
版　　次：2000 年 3 月第 1 版
　　　　　2007 年 7 月第 2 版
印　　次：2016 年 8 月第 7 次印刷
定　　价：39.00 元

凡所购买电子工业出版社图书有缺损问题，请向购买书店调换。若书店售缺，请与本社发行部联系，联系及邮购电话：（010）88254888。
质量投诉请发邮件至 zlts@phei.com.cn，盗版侵权举报请发邮件至 dbqq@phei.com.cn。
服务热线：（010）88258888。

21世纪高职、高专计算机类教材系列编委会名单

主　编：庄燕滨
副主编：常明华　华容茂　邵晓根　陈　雁　顾元刚　杨萃南
委　员：（以姓氏笔画为序）
　　　　邓　凯　朱宇光　刘红玲　李志球　华容茂
　　　　庄燕滨　许秀林　吴国经　宋依青　张永常
　　　　陈志荣　邵晓根　杨萃南　陈　雁　张强华
　　　　张家超　林全新　郑成增　徐煜明　周维武
　　　　顾元刚　高　波　常明华　常晋义　谢志荣
　　　　薄继康

序　言

1．缘起与背景

20 多年来，我国应用型高等教育、高等职业教育得到了长足的发展。在这一领域从事计算机教育的师生在教学改革和教学建设方面取得了很多成绩，有的还列为国家重点教学改革项目进行试点。1998 年 12 月 24 日教育部发布了《面向 21 世纪教育振兴行动计划》，提出"积极发展高等职业教育"。我国的高等职业教育进入了高速发展阶段，这一新形势向我们提出了新的更高要求。认真总结应用型高职、高专的教学教改经验，制定一套适合当前改革、发展要求的应用型高等教育（含高等职业教育）的计划、大纲和编写教材就成了当务之急，基于这样一个认识，我们组织了十余所学校的教师进行研讨，并组织编写这套 21 世纪高职、高专计算机类教材。

2．编写原则

高职、高专有自身特色，正如《振兴计划》中指出的："高等职业教育必须面向地区经济建设和社会发展，适应就业市场的实际需要，培养生产、服务、管理第一线需要的实用人才，真正办出特色。"培养出符合国家建设需要的高素质的应用型人才是高职、高专发展的根本目的。因此，在这套教材的编写中，我们遵循"适用、实用、会用、通用"的原则，避免低水平重复。

"适用"就是要符合目前行业要求的新知识、新技术、新方法。由于计算机技术始终处于高速发展中，因此，如果只讲那些已经"十分成熟"的技术，那么，学生毕业后，这些技术可能已经过时。这样培养出来的学生，不能适应职业岗位的需要。因此，本套教材在选材上，既注意讲透基本理论，也注意讲解新技能，具有一定的前瞻性。

"实用"就是计算机行业最广泛应用的知识、方法和技能，使学生能胜任岗位工作，切实符合社会需要。

"会用"就是培养学生在具备一定理论基础的前提下，能够用自己所学的知识，解决在工作中遇到的具体问题。注重动手能力和操作技能。

"通用"是指本套教材不仅限于高等职业教育，对于应用型高等院校，如技术学院、技术师范学院、职业大学等也是对口的教材。

3．编写情况

本套教材的作者都是多年从事应用型高等教育和高等职业教育的教师，他们对应用型高等教育的实际、学生的学习情况、学生就业后面临的岗位要求等有深入的了解。在本套教材编写中，我们反复研讨，得到了许多学校领导和教师的大力支持，许多章节都是在优秀教案、讲义的基础上推敲而成的，吸收了计算机试点专业的教改经验，并由主编全文统稿。在此基础上，我们组织专家审阅、把关，以确保质量。今后还将根据我们这十余所学校的使用情况，认真听取读者的意见，不断修订、补充、完善，以跟上计算机行业发展的步伐。

4．适用学校和专业

本套教材除了特别适合高等职业学校计算机类专业（包括"计算机应用"、"计算机网络"、"信息管理"、"计算机科学教育"、"会计电算化"等）使用外，也可供其他应用型高等专科学校使用。对那些迫切需要提高自己应用技能的读者，本套教材作为自学读物，亦颇为得当。

21 世纪高职、高专计算机类教材编委会

前　言

C 语言功能丰富，表达能力强，使用灵活方便，程序执行效率高，可移植性好；它既具有低级语言可直接操作计算机硬件的能力，又有高级语言的特点；它既可编写系统软件，又适合编写应用软件。因此，C 语言得到了广泛应用。

《C 语言程序设计教程》一书自出版以来，受到了广大读者的厚爱。但由于作者水平有限，加上计算机技术发展日新月异，本书在内容充实和章节选取上还需要进一步改进。根据《21 世纪高职、高专计算机类教材系列》的编写目的，遵循"适用、实用、会用和通用"的原则，并根据有关高校的使用情况，认真听取了读者的意见，对第一版教材进行修正、补充、调整和完善。

教材第二版对第一版各章中的错漏和不妥之处做了修正，调整了部分章节的顺序，增加了应用程序设计实例等章节，各章习题部分增加了一些练习题。教学实施时，各高校可根据自己的教学大纲和教学时数的要求，灵活组织教学内容。授课时教学时数不够时，可对本书内容进行选择，其中第 1～8 章是基础，为必选内容，各章的选学与提高和其余章节作为选学内容。

全书共分 11 章，第 1 章介绍了程序、程序设计、算法和流程图、C 语言实现方法、C 语言构成和 C 语言数据类型、基本运算符、表达式等基本概念。第 2 章介绍了 C 语言基本语句、常用的输入/输出函数、顺序结构程序设计方法、goto 语句和语句标号的使用，以及程序调试方法等。第 3 章介绍了关系、逻辑和条件运算符及相应的表达式、if 语句和 switch 语句及选择结构程序设计方法。第 4 章介绍了循环概念、三种循环语句及循环程序设计方法。第 5 章介绍了数组的概念及数组的使用，同时还介绍了一些常用的字符串处理函数。第 6 章介绍了 C 语言函数的基本格式、参数传递、调用方法，以及变量的存储类型、作用域、函数存储类别和预处理。第 7 章主要介绍了指针的概念、指针的定义和使用、指针作为函数参数、指针与数组、函数指针、指针数组。第 8 章介绍了结构体和共同体类型及变量定义、引用、枚举类型定义及变量引用、链表的操作、位运算。第 9 章主要介绍文件概念、文件类型指针、文件的打开、读/写、关闭等。第 10 章通过实例介绍了 C 语言应用程序的框架结构和设计方法。第 11 章介绍实验实训内容，供学生在上机操作时参考使用。

本书是《21 世纪高职、高专计算机类教材系列》教材之一，是编者根据多年教学经验及从事 C 语言开发的基础上编写而成的。编写过程中，力求理论与实践相结合，突出实用和实际操作，在语言叙述上注重概念清晰、逻辑性强、通俗易懂、便于自学；在体系结构上安排合理、重点突出、难点分散、便于掌握。

本书由李志球、刘昊编著，李志球编著第 1～5 章、第 11 章及全部附录，刘昊编著第 6～10 章，李志球对全书进行了统稿和定稿。赵丽松、张榕、邵晓根等同志在本书编写出版过程中给予了大力支持，并提出了宝贵意见，在此深表感谢！

本书可作为高职高专、本科院校、成人高校及民办高校的计算机类、电子信息类各专业和其他非计算机类专业的教材，也可作为有关技术人员的自学参考用书。

由于作者水平有限，书中的错漏之处在所难免，殷切希望广大读者提出宝贵意见，以使教材不断完善。为了帮助读者学习本书，华信教育网（http://hxedu.com.cn）提供了本书的电子教案和习题参考答案，供教师和学生下载。需要其他教学包的教师也可以和作者联系。作者 E-mail：lizq98@xzcat.edu.cn。

李志球、刘昊

目　录

第1章　程序设计和 C 语言基础 1
- 1.1　程序和程序设计 2
  - 1.1.1　程序 2
  - 1.1.2　程序设计 3
- 1.2　算法和流程图 5
  - 1.2.1　算法 5
  - 1.2.2　结构化程序设计和流程图 6
- 1.3　C 语言构成 9
  - 1.3.1　C 语言简单实例 9
  - 1.3.2　C 语言程序的构成 12
  - 1.3.3　C 语言特点 13
- 1.4　C 语言开发环境 14
  - 1.4.1　Turbo C 2.0 集成开发环境 14
  - 1.4.2　Visual C++集成开发环境 19
  - 1.4.3　两种编程工具的比较 22
  - 1.4.4　语法错误的程序调试方法 23
- 1.5　C 语言基本元素 24
  - 1.5.1　标识符和关键字 24
  - 1.5.2　C 语言基本数据类型 25
  - 1.5.3　常量 27
  - 1.5.4　变量及初始化 29
  - 1.5.5　混合运算时的类型转换 31
  - 1.5.6　基本运算符与表达式 32
  - 1.5.7　运算优先级与结合性 34
- 小结 34
- 习题 36

第2章　顺序结构程序设计 40
- 2.1　C 语言基本语句简介 41
  - 2.1.1　基本语句 41
  - 2.1.2　赋值语句 42
  - 2.1.3　注释 43
  - 2.1.4　文件包含命令 43

2.2 数据输出函数 ... 44
    2.2.1 printf 函数（格式输出函数）... 44
    2.2.2 其他输出函数 ... 49
2.3 数据输入函数 ... 49
    2.3.1 scanf 函数（格式输入函数）... 49
    2.3.2 其他输入函数 ... 51
2.4 顺序结构程序设计举例 ... 52
2.5 语句标号和 goto 语句 ... 55
    2.5.1 语句标号 ... 55
    2.5.2 goto 语句（无条件转向语句）... 55
2.6 程序调试方法 ... 57
    2.6.1 单步执行 ... 58
    2.6.2 设置和使用断点 ... 60
    2.6.3 计算表达式 ... 61
小结 ... 61
习题 ... 62

第 3 章 选择结构程序设计 ... 66
3.1 逻辑运算符与表达式 ... 67
    3.1.1 关系运算符与表达式 ... 67
    3.1.2 逻辑运算符与表达式 ... 68
3.2 选择语句 ... 70
    3.2.1 if 语句 ... 70
    3.2.2 if-else 语句 ... 72
    3.2.3 if-else-if 语句 ... 73
    3.2.4 if 语句的嵌套 ... 75
3.3 条件运算符和条件表达式 ... 76
3.4 switch-case（开关）语句 ... 77
小结 ... 79
习题 ... 80

第 4 章 循环结构程序设计 ... 86
4.1 while 循环结构 ... 88
4.2 do while 循环结构 ... 91
4.3 for 循环结构 ... 92
    4.3.1 for 语句 ... 92
    4.3.2 for 语句的多样性 ... 95
4.4 循环的嵌套 ... 96
4.5 break 语句和 continue 语句 ... 99
    4.5.1 break 中断语句 ... 99
    4.5.2 continue 条件继续语句 ... 100

4.6 程序举例 ··· 100
小结 ··· 105
习题 ··· 105

第5章 数组和字符串

5.1 一维数组 ··· 110
 5.1.1 一维数组的定义及初始化 ·· 110
 5.1.2 一维数组元素的引用 ··· 111
5.2 二维数组 ··· 115
 5.2.1 二维数组的定义和初始化 ·· 115
 5.2.2 二维数组的引用 ·· 116
5.3 字符数组和字符串处理函数 ··· 118
 5.3.1 字符数组 ··· 118
 5.3.2 字符串处理函数 ·· 121
5.4 程序举例 ··· 124
小结 ··· 127
习题 ··· 128

第6章 函数和预处理

6.1 函数的定义 ··· 133
6.2 函数的调用 ··· 137
 6.2.1 函数调用格式 ··· 137
 6.2.2 函数调用的方式 ·· 138
 6.2.3 函数的说明 ··· 138
 6.2.4 函数参数的传递规则 ··· 139
 6.2.5 函数的嵌套调用 ·· 141
 6.2.6 函数的递归调用 ·· 142
 6.2.7 数组作为函数参数 ··· 146
6.3 局部变量和外部（全局）变量 ·· 147
 6.3.1 局部变量 ··· 148
 6.3.2 外部（全局）变量 ··· 148
6.4 变量的存储类别和作用域 ··· 150
6.5 内部函数和外部函数 ··· 152
6.6 预处理命令 ··· 154
 6.6.1 宏定义 ··· 155
 6.6.2 文件包含 ··· 157
 6.6.3 条件编译 ··· 158
 6.6.4 其他预处理命令 ·· 160
小结 ··· 161
习题 ··· 161

第 7 章 指针 ... 166

- 7.1 指针的概念 ... 167
- 7.2 指针变量 ... 168
  - 7.2.1 指针变量的定义及赋值 ... 168
  - 7.2.2 指针变量的引用 ... 169
  - 7.2.3 指针变量做函数参数 ... 171
- 7.3 指针与数组 ... 173
  - 7.3.1 指向数组元素的指针变量 ... 173
  - 7.3.2 指针运算 ... 175
  - 7.3.3 数组名作为函数参数 ... 176
- 7.4 指针与函数 ... 178
- 7.5 返回指针值的函数 ... 182
- 7.6 指针数组和指向指针数据的指针 ... 183
  - 7.6.1 指针数组 ... 183
  - 7.6.2 指向指针数据的指针 ... 188
  - 7.6.3 指针数组为 main 函数的形参 ... 188
- 小结 ... 190
- 习题 ... 190

第 8 章 结构体、共用体与位运算 ... 194

- 8.1 结构体 ... 195
  - 8.1.1 结构体类型 ... 195
  - 8.1.2 结构体类型变量的初始化及引用 ... 197
  - 8.1.3 结构体数组 ... 199
  - 8.1.4 指向结构体类型数据的指针 ... 201
- 8.2 共用体 ... 203
  - 8.2.1 共用体的定义 ... 203
  - 8.2.2 共用体类型变量的引用 ... 204
- 8.3 枚举类型 ... 206
- 8.4 链表 ... 207
  - 8.4.1 链表的建立 ... 208
  - 8.4.2 链表的插入与删除 ... 212
- 8.5 位运算 ... 216
  - 8.5.1 按位与运算符（&） ... 216
  - 8.5.2 按位或运算符（|） ... 217
  - 8.5.3 异或运算符（∧） ... 217
  - 8.5.4 取反运算符（~） ... 218
  - 8.5.5 左移运算符（<<） ... 218
  - 8.5.6 右移运算符（>>） ... 219
  - 8.5.7 位运算 ... 219

小结	220
习题	220

第9章 文件 224

9.1 文件的概念 225
9.2 文件的打开与关闭 226
    9.2.1 打开文件函数（fopen） 227
    9.2.2 关闭文件函数（fclose） 228
9.3 文件的读/写 229
    9.3.1 字符读/写函数 229
    9.3.2 字符串读/写函数 231
    9.3.3 数据块读/写函数 232
    9.3.4 格式化读/写函数 233
9.4 文件定位函数 235
9.5 文件操作出错检测函数 237
小结 237
习题 237

第10章 应用程序设计实例（课程设计） 240

10.1 程序设计方法简介 241
10.2 课程设计 242
10.3 歌唱比赛评分系统 243
    10.3.1 评分过程及功能介绍 243
    10.3.2 程序代码 244
10.4 学生成绩管理系统 249
    10.4.1 任务介绍及功能分析 249
    10.4.2 程序代码 249
10.5 课程设计参考题目 261
小结 262

第11章 实验实训与上机指导 263

实验1 C语言程序运行环境的使用 264
实验2 数据类型及运算符 267
实验3 顺序结构程序设计 269
实验4 选择结构程序设计 271
实验5 循环结构程序设计 271
实验6 数组应用 273
实验7 函数应用 273
实验8 预处理 274
实验9 指针 275
实验10 结构体和共用体 277
实验11 位运算 278

实验12　文件应用 ·· 278
附录A　ASCII 代码 ·· 280
附录B　TC 编译、连接时常见的错误信息 ··· 284
附录C　运算符的优先级与结合性 ··· 287
附录D　常用 Turbo C 库函数 ··· 288
参考文献 ·· 301

第1章

程序设计和 C 语言基础

本章要点

- 了解程序和程序设计的基本概念
- 掌握算法和流程图的概念和作用
- 了解 C 语言的构成和特点
- 掌握 C 程序开发环境和编译、连接和运行步骤
- 掌握 C 语言整型、实型和字符型等基本数据类型
- 掌握标识符、常量、变量概念
- 初步掌握常用的运算符及表达式
- 初步掌握编译、连接错误程序调试方法

引导与自修

计算机高级语言种类很多,但是功能最强大、能被大多数程序员所认可的,还是 C 语言。C 语言虽是一种高级语言,但它也可以完成许多只有机器语言和汇编语言才能完成的面向硬件底层的工作。很多常用的软件系统,也是由 C 语言编写而成的。例如,Windows 系列、Linux 等操作系统中相当多的内容是由 C 语言编写的。

1.1 程序和程序设计

1.1.1 程序

计算机系统分为硬件系统和软件系统两大类。计算机裸机(没安装软件系统)只是一台机器,各种软件让计算机具有了处理具体问题的能力。例如,在计算机上安装了办公软件,就可以完成文字录入、排版、绘制表格等工作;安装了网络系统软件,人们就可以在网络上查询资料、聊天等。因此,如果把计算机比做一个人,那么计算机硬件系统是躯体,而软件系统是大脑,由大脑指挥躯体来完成各种工作。软件系统由程序和程序的相关文档(如说明书、源程序代码等)组成。

所谓程序是指为解决某一特定问题而预先编排好的处理方法和步骤的指令序列,程序由计算机语言编写而成。计算机所做的工作都是在程序的控制下完成的,当程序被执行时,就自动按指定的顺序执行这一条条的指令并完成相应的工作。

计算机语言分为机器语言、汇编语言和高级语言等种类。机器语言直接用二进制代码编写,它运行效率很高,但机器语言的编写、阅读、修改等工作相当困难;汇编语言是一种使用有助于记忆的符号来代表二进制代码的语言,它采用可以识别的符号表示数据和数据所在内存中地址的符号语言。机器语言和汇编语言都与具体的计算机硬件有关,不同的计算机所使用的语言也不同,互相之间不能通用,是不可移植的。

高级语言是一种和机器无关、表达形式接近人类自然语言和数学语言的计算机程序设计语言。几乎所有的高级语言所使用的词汇都是英语中常用的词汇或缩写,人们学习和操作起来十分方便。高级语言有上百种,如 BASIC、Pascal、Fortran、Java 和 C 语言等。

计算机只能识别处理由"0"和"1"构成的二进制代码指令或数据,而由汇编语言或高级语言编写的程序对计算机来说都是不可读的,它们都需要被翻译成二进制代码后才能被执行。翻译方式有"解释方式"和"编译方式"两种,解释方式类似于口语翻译(说一句翻译一句),它逐句取出源程序中的语句,翻译完一条命令立即被执行,然后再翻译下一条命令并执行。BASIC、Java 等语言属于这种方式。解释方式的优点是在调试程序时,能边执行边改错,人-机交互性好,缺点是因为逐句解释执行,速度较慢,而且源程序不能脱离解释程序单独执行。编译方式类似于整篇文章的笔译(整篇文章全部翻译好再交给读者),它先将源程序一次性翻译成机器语言(目标程序),然后再通过连接程序将多个目标程序和库程序连接装配成可执行程序。C、C++、Pascal 等大多数高级语言采取编译方式。编译方式的优点是编译连接好的可执行程序计算机可以直接运行,不再需要编译环境和连接程序就能独立运行,缺点是每次修改源程序后都需要重新编译连接以产生新的可执行文件。

注意:除了解释方式和编译方式外,还有将这两种方式结合起来的方式,即先编译源程序,首先产生还不能直接执行的中间代码,然后通过解释程序解释并执行中间代码。FoxPro就属于这种方式。这种方式比直接解释执行快,中间代码可以独立于计算机,执行程序时系统中只要有相应的解释程序,就可在任何计算机上运行。

通常把由高级语言编写的程序称为"源程序",由源程序转换成相应的二进制代码程序称为"目标程序"。为了能使计算机处理高级语言源程序,需要把源程序转换成机器能够接收的目标程序,具有翻译功能的软件称为"编译程序"或"解释程序"。每种高级语言都有与它对应的翻译程序。

1.1.2 程序设计

1. 一般程序设计

程序设计(Programming)就是首先对需要解决的问题进行分析,用合理的数据结构描述问题中所涉及的对象,找出解决问题的算法,并将算法用计算机语言编写出来。因此,程序设计主要有三个方面的任务:一是数据结构的设计,二是算法设计,三是根据算法进行编码。数据结构和算法的设计是最难掌握又是最重要的两个方面,算法和数据结构紧密联系,具体的算法依赖于特定的数据结构,合理的数据结构又可有效地简化算法。因此,数据结构设计比算法设计更为重要。

程序设计过程主要包括以下几个步骤:

(1)确定数据结构。根据用户提出的要求、原始数据和输出结果形式,分析问题,设计合理的数据结构。

(2)确定算法。针对数据结构,确定解决问题、完成任务的步骤。

(3)编写程序。根据确定的数据结构和算法,使用计算机语言编写程序代码,输入到计算机中,简称编程。

(4)调试程序和测试程序。调试程序主要是检查程序的语法错误或逻辑错误,并输入各种可能的少量数据对程序进行测试,使它能得到正确结果,同时对非法数据进行容错处理。

如果程序有缺陷或严重错误,需要回到步骤(1),重新分析问题并设计算法。

(5)整理并写出文档资料。

2. 模块化程序设计

大多数应用程序一般都由许多人员共同协作开发完成,可采用"自顶向下,逐步求精"的模块化程序设计方法。即开始时并不涉及问题的实质和具体解决的步骤,而只是从问题的全局出发,给出一个概要的抽象描述。处理的方法是:将一个复杂的大任务分解为若干个较小的、容易处理的子任务,如果分解的子任务本身还很复杂,可以再细分为许多更小的子任务。一个子任务只完成一项简单的功能,这些子任务称为"模块"。程序员分别完成一个或多个小模块,这种程序设计方法称为模块化程序设计方法,由一个个功能模块构成的程序结构为模块化结构。模块化程序设计可将一个任务由一组人员同时进行分工编写,并分别调试，最后将所有模块组装，这样可大大提高了程序设计的效率。

3. 面向过程和面向对象的程序设计

高级语言程序设计目前分为两大类：一类是以描述计算机解题过程为主的语言，称为面向过程的语言 POP（Process-Oriented Programming language），如 BASIC、C、Pascal 等。另一类则是以描述操作对象的特性和行为特征为主的语言，称为面向对象的语言 OOP（Object-Oriented Programming language），如 VB、C++等。

还有人提出了一种称为"面向问题的语言"，它实际上属于 OOP 的一种。面向问题的语言是为了便于描述并求解某个特定领域问题的一种非过程语言。面向问题的语言不仅不用过问计算机内部逻辑，也不关心问题的求解算法和求解的过程，只需要指出需要做什么、数据的输入和输出形式，就能得到所需结果。如报表语言、SQL（Structured Query Language）语言（SQL 语言是数据库查询和操作语言，能直接使用数据库管理系统）等。面向问题的语言能方便用户的使用，提高程序的开发速度。

4. C、C++和 VC++语言

1983 年美国国家标准化协会（ANSI）根据 C 语言问世以来的各种版本，对 C 语言做进一步发展和扩充，制定了新的标准，称为 ANSI C。目前，使用较多的 C 语言版本有 Microsoft C（或称 MS C）、Borland Turbo C（或称 Turbo C）和 AT&TC 等几种版本，它们不仅实现了 ANSI C 标准的全部功能，而且各自还做了一些扩充，使之更加方便、完善。

在 C 语言的基础上，1983 年贝尔实验室的 Bjarne Strou-strup 推出了面向对象的 C++语言，它进一步扩充和完善了 C 语言。C++提出了一些更为深入的概念，如支持面向对象的概念，容易将问题空间直接地映射到程序空间，为程序员提供了一种与传统的结构化程序设计所不同的思维方式和编程方法，由此也增加了 C 语言的复杂度，学习起来有一定的难度。

C++目前有 Borland C++，Symantec C++和 Microsoft Visual C++（VC++）等版本。VC++是实现 C++语言的一种具体编译、连接和执行 C++程序的环境。

为什么不直接学习面向对象的 C++语言，而要学习 C 语言呢？

（1）C 语言是 C++语言的子集，C++语言包含了 C 语言的全部内容，C 语言本身运算符就很多，优先级也较繁杂。但 C++语言在 C 语言的基础上扩充了很多内容，运算符等需记忆的内容更多，这也使得学习 C++要比学习 C 语言困难得多，所以不太适合程序设计的初学者。

（2）C 语言是面向过程的，C++语言是面向对象的语言，而面向对象的基础是面向过程。C++用于开发大型应用软件，但在实际应用中，并非所有问题都需要编成大型软件。

（3）C 语言是 C++的基础，因此，掌握了 C 语言，再进一步学习 C++这种面向对象的语言，会达到事半功倍的效果。

C 语言的细节较难掌握，程序调试也较为麻烦。有时一个很小的程序，仔细核查后也没发现错误，但程序运行时却出错，主要是由于 C 语言的语法检查不够严格。因此，初学者学习时感觉较为困难。但它能培养初学者程序设计能力，也是"数据结构"、"操作系统"等课程的先导课，因此，学好 C 语言是必需的。

> 精讲与必读

1.2 算法和流程图

1.2.1 算法

1. 算法（Algorithm）概述

在人们的日常生活和生产活动中也存在算法，都在自觉或不自觉地使用算法。例如，对一天生活和工作的安排：几点起床、几点出门、走哪条路、坐几路车、如果堵车怎么办、一天具体做哪些工作等，这些都需要提前做好计划，这就是一个最简单的算法。

算法描述了一个待处理问题需要"做什么处理"和"如何处理"两个问题，也就是"做什么"和"怎么做"。"做什么"是指对问题的认识、分析和判断，"怎么做"则是要找出具体的、正确的和有效的解决问题的方法和步骤。算法是一组有穷的规则，它们规定了解决某一特定类型问题的一系列运算，是对解题方案的准确和完整的描述。

程序设计中的算法是指使用计算机完成一个任务所采取的方法和执行的步骤，一般包含给定初始状态或输入数据，经过计算机的有限次运算，最后得出所要求或期望的终止状态或输出数据等内容。设计好了算法，就可以用具体的语言进行编写，最终转化为解决问题的程序。当然，方法和步骤的正确性与有效性是相对的。

对于一个给定的可计算（可解）的问题，可以设计多种算法，不同的人可以编写出不同的程序。算法的优劣可以用空间复杂度与时间复杂度来衡量。

2. 算法的特性

算法主要有以下几个特性：

1）有限性

一个算法必须在有限的步骤内完成，完成这些步骤也应该在一个合理的时间内。

2）可行性

可行性又称有效性，算法中的操作都可以通过已实现的基本运算执行有限的次数来实现。

3）确定性

算法中的语句必须有确切的含义，不能有二义性，相同的输入必须有相同的结果。

4）输入

一个算法必须有零个或多个输入。

5）输出

一个算法应有一个或多个输出。算法的最终目的是得到结果，如果没有输出结果，那么算法就失去其目的性，不能称为算法。

3. 算法的复杂性

算法的复杂性可以用空间复杂度与时间复杂度来衡量，复杂度是算法效率和性能的度量。时间复杂度是指完成算法所需的时间，空间复杂度是指完成算法所需占用的计算机内存空间大小。

对于一个实际问题，设计出尽可能简单的算法是在设计算法时考虑的一个重要目标。当给定的问题存在多种算法供选择时，选择复杂性最低者，是选用算法应遵循的一个重要准则。

4．算法的描述

算法的描述有很多种方法，主要有以下几种：

（1）自然语言；

（2）流程图，如 N-S 图、流程图，图的描述与算法语言的描述对应；

（3）算法语言，如计算机语言、程序设计语言、伪代码；

（4）形式语言，用数学的方法，可以避免自然语言的二义性。

算法的描述方法虽然不同，但作用是一样的。

【例 1.1】 使用自然语言描述求解 5!（5 的阶乘）的算法。

求解 5! 的算法如下：

第一步，计算 1×2，结果为 2；

第二步，计算 2×3，结果为 6；

第三步，计算 6×4，结果为 24；

第四步，计算 24×5，结果为 120；

算法结束，即 5! =120。

使用自然语言描述算法通俗易懂，但比较烦琐，也不能直观地描述条件转向等复杂问题。对于初学者，可以使用流程图、N-S 流程图等方法来描述算法。

1.2.2 结构化程序设计和流程图

1．结构化程序设计

结构化程序设计（Structured Programming）由荷兰学者 E. W.Dijkctra 提出，它指出了编程时必须遵守的一些原则，目的在于保证程序的可读性，便于程序推广应用和交流。它的显著特征是代码和数据的分离，分离的一个方法是调用包含局部变量的子程序。这种包含局部变量的子程序，对程序的其他部分没有副作用，这使得编写共享代码段的程序变得十分简单。调用函数时只需知道函数功能是什么，而不必知道它是如何实现的。结构化程序设计语言比非结构化语言更清晰，结构更合理，程序设计和程序维护更为容易。

1）结构化程序设计原则

（1）自顶向下，逐步细化，实现模块化

"自顶向下，逐步细化"就是前面介绍的模块化程序设计方法。这一原则是指将任务或问题划分为若干个相对独立的模块，而每个模块又可细分成若干个子模块，如此从上而下，逐步细化。然后再考虑每个模块中使用的具体函数和语句。

（2）清晰第一、效率第二

清晰第一、效率第二是从提高程序的可读性、方便交流、调试、修改和维护的角度出发而提出的。程序只有在结构清晰的基础上，再去考虑它的效率。

（3）书写规范，缩进格式

书写程序时按不同层次逐行向右缩进，写成锯齿形。这样的程序清晰易读，纠错容易。

（4）限制使用 goto 语句

goto 语句虽然没有被处予极刑，但很少有人能提出使用 goto 语句的好处，只能看到有关 goto 语句弊病的文章。因此可以证明，任何一个程序都可以使用三种基本结构来构成，goto 语句是多余的。

2）结构化程序设计的特征

除了上面提到的代码和数据的分离特征外，结构化程序设计有以下几个主要特征：

（1）程序由三种基本结构组合而成

结构化程序设计时，不论程序大小、简单还是复杂，规定程序主要由三种基本结构组成，它们分别是顺序结构、选择结构和循环结构。可以证明，任何一个复杂问题的程序设计都可以由这三种基本结构组成。而且要求每个模块有以下特点：

只有一个入门；

只有一个出口；

程序结构中没有死循环。

（2）模块化设计

较复杂和大型程序应按功能分割成一些功能模块，并将这些模块按层次关系进行组织。

（3）程序设计采用自顶向下、逐步细化的原则

注意：C 语言的主要结构成分是函数，它是构成程序功能的基本构件，函数能实现程序的模块化。从严格的学术观点上看，C 语言是块结构（block-structured）语言，但它还是常被称为结构化程序设计语言。块结构语言允许在过程和函数中定义过程或函数，因为 C 语言不允许在函数中定义函数，所以也不能称之为通常意义上的块结构语言。

完全的结构化程序设计要求每个模块只能有一个入口和一个出口。而 C 语言中的函数一般都有一个入口，但允许有两个及两个以上的出口，所以 C 语言是一种不完全的结构化程序设计语言。

2．流程图基本图形

流程图采用几何框图和流程线表示算法的操作步骤和执行步骤，其优点是直观形象、逻辑清楚、容易理解。缺点是占用篇幅大，流程随意转向。流程图中常用的几何图形见表 1-1。

表 1-1 常用流程图图形

符号	作用	符号	作用
○○	起止框：表示程序的起始和终止	▱	输入/输出框：表示输入/输出数据
▭	处理框：表示完成某种项目的操作	→	流程线：表示程序执行的方向
◇	判断框：表示条件判断，根据真假值执行不同的操作	○	连接点：表示两段流程图流程的连接点

3. 三种基本结构及流程图

1) 顺序结构

顺序结构是最简单的一种程序结构,它依次按语句先后顺序逐一执行,其流程图如图 1-1(a)所示。在此结构中的各框(A 和 B)是顺序执行的。

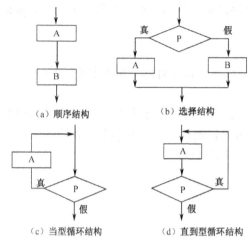

图 1-1 三种基本结构流程图

2) 选择结构

选择结构能进行逻辑判断,它根据条件判断结果决定在两个可能的运算或处理步骤中选择一个来执行。选择结构能使计算机可以像人一样进行"思考",具有了逻辑判断能力。选择结构流程图如图 1-1(b)所示。在这个流程图中有两个分支,程序流程根据条件是否满足而选择执行 A 框或 B 框中的一个。

3) 循环结构

程序中有些操作步骤需要反复多次执行时,就需要采用循环结构。循环结构的应用使得大量重复工作变得更容易处理,同时也提高了编程效率。循环语句也让单调的重复运算变得简单明了。循环结构分为"当型"循环和"直到型"循环两种。

(1) 当型(WHILE)循环结构。当型循环是"先判断,后循环",它先判断条件满足与否,决定是否继续循环,如果一开始条件就不成立,则循环一次也不执行,如图 1-1(c)所示。当条件 P 成立时,执行 A 框;条件 P 不成立时,循环结束,执行循环后续语句。

(2) 直到型(DO_WHILE)循环结构。直到型循环是"先循环,再判断",不管条件是否满足,先执行一次循环,然后再判断条件满足与否,决定是否继续循环,如图 1-1(d)所示。先执行 A 框一次,然后判断条件 P 是否成立,条件 P 成立时就反复执行 A 框,直到条件不成立循环结束。

【例 1.2】 使用流程图描述求解 5!(5 的阶乘)的算法。

求解 5!的流程图如图 1-2 所示,图中(a)为顺序结构,(b)为循环结构。

4. N-S 流程图

1973 年,美国学者 I. Nassi 和 B. Shineiderman 提出了一种新的流程图形式,它完全去掉了流程线,将全部算法写在一个矩形框中,矩形框中嵌套其他功能框。它以两位学者名字的第一个字母命名,称为 N-S 结构流程图(也称盒图)。N-S 流程图使结构更加清晰,更适合描述结构化程序,由于没有了流程线,就不会产生由于流程线太杂乱而导致的错误。

1) 顺序结构

顺序结构的 N-S 流程图如图 1-3(a)所示。先执行 A 框,再执行 B 框。

2) 选择结构

选择结构的 N-S 流程图如图 1-3(b)所示,当条件 P 满足时执行 A 框,否则执行 B 框。

3)循环结构

"当型"循环结构的 N-S 流程图如图 1-3（c）所示，"直到型"循环结构的 N-S 流程图如图 1-3（d）所示。

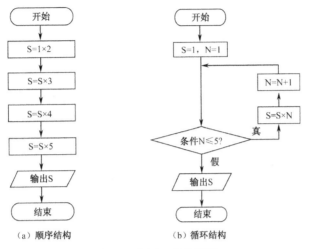

图 1-2　求解 5!的流程图

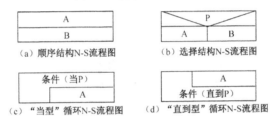

图 1-3　三种基本结构的 N-S 流程图

【例 1.3】　使用 N-S 流程图描述求解 5!的算法。

求解 5!的 N-S 流程图如图 1-4 所示，图中（a）为顺序结构，（b）为循环结构。

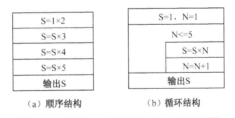

图 1-4　求解 5!(5 的阶乘)的 N-S 流程图

1.3　C 语言构成

1.3.1　C 语言简单实例

下面介绍几个简单的 C 语言程序，以此了解 C 语言程序的基本构成和格式。

【例 1.4】　在计算机屏幕上输出"您好，欢迎来到 C 语言世界！"。

```
    main()
    {
       printf("您好，欢迎来到 C 语言世界！\n");
    }
```
程序运行结果：

您好，欢迎来到 C 语言世界！

说明：

（1）为了便于读者理解和阅读程序，本书部分例题中的字符串或注释内容使用汉字，读者上机验证程序时如果是在 TC 2.0 中实现，需要安装汉字操作系统（如 UCDOS），否则汉字信息部分显示的是乱码。如果没有安装汉字操作系统，可以使用英文代替这些中文信息。而在 Windows 环境下 VC 中不会显示乱码。

（2）程序如果在 VC 下编译运行，需要修改程序如下：程序开头需要增加命令"#include <stdio.h>"；函数也不能省略类型说明，因为 main()函数没有返回值，所以 main()函数类型为"void"。程序改写为如下形式：

```
    #include <stdio.h>
    void main()
    { printf("您好，欢迎来到 C 语言世界！\n"); }
```

（3）本程序只有一个函数组成，"main"表示主函数。C 语言规定必须用 main 作为主函数名，函数名后的一对圆括号不能省略，圆括号中内容可以是空的。一个 C 语言程序可以包含任意多个函数，但必须有一个且仅有一个主函数，一个 C 语言程序总是从主函数开始执行。

（4）函数体需用花括号括起来，中间可以有变量等定义（说明）部分和执行语句部分，语句的数量不限。本程序函数体内只有一个输出语句，printf 函数中双引号内的内容在程序运行时原样输出，"\n"表示输出内容后换行。

（5）C 语言程序中的每条语句都必须用分号";"结束，分号是 C 语句的一部分，不是语句之间的分隔符。

【例 1.5】 已知圆的半径为 6，求圆的周长和面积。

```
    main()
    { int r;                                    /* 圆半径变量 r 的类型为整型变量 */
       float l,s;                               /* 周长 l、面积 s 为实型变量 */
       r=6;                                     /* r 赋初值 */
       l=2*3.14159*r; s=3.14159*r*r;            /* 计算 l，s 的值 */
       printf("圆的半径=%d,周长=%f,面积=%f\n",r,l,s);  /*输出半径、周长和面积*/
    }
```

程序的运行结果为：

圆的半径=6,周长=37.699081,面积=113.097237

说明：

（1）程序中第二、三行定义了三个变量，其中 r 为整型变量，l，s 为实型变量。第四、五行完成变量 r 赋初值，并根据 r 的值计算圆周长和面积。输出语句中的"%d, %f"为输出格式符，分别表示十进制整型和实型，它指定输出结果时的数据类型和格式，程序在执行时，该位置由具体数据替代。

（2）程序中的/*……*/表示注释部分，作用是帮助用户阅读程序，而对程序的运行不起作用。在对源程序进行编译时，注释会被忽略。注释可以放在程序中任意合适位置，一个好的程序应该有详细的注释。

"/*"和"*/"必须成对出现，且"/"和"*"之间不能有空格，注释内容可以是可输入的任意文字。

【例1.6】 输入矩形的两个边长，求矩形的面积。

程序如下：

```
#include   <stdio.h>
int area(int a,int b);
main()
{ int x,y,z;
   printf("请输入矩形的两个边长：");
   scanf("%d,%d",&x,&y);              /*输入矩形的两条边长*/
   z=area(x,y);                        /*调用函数 area   */
   printf("area is %d\n",z);           /*输出矩形的面积*/
}
/*下面是求矩形面积的函数*/
int area(a,b)
int a,b;
{ int c;
   c=a*b;
   return(c);
}
```

程序运行结果为：

请输入矩形的两个边长：<u>6,8<CR></u>

area is 48

说明：

（1）本程序由主函数 main 和被调用函数 area 两个函数组成，两个函数书写的先后顺序可以任意，即 main 函数可以在 area 函数之后。在主函数中输入两个边长 x,y，然后通过语句"z=area(x,y)"实现调用函数 area，执行 area 后的计算结果由 return 语句返回给主函数。

（2）下划线部分"6,8<CR>"为用户从键盘上输入的内容，<CR>表示按【Enter】键。如果没有特别申明，本书后面章节都采用这种表示方式。

（3）#include <stdio.h>（或#include "stdio.h"）是文件包含命令行，文件包含命令行必须用"#"号开头，命令行最后面不能加";"号，因为文件包含命令不是 C 语句。stdio.h 是系统提供的库函数文件名，它包含了有关输入/输出等函数的信息。

（4）scanf 和 printf 是 C 语言提供的标准输入/输出函数，&a 和&b 中的"&"的含义是"取地址"，程序中 scanf 函数的作用是将从键盘上输入的两个数，输入到变量 x 和 y 所标志的内存单元中，可以理解成输入给变量 x 和 y。

（5）程序如果在 VC 环境下编译运行，除了需要注意例 1.4 说明的要求外，还需要注意将 area(a,b)函数中两个函数参数 a、b 的类型说明放在圆括号内。即：

  int area(int a, int b)

注意：不能写成 int area(int a,b)，参数 a、b 的类型需要单独说明，而不能只用一个 int。

（6）本程序可以只使用一个主函数完成，形式如下：

```
main()
{ int x,y;
    scan("%d,%d",&x,&y);
    printf("area is %d\n",x*y);
}
```

1.3.2 C 语言程序的构成

通过上面几个例子，可以看到：

（1）C 语言程序由文件组成

一个 C 源程序可以由一个或多个文件组成（多文件的 C 源程序实现方法将在 1.4.2 节中介绍）。如果是多个文件组成的 C 语言程序，主文件（包含主函数 main）只能有一个。程序和文件是两个不同的概念。例 1.4 至例 1.6 都是由一个文件组成的 C 语言程序。

（2）每个 C 语言程序文件由函数组成

每个 C 语言程序文件是由函数组成的。一个具有独立功能的程序段可组成函数，函数是 C 语言程序的基本单位。C 源程序除了有一个必需的主函数 main 外，还可以包含若干个被调用函数。被调用函数可以是系统库函数，也可以是用户根据需要自己编写的函数。例 1.6 就是由 main()函数和 area()函数组成的。正是由于这种特点，C 语言程序很容易实现模块化。

（3）C 语言程序从 main()函数开始执行

书写或输入 C 语言程序时 main()函数可以在程序的任意位置，但一个 C 语言程序执行都从 main()函数开始。

（4）每个函数由函数说明部分和函数体组成

函数由函数说明部分和函数体组成。函数说明部分由函数名、函数类型、函数参数名、形式参数类型组成，例如：

  int area(a,b);

  int a,b;

函数体包括数据说明部分和执行部分，当然也可以没有数据说明部分或没有执行部分，甚至可以是一个空函数。

（5）书写格式自由

C 程序没有行号，可以在一行内写几个语句，也可以把一个语句分成多行书写，语句之间用分号分隔。多个语句可以用"{ }"括起来成为复合语句。

注意：C 语言区分大、小写字母。C 源程序习惯上使用小写字母书写，但在一些宏定义中，一般将常量名用大写字母表示，而对某些特殊含义的变量，偶尔也用大写字母表示。

因为书写格式自由，C 语言程序可读性较差，所以在书写程序时应注意以下几点：

（1）一行一条语句。有些语句需要写成多行的，分行书写时一个单词不能分开。

（2）每条语句末尾都要加分号";"，但注意非 C 语句（如文件包含命令等）或语句没结束不应加分号。

（3）花括号的书写按规定的格式。

（4）语句书写时要按约定进行缩进，以便提高可读性。

（5）适当使用注释信息，以提高程序可读性。

1.3.3 C 语言特点

1．C 语言的优点

（1）C 语言是处于汇编语言和高级语言之间的一种程序设计语言，它既具有高级语言的特性，也具有对地址和位操作等低级语言所具有的特性，它可以对硬件直接操作。

（2）语言简洁紧凑。C 语言有 9 种控制语句，32 个关键字，Turbo C 增加了 11 个关键字（用于各种增强和扩展功能）。C 语言与 Pascal 相比，语言简练，源程序短，如用{ }代替了 Pascal 中的 Begin...End，以++表示自增 1，运算符省略等。

（3）运算符丰富，表达式能力强。C 语言共有 44 个运算符，它把括号、赋值、强制类型转换等都作为运算符处理，因此 C 语言的运算类型丰富，表达式类型多样，能实现其他高级语言中难以实现的运算。同时，C 语言允许直接访问物理地址，可直接处理字符、数字、地址，能进行位处理，能实现汇编语言的大部分功能。所以，C 语言兼顾了高级语言和汇编语言的优点，适宜开发系统软件。

（4）数据结构丰富。C 语言具有丰富的数据结构，其数据类型有整型、实型、字符型、数组类型、指针类型、结构体类型、共用体类型等，因此能实现复杂的数据结构的运算。

（5）C 语言是结构化、模块化的编程语言。C 语言具有结构化控制语句，可以通过多种结构语句组成程序的逻辑结构，它功能强大，足以描述结构良好的程序。

C 语言程序的主要结构成分是函数，用函数作为程序模块来实现模块化，因此可将整个程序分成若干模块，以便开发级成员协同开发。C 语言的函数库相当丰富，标准 C 语言提供了 100 多个库函数，Turbo C 提供了 300 多个库函数，编程者还可以根据需要建立自己的函数库。编程时可直接调用相应的函数，从而节省编程时间。

（6）可使用宏定义编译预处理语句、条件编译预处理语句，为编程提供了方便。

（7）可移植性好。与汇编语言相比，C 语言程序基本上不做修改就可以运行于各种型号的计算机和各种操作系统。

2．C 语言的不足

由于 C 语言过于强调灵活和简洁等特点，因此也带来了某些不足。

1）运算符过多，优先级较繁杂

运算符共有 44 个，优先级有 15 种，结合性还有 2 类。这给数据运算带来了方便，但编程者使用和记忆时较为困难。例如，运算符星号（*）具有两个功能，作为单目运算符表示取内容，作为双目运算符表示相乘运算等。

2）对类型的要求不严格

C 是一种弱类型的语言。为了类型转换的方便，C 语言对类型的要求很不严格，在许多情况下不做类型检查，即使出现不一致也不报错，造成运算结果出错。因此，编程时对类型处理一定要慎重，应尽量避免因类型不一致造成的差错。

3）数组动态赋值时不做越界检查

当给某个数组进行动态赋值时，若赋值个数超过数组元素定义的长度，由于不做越界检查，就可能造成数据上的混乱。

4）易产生二义性

不同的 C 语言编译系统对表达式或参数表中的操作数或数据项的计算顺序有所不同，即有的编译系统规定计算顺序从左至右，有的规定从右至左。这对于由自增、自减等运算符所组成的表达式，运算时有可能产生二义性（不同的结果），编程时应尽量避免。

由于 C 语言具有上述特点，因此 C 语言得到了迅速推广，成为人们编写大型软件的首选语言之一。许多原来用汇编语言处理的问题可以用 C 语言来处理。编程者在使用 C 语言编写程序时会感到限制少、灵活性大、功能性强。

1.4 C 语言开发环境

由 C 语言编写的指令序列程序称为 C 源程序，C 源程序经过编译（Compile）后生成的目标文件扩展名为.OBJ。目标程序不能直接运行，还需要通过连接（Link）程序把.OBJ 文件与 C 语言提供的各种库函数连接起来，才能生成扩展名为.EXE 的可执行文件。C 语言程序编译和连接过程如图 1-5 所示。

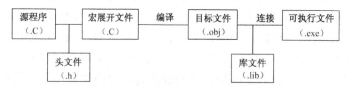

图 1-5　C 语言程序编译和连接过程

C 语言的实现是指将编写好的 C 语言源程序上机编译、连接并执行后得到正确结果。C 语言语言程序设计开发环境很多，这里介绍两个最常用的工具：一个是 DOS 环境下的 Turbo C 2.0（简称 TC）集成开发环境；另一个是 Windows 下的 Visual C++（简称 VC）集成开发环境。VC 虽然是 C++编译系统，但也可以用来编译 C 语言程序，只是和 TC 下的实现方法稍有区别。

1.4.1　Turbo C 2.0 集成开发环境

Turbo C 2.0 是美国 Borland 公司 1989 年继 Turbo C 1.0 版和 Turbo C 1.5 版之后又一个集编辑、编译、连接、执行为一体的 C 语言集成开发环境，它具有友好的用户界面和丰富的库函数，是目前较为流行的版本之一。

1. Turbo C 2.0 安装、启动

1）TC 2.0 的安装

TC 2.0 的安装很简单，运行安装盘上的 INSTALL.EXE 即可。安装时可不按默认的路径安装，如安装在"D:\TC"下。若按默认的路径安装，安装程序会创建如下目录：

  C:\TC   主目录
  C:\TC\INCLUDE   包含文件（头文件）目录
  C:\TC\LIB   库文件目录

安装完成后在 TC 目录下有 TC.EXE 和 TCC.EXE 两个可执行文件。TC 是一个集编辑、编译、连接、调试和执行为一体的集成开发环境，它将整个过程一气呵成，具有速度快、效率高、功能强等优点，通常情况下只使用 TC.EXE。而 TCC 是命令行编译方式，是一个传统的编译程序，它可以弥补 TC 命令的一些不足，如在程序中嵌入汇编代码等。

2）启动 TC 2.0

DOS 和 Windows 环境下都可以运行 TC。在 DOS 环境下启动 TC 2.0 的方法是：进入 TC 目录（文件夹），输入 TC 命令即可进入 Turbo C 集成开发环境。

Windows 环境下启动 TC 2.0 的方法可以采用以下几种方法：

（1）选择"开始"→"程序"→"MS-DOS 方式"，进入"DOS 方式"窗口。Windows XP 下为"开始"→"所有程序"→"附件"→"命令提示符"。进入安装 TC 的目录，然后双击"TC.EXE"文件即可。

（2）在"我的电脑"或"资源管理器"中找到 TC.EXE 所在的文件夹，双击该文件名，即可进入 TC 环境。

（3）将 TC.EXE 文件创建为"快捷方式"，使用时只需双击该图标即可。

2．Turbo C 集成开发环境简介

Turbo C 2.0 启动后窗口如图 1-6 所示。它由主菜单行、编辑窗、信息窗和功能键提示行等部分组成。

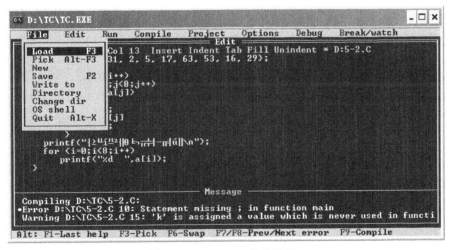

图 1-6 Turbo C 2.0 启动后窗口

1）主菜单行

最上方的主菜单行（下拉菜单）和 Windows 下菜单类似，下拉菜单命令功能因为篇幅关系，这里不做介绍，用户通过将光标停留在相应的菜单命令上后，按【F1】键获得帮助信息。TC 的下拉菜单操作只能使用键盘完成，有 3 种方法操作菜单：

（1）使用热键。下拉菜单中，每个菜单的首字母都是大写且用红色显示，如 File 中的 F、Edit 中的 E、Run 中的 R，它们称为菜单的热键。选择菜单命令时，可以按【Alt】+热键来打开菜单。例如，按"Alt+F"组合键就可以打开如图 1-6 所示的文件（File）菜单，通过方向键上下左右移动高亮度的亮条选择下拉菜单中的菜单项，按【Enter】键执行相应的菜单命令。

（2）按【F10】键激活主菜单，此时可以看到 File 菜单为高亮状态，再通过方向键移动高亮度的亮条来选择菜单项。

（3）使用快捷键。下拉菜单中，部分常用菜单项右侧有相应的快捷键，如图 1-6 中"Load"命令右侧的 F3，"Quit"命令右侧的"Alt+X"组合键。按快捷键可以执行其对应的菜单命令，如按"Alt+X"组合键就执行"Quit"命令，退出程序。

2）编辑窗（Edit）

第二个部分是源程序的输入、编辑区域，也称为编辑窗口，它占据了屏幕的绝大部分空间。编辑窗口上方一行白字显示的是编辑信息，它们分别为：

Line n	当前光标所在的行号
Col n	当前光标所在的列号
Insert	插入/改写方式开关，按【Insert】键切换成插入或改写方式
Indent	自动缩进开关。按"Ctrl+O+I"组合键切换
Tab	制表符开关开启。按"Ctrl+O+T"组合键切换
File	当 Tab 模式为开启时，编辑器将制表符或空格优化每行的开始。按"Ctrl+O+F"组合键切换
Unindent	当光标在行中的第一个非空字符上或空行上时，退格键回退一级。按"Ctrl+O+U"组合键切换
*	新建文件或文件已修改过还未存盘显示此标志
D:5-2.C	正在编辑的 C 源程序文件名及相应目录

3）信息窗（Message）

编辑窗口下方是信息窗口，它在程序编译时，显示相关的编译信息。

4）功能键提示行

窗口的最下方显示编辑时常用的功能键。

【F1】显示帮助信息

【F5】扩大/还原窗口开关。如果光标在编辑窗口，则关闭/打开信息窗口；如果光标在信息窗口，则关闭/打开编辑窗口

【F7】跟踪程序运行情况

【F8】单步执行程序

【F9】编译连接并生成可执行文件

【F10】激活主菜单

注意：Turbo C 中程序开发（编辑、编译）界面和程序运行结果界面是两个相互独立的屏幕状态。用户可以在 Run 菜单中选择"User screen"命令或直接按"Alt+F5"组合键，将开发界面屏幕转换成用户屏幕，查看程序运行结果。

3. Turbo C 工作环境设置

设置工作环境主要是指设置 Turbo C 集成环境的工作状态，如指定包含文件和库文件的所在位置，输出文件存放于何处等。设置方法如下：

在图 1-6 所示的主菜单中选择"Options"选项，或直接按"Alt+O"组合键，出现如图 1-7 所示的下拉菜单。在下拉菜单中有编译器、连接器等选项，其中最常用的是目录设置选项。

将光标移到"Directories"处按【Enter】键，屏幕上弹出目录设置窗口，如图 1-8 所示。更改设置时通过上下移动光标到相应选项，按【Enter】键进入，修改完按【Enter】键确认。图 1-8 中，Turbo C 集成环境包含文件存放在 C:\TC\INCLUDE 子目录；库函数文件路径为 C:\TC\LIB 子目录；编译连接后的目标文件和可执行文件指定存放在 D:\HOME 子目录中等。更改时需要用户根据实际目录情况进行设置。

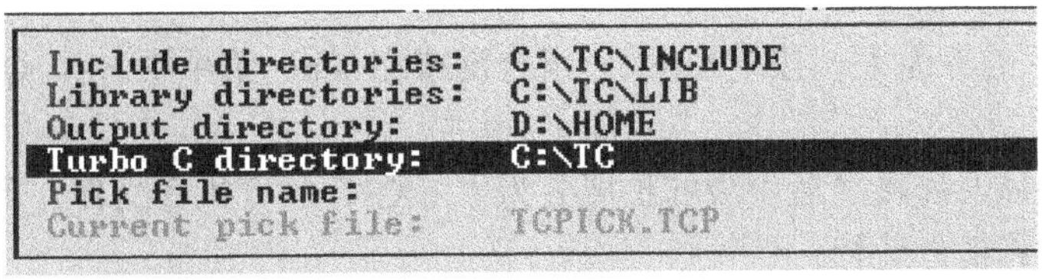

图 1-7　Turbo C 的 Options 下拉菜单

图 1-8　"Directories"选项更改设置窗口

为了将设置好的工作环境在下次启动 TC 时有效，应该将更改信息保存，操作方法是：在如图 1-7 所示的"Options"下拉菜单中选择"Save options"命令，按【Enter】键，出现一个输入配置文件名会话框，一般使用默认的文件名"TCCONFIG.TC"。按【Enter】键，将更改后工作环境设置保存在"TCCONFIG.TC"中。

4. Turbo C 环境下编辑、编译、连接、运行程序方法

下面简单介绍 Turbo C 集成开发环境下编辑、编译、连接、运行 C 语言程序的步骤。

1）建立源程序

源程序的建立有两种方法：一是直接在编辑窗口输入一个新的源程序，方法是在"File"菜单中选择"New"菜单项，建立一个名为"NONAME.C"的新文件；二是调入保存在外存上的文件，方法是按功能键【F3】或在"File"菜单中选择"Load"项，在输入框中输入（或选择）源文件名。如果该文件存在，则调入内存并显示在屏幕上；如果文件不存在，则建立一个新文件。调入或建立一个文件后，Turbo C 自动进入编辑（Edit）状态。

2）编辑、保存源文件

在编辑窗口可以完成源程序的输入、修改、增加、删除等编辑操作，编辑完成后，按【F2】键或在"File"菜单中选择"Save"项，在磁盘上保存源程序；或在"File"菜单中选择"Write to"项，把源程序另存为别的文件名保存，另存的文件是一个新的文件。

注意：保存文件时系统默认的扩展名为".C"。

源程序的编辑也可使用其他的字处理软件，如记事本、写字板等字处理软件，甚至是 Word，但要注意保存时采用纯文本文件方式。

3）源程序的编译、连接、运行

在如图 1-6 所示的主菜单中选择 Run 菜单，出现如图 1-9 所示的下拉菜单，按【Enter】键选择 Run 命令（或直接按"Ctrl+F9"组合键），就开始进行源程序的编译、连接并运行。如没有严重的语法错误，系统自动生成对应的目标文件和可执行文件，并以扩展名.OBJ 和.EXE 存盘。

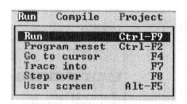

图 1-9　Turbo C 2.0 的 Run 下拉菜单

如果源程序有错误，编译时屏幕就会显示相应的错误信息，这时就要对程序进行调试。有关 C 语言源程序的调试方法后面介绍。

如果程序编译、连接过程正常，就运行相应的可执行程序，并显示运行结果。前面介绍过，程序编译界面和运行结果界面是两个相互独立的屏幕状态，有时运行结果在屏幕上一闪而过，用户会看不到，这时可按"Alt+F5"组合键转换成用户屏幕后可看到程序运行结果。看完运行结果后按任意键返回编译界面。

4）退出 Turbo C

在图 1-6 所示的界面中，按"Alt+X"组合键或在 File 菜单中选择 Quit 项，就可退出 Turbo C 环境。

源程序经过编译、连接之后生成的扩展名为".EXE"的可执行文件，可以脱离 C 语言环境，直接在其他计算机上运行。

选学与提高

4. 编译、连接、运行分步进行法

在 Turbo C 环境下，也可用传统的方法，将编译、连接过程分步进行，方法如下：

（1）编译。按"Alt+C"组合键或选择 Complie 菜单，出现如图 1-10 所示的编译菜单。选择"Complie to OBJ"命令，将源程序.C 文件编译成".OBJ"文件。当源程序有错时将显示错误信息，根据出错信息修改源程序，再进行编译，直到源程序正确为止。

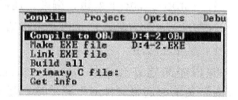

图 1-10　Turbo C 2.0 的 Compile 下拉菜单

（2）连接。选择 Complie 菜单中的"Link EXE file"命令，就可在指定的输出目录下，生成可执行文件".EXE"

（3）运行。按"Ctrl+F9"组合键或在 Run 菜单中选择 Run，即可运行程序。按"Alt+F5"组合键或在 Run 菜单中选择 User screen 项，即可看到程序运行结果。

5. Turbo C 的命令行编译连接

命令行编译连接是指执行"TCC.EXE"程序，完成对源程序的编译连接工作，它是一个传统方式的编译程序。如果是 C 语言程序和汇编语言混合编程，也要使用 TCC.EXE 程序进行编译连接。这里只介绍 TCC.EXE 程序的简单使用方法。

TCC.EXE 的调用格式：

TCC ［选择项 1 选择项 2…］ 文件名 1 文件名 2…

说明：

（1）常用的选择项见表 1-2，每个选择项前均带有 "-"，字母的大小写也有区别。文件名是指源程序 ".C" 或目标文件 ".OBJ" 或库文件 ".LIB"。

表 1-2 命令行选择项

选择项	含义	选择项	含义
-C	只编译.OBJ 文件，不连接	-mT	极小内存编译模式
-B	编译带有内嵌汇编指令行的程序	-mm	中内存编译模式
-f	使用深入浮点仿真	-mL	大内存编译模式
-L	指定库文件路径	-W	显示警告错误
-I	指定包含文件路径	-W-	不显示警告错误
-S	输出一个汇编模块格式	-n***	指定输出的目录（***）
-mS	小内存编译模式	-e***	指定生成的执行文件名（***）

（2）如果没有指定选择项 ".C"（只编译不连接），TCC 将完成编译并进行连接，对扩展名为 ".LIB" 的文件只进行形式上的连接。例如：

TCC –IC:\INCLUDE –LC:\LIB –eEXAMPLE ABC.C DEF.OBJ GHI

执行时将源文件 ABC.C、目标文件 DEF.OBJ 和 GHI.C（命令中该文件没有后缀）这三个文件，分别进行编译（对 DEF.OBJ 不再进行编译），然后连接生成名为 EXAMPLE.EXE 文件。

1.4.2 Visual C++集成开发环境

Visual C++（以下简称 VC++）集成开发环境是一个 C++语言编译系统，C 语言也可以在 VC++环境下编译完成。VC++有多种版本，本节简介常用的 VC++ 6.0 中文版集成开发环境使用方法。

1. 启动 VC++ 6.0

在 Windows 下，单击 "开始" → "程序" → "Microsoft Visual Studio 6.0" → "Microsoft VC++ 6.0"，就可以启动如图 1-11 所示的 VC++ 6.0 中文版集成开发环境。

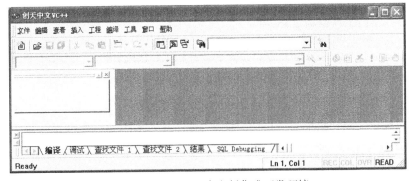

图 1-11 VC++ 6.0 中文版集成开发环境

2. 创建文件

在图 1-11 所示的 VC++ 6.0 中，选择主菜单中的"文件（File）"→"新建（New）"选项，弹出"新建（New）"对话框，如图 1-12 所示。选择"文件（File）"选项卡，在窗口左侧列出的选项中，选择"C++ Source File"；在窗口右侧的"文件（File）"和"目录（Location）"两个文本框中，输入文件名和文件保存的位置，如"sample1"和"D:\TC"，单击"确定（OK）"按钮。进入 VC++ 6.0 集成环境的代码编辑窗口，如图 1-13 所示。

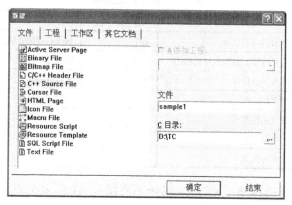

图 1-12 "新建"对话框

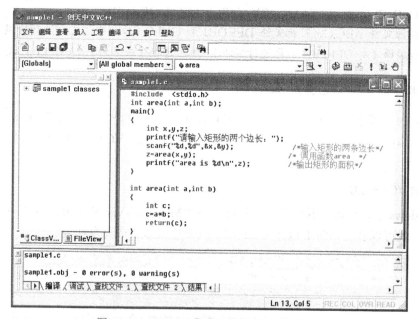

图 1-13 VC++ 6.0 集成环境的代码编辑窗口

注意：上述操作步骤中括号中的内容为英文版窗口内容，如"文件（File）"中的"File"为英文版中显示的内容。

3. 编辑 C 源程序

在 VC++ 6.0 代码编辑窗口中，输入 C 源代码，如输入例 1.6。

4．C语言程序的编译、连接与运行

1）编译程序

单击主菜单下的"编译（Build）"→"编译（Compile sample1.c）"，也可以直接单击工具栏上的"🖫"按钮或直接按快捷键"Ctrl+F7"。在接着打开的对话框中单击"是（Y）"按钮，VC++ 6.0集成开发环境就开始编译"sample1.c"程序，并自动在"sample1.c"文件所在的文件夹中建立相应的项目文件"sample1.cpp"。

编译时，图1-13所示的窗口下部信息框会显示相应的编译信息，如果代码编译无误，将显示"sample1.obj→0 error(s), 0 warning(s)"。这说明编译没有错误（error）和警告（warning）等出错信息，然后生成目标文件"sample1.obj"，程序编译完成。

2）连接程序

单击主菜单下的"编译（Build）"，→"构件（Build）sample1.exe"，也可直接单击工具栏上的"🖫"按钮或按快捷键【F7】，目标文件（.obj）、相关的库函数或目标程序开始连接，并生成可执行文件"sample1.exe"。该文件保存在与"sample1.cpp"同一文件夹下的Debug文件夹中。

3）运行程序

单击主菜单下的"编译（Build）"，→"执行Execute sample1.exe"，或直接单击工具栏上的"！"按钮或按快捷键"Ctrl+F5"，弹出程序运行窗口，显示程序运行结果，如图1-14所示。按任意键后返回VC++6.0集成开发环境。

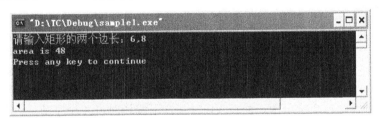

图1-14　VC++ 6.0运行程序窗口

注意：编译、连接后生成的"sample1.exe"是一个可执行程序，它可以在Windows下直接执行。

5．关闭工作区

工作完成后，应该将工作文件保存下来，并关闭工作区。操作方法是：单击主菜单下的"文件（File）"→"全部保存（Save all）"，保存所有文件；然后再单击"文件（File）"→"关闭工作区（Close Workspace）"就可关闭工作区。

6．多文件C语言程序的实现

（1）对于多文件程序，TC和VC中都可以通过文件包含命令将某个或某些文件包含在文件中，运行主文件即可。具体实现方法将在6.5节外部函数中介绍。

（2）VC环境下还可以用如下方法实现：

① 将多个C语言程序的文件分别编辑并存放在指定的文件夹中。

② 选择"文件（File）"菜单项中"新建（New）"选项，出现"新建（New）"对话框，

单击"工程"（Projects）选项卡，在出现的选项中，单击"Win32 Console Application"选项，在"工程名"（Project name）文本框中输入项目文件名，并在"位置"（Location）选框中输入项目文件所需的源文件所在的路径，选择单选按钮"创建新工作区"（Create new workspace）后，单击"确定"（OK）按钮。

③ 出现"Win 32 Console Application→Setp 1 of 1"对话框，选择"An empty project"按钮（默认值），单击"完成"（Finish）按钮。

④ 出现"新建工程信息"（New Project Information）对话框，单击"确定"（OK）按钮，完成创建一个空项目文件的任务。

⑤ 向空项目文件中加入文件。选择菜单项"工程"（Project）下拉菜单中的"添加到工程"（Add To Project）选项，再在它的级联菜单中单击"Files"选项，出现打开文件对话框，在对话框中添加文件到该项目中。

⑥ 选择"编译"（Build）菜单项，对创建的项目文件进行编译连接，生成可执行文件。

⑦ 通过"执行"（Execute）命令运行程序，运行结果将显示在 DOS 命令窗口中。

1.4.3 两种编程工具的比较

VC++ 6.0 和 Turbo C 2.0 两种编程工具区别主要有以下几点：

（1）由于 VC++ 6.0 是在 Windows 下运行的，具有图形窗口界面，因此比 DOS 下的 Turbo C 2.0 更易于操作。但 VC++ 6.0 集成太多功能，主要用于 C++程序的设计，因此占用资源较多，不像 Turbo C 2.0 那样简洁。

（2）VC++ 6.0 编译程序所耗时间远大于 Turbo C 2.0 的编译时间。

（3）使用 VC++ 6.0 编译的程序会生成多个中间文件，最终得到的可执行文件（.exe）较大；而 Turbo C 2.0 编译的程序生成的中间文件较少，相应的可执行文件（.exe）较小。

（4）在 Turbo C 2.0 下的数据/变量所占存储空间大小与 VC++不同，如 int 型变量在 Turbo C 2.0 下编译时占 2 个字节，而在 VC++ 6.0 下编译时占 4 个字节。因此，进行内存地址的引用时会有所不同。

（5）在 VC++ 6.0 环境下 C 语言源程序文件存盘时不能使用默认的扩展名，应将扩展名改为".C"。

（6）VC++ 6.0 环境下 C 语言源程序开头都需要有命令"#include <stdio.h>"。

（7）VC++ 6.0 环境下所有函数都不能省略类型说明，没有返回值的函数需要加上"void"，返回值为 int 型的函数加上类型 int。

因此，在例 1.4 至例 1.6 中的所有程序中，都需要将"main()"改写为"void main()"。

（8）VC++ 6.0 环境下需要说明函数应用原型，即在简单说明的基础上加上函数参数和个数的说明。

（9）VC++ 6.0 中定义函数时，函数参数的类型说明应该放在圆括号内，而不要另起一行说明。有多个参数时，相同参数的类型说明不能只用一个，如下列形式就会出错：

    int area(int x,y,float z)

正确的形式为：

    int area(int x, int y,float z)

（10）VC 环境下的注释除了可用"/*　注释　*/"外，还可以用"//注释"，而且不需要成对出现。

（11）TC 2.0 不支持汉字，如果程序中的字符串或注释为汉字，需要调入相应的汉字操作系统，如 UCDOS 等。而 Windows 下的 VC 支持汉字信息。

本书介绍的例题，大都是在 TC 环境下编程方法书写的；如果是在 VC 环境下实现，应按上述说明进行相应的修改。

C 语言程序的开发，Turbo C 2.0 具有更大的优势，因此建议使用 Turbo C 2.0 来进行 C 语言程序的设计开发。但是对习惯于在 Windows 下进行操作的初学者，DOS 下的操作可能不太方便，因此，也可以在 VC++ 6.0 下进行 C 语言的学习。

1.4.4 语法错误的程序调试方法

源程序中存在错误是难免的，这就需要对程序进行调试。Turbo C 和 VC++ 6.0 都提供了强大的调试功能，程序编译，会对程序中的错误进行诊断并显示相关错误信息。错误分为三类：致命错误、错误和警告，错误和警告的提示信息见附录 C。

（1）致命错误。大多数致命错误是编译程序内部发生的错误，发生这类错误时，编译终止，只能重新启动 Turbo C（或 VC++）。这类错误虽然极少发生，但为安全起见，用户应养成在编译前先保存文件（工程）的良好习惯。

（2）错误。一般是程序中语句的语法不当所引起的，这类错误较为常见。例如，括号不配对、变量未声明、丢失语句结束标志分号";"等。

（3）警告。编译系统怀疑程序有错，但不确定，这类错误有时可强行编译通过。

下面以 Turbo C 为例，简单介绍程序调试方法。

例如，编译程序后，出现编译信息提示窗口，如图 1-15 所示。它表示有一个错误、一个警告。按任意键信息窗口被激活，在出现第一个错误（或警告）信息提示处以白色高亮度显示，同时，编辑窗口中相应的错误（或警告）语句所在行也以白色高亮度显示，如图 1-16 所示。如果错误很多，为方便查看，可以按【F5】键放大消息窗口进行查看。

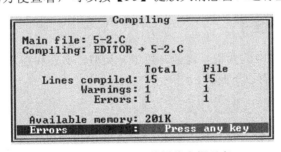

图 1-15　Turbo C 2.0 编译信息提示窗口

移动光标到第一条错误信息提示行，按【F6】键，可切换到编辑窗口出现错误的语句行，修改相应的错误。由于编译程序并没有想象中那样聪明，有时程序中可能只有一处错误，但会显示多条错误信息，而这些错误可能都是由一条错误而引起了。因此，先不着急修正下一处错误，可以按【F9】键再次进行编译。当出现编译成功（Success）的信息提示后，编译结束。

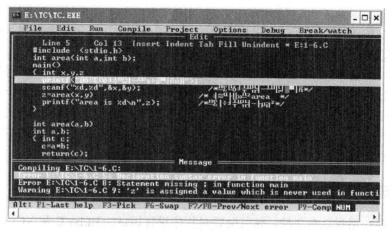

图 1-16　Turbo C 2.0 的编译错误信息提示

> **注意**：当编译出现多条错误时，如果不能明显看出错误所在，可以改正一条后立即编译一次，以提高效率。有时改正一个错误，重新编译发现的错误减少很多。当查找错误时，可以使用【F6】键在编辑窗口和消息窗口之间来回切换，以便查找错误。
>
> 　　TC 编译系统对错误的说明和定位不十分准确，错误有时在系统指出错误语句行前的某个语句。在图 1-16 中，错误原因是第 4 行丢失分号 ";"，而出错提示信息却指示在第 5 行上。

VC++编译时查找错误的方法与 Turbo C 相似，可以在窗口下方的输出窗口中双击错误提示信息，光标就切换到编辑窗口中相应错误语句位置，修改错误后重新编译即可。

精讲与必读

1.5　C 语言基本元素

1.5.1　标识符和关键字

标识符用于标识程序中的变量、函数、数组、类型、文件和用户自定义数据类型等所起的名字，C 语言中标识符有以下几种。

1. 关键字

关键字也称为系统保留字，它是具有特殊含义的系统保留标识符，仅供 C 语言系统专用。C 语言关键字都用小写字母表示，共有以下 43 个：

_cs	_ds	_es	_ss	asm	auto	break
case	cdecl	char	const	continue	default	do
double	else	enum	extern	far	float	for
goto	huge	if	int	interrupt	long	near
register	return	pascal	short	singed	sizeof	static
struct	switch	typedef	union	unsigned	void	while
volatile						

2. 预定义标识符

C 语言中提供的库函数名（附录 D）和预编译处理（第 6 章）命令都属于预定义标识符，如 include、define、sin、sqrt 等，这类标识符作为专用名使用，也不能另做他用。

3. 用户标识符

用户标识符用来命名程序中所用到的变量、符号常量、函数、数组、指针等名字。命名时，应使用有意义的英文单词或缩写作为用户标识符，这样可以"见名知义"，如求和可以用 s 或 sum、面积用 area、工资用 Pay、年龄用 Age 等，这样可以提高程序的可读性。

用户标识符命名规则如下：

（1）由英文字母、数字和下划线"_"组成；

（2）第一个字符不能是数字；

（3）用户标识符长度为 1～8 个。不同的编译系统识别标识符的长度不一样，有的编译系统可以识别 32 个字符，但通常的编译系统只识别前 8 个字符；

（4）C 语言区分大、小写。英文字母大、小写不同，表示的标识符也不同。如 A 和 a、Print 和 print、Year 和 year 等分别代表不同的标识符；

（5）不能使用保留关键字和预定义标识符作为用户标识符。

【例 1.7】 用户标识符的合法性。

下列这些都是合法的用户标识符：

address、Tel、name、password、earl、year_1999、_123、IDview、abc1_、Abc1_

C 语言是一种对字母大、小写敏感的语言，所以，最后两个标识符"abc1_、Abc1_"是两个不同的标识符，一定要注意这一点。

下列都是非法的用户标识符：

else、T-3、2abc、Tel#、[str]、mail@sina、point,、!key、OH!、cos

其中"else"是关键字，cos 是一个数学函数，因此也不能作为用户标识符。

4. 分隔符

C 语言的分隔符有 27 个，分别是：+、-、*、/、=、:、;、?、\、~、|、!、#、%、&、()、[]、{}、^、<、>、_（下划线）、（空格）、,、。、"（双引号）、'（单引号）。

1.5.2 C 语言基本数据类型

数据类型不同，所表达的数据范围、精度和在计算机内存中所分配的存储空间都不同。C 语言提供的数据类型丰富，主要分为两大类：一种是系统已定义好的基本数据类型，如整型、实型、字符型等；另一类是根据需要用户自定义的构造类型，又称复合数据类型或派生类型，如数组、结构、枚举和联合等类型。

C 语言程序设计时，首先需要将程序中所用到的数据进行类型定义。因此，学习 C 语言应该首先掌握各种数据类型。本章介绍基本数据类型，其他类型和存储类别等在后面的章节中陆续介绍。

1. 整型

整型是一种最常用的类型，它的运算速度快，但数据范围较窄，因此，在满足实际问题所要求的数据范围和精度的情况下,尽量使用整型数据。整型用于存储整数,数据进制可以为十进制、八进制(以数字 0 开头)或十六进制(以 0x 开头)。整型又可以分为四种,分别是:

(1)基本型:用 int 表示。

(2)短整型:用 short [int]表示,实际上它就是基本型 int。"[ ]"表示中括号里面的内容为可选项,书写时可以有也可以没有。因此,short int、short、int 表示的是同一种数据类型。

(3)长整型:用 long [int]表示。

(4)无符号型:无符号型的数据必须是正数或零。无符号型又分为无符号整型(用 unsigned [int]表示)、无符号短整型(用 unsigned short 表示)和无符号长整型(用 unsigned long [int]表示)三种。

各种整数类型字长及取值范围见表 1-3。

表 1-3　各种整数类型字长及取值范围

类　　型	表　　示	字　　长	取　值　范　围
有符号(短)整型	int、short [int]	2 个字节	−32 768~32 767
有符号长整型	long [int]	4 个字节	−2 147 483 648~2 147 483 647
无符号(短)整型	unsigned [short][int]	2 个字节	0~65 535
无符号长整型	unsigned long [int]	4 个字节	0~4 294 967 295

说明:

(1)ANSIC 规定数据占用空间满足 short≤int≤long;在 16 位系统(如 TC)中,int 型占 2 字节,所以基本型和短整型是同一种类型。在 32 位系统中 int 型占 4 字节。

(2)无符号整型、无符号短整型也是同一种类型,因此,unsigned、unsigned short、unsigned short int 和 unsigned int 等也是同一种类型。

(3)未加限定词 unsigned 的数据类型,该数据的二进制序列最高位是符号位,1 表示负数,0 表示正数。

2.实型(浮点型)

实型数比整型数表达的数据范围要大得多,但运算速度慢。实型数分为单精度数和双精度数两种,分别以 float 和 double 表示,实型数据还有长双精度类型,用 long double 表示。各种实数类型字长及取值范围见表 1-4。

表 1-4　各种实数类型字长及取值范围

类　　型	表　　示	字　　长	取　值　范　围
单精度	float	4 个字节	−33.4E−38~3.4E+38　　7 位有效位
双精度	double	8 个字节	−31.7E−308~1.7E+308　15 位有效位
长双精度	long double	10 个字节	−33.4E−4932~1.1E+4932　19 位有效位

3.字符型

字符型用 Char 表示,用于表示单字符数据,占用一个字节存储单元,内存中实际存放的是该字符的 ASCII 码值(整数),因此,字符型和数值型数据可以进行数值运算。字符型字长及取值范围见表 1-5。

表 1-5 字符型字长及取值范围

类　　型	表　　示	字　　长	取 值 范 围
有符号字符型	Char	1 个字节	–128～127
无符号字符型	Unsigned Char	1 个字节	0～255

1.5.3 常量

常量是在程序运行过程中其值保持不变的量。常量分为整型常量、实型常量、字符常量、字符串常量。常量一般用于给变量赋初始值，或作为运算式中的操作数等。它以直接常量和符号常量两种形式出现。直接常量就是常数，如 21，–7，3.5，'B'等。符号常量是指定一个标识符代表一个常量，一般用#define 定义（在第 6 章中介绍），例如："#define PRICE 30"，PRICE 就是一个符号常量。习惯上符号常量名用大写字母来表示。

1. 整型常量

整型常量也就是整型常数，有十进制、八进制和十六进制三种表示形式。

（1）十进制整型常量。由 0～9 十个数字组成，如 918，–77，0。注意：由于以数字 0 开头的常数代表八进制数据，所以十进制整型常量不能以 0 开头。

（2）八进制整型常量。以数字 0 开头，后面数字可由 0～7 八个数字组成，如 0624，–0513 等；而 083，0912 是错误的，因为八进制中不使用 8 和 9。

（3）十六进制整型常量。以 0x（零 X）或 0X 开头，后面由数字 0～9 中和字母 A～F 共 16 个符号组成，字母不区分大小写，如 0X52, –0X5F, –0xCDe 等。

说明：

（1）十进制整数常量有正、负之分，数值范围在 "–32 768～32 767" 之间的常量，系统自动分配 2 个字节。若超过这个范围，应该使用长整型常量，系统自动分配 4 个字节。如果将 "–32 768～32 767" 之间的常量有意作为长整型常量处理，可用字母 L 或 l 作为后缀，如 –86L 或 –86l。

（2）八进制或十六进制整数常量只能表示无符号的整型常量。

2. 实型常量

实型常量即实数，C 语言中的实数只有十进制数，用小数和指数两种形式表示。

（1）小数形式。由整数部分、小数点和小数部分组成，如 2.37, –5.244, 0.5 等。

（2）指数形式。例如，1e2 表示 1×10^2，3.2E7 表示 3.2×10^7，2.3e-4 表示 2.3×10^{-4}，它由有效数字、E（或 e）和指数三部分组成。有效数字可用整型数或小数形式的实型数表示，有效数字前的正（负）号表示整个数的正（负）；E（或 e）是有效数字和指数的分隔标志；指数部分必须是整型数，用来表示 10 的整数次幂，而且 E（或 e）前面必须有数字。例如，1e2，2.3E-4，–5e+6 等是正确的指数形式，而 E4, 7e3.2 是不合法的指数形式。

注意：不加说明的实型常量是 double 型，如果要表示为 float 型常量，必须在实数后加 f 或 F。要表示为 long double 常量，则必须在实数后加 l 或 L。float 型常量占 4 个字节，有 7 个有效数字位；double 型常量占 8 个字节，有 15 个有效数字位；long double 型常量占 10 个字节，有 19 个有效数字位。

3. 字符常量

字符常量是指括在单引号内的一个字符，例如，'X'、'B'、'6'、'&'等。字符常量也可以作为整型常量，它的值就是该字符 ASCII 十进制编码值，如 'X'的值为 88，'B'的值为 66，'?' 的值为 63，所以字符常量也能参加数值运算。

注意：C 语言中表达字符常量单引号、双引号和反斜杠时，需要使用转义字符。转义字符是一种特殊的字符常量，它以反斜杠（\）开头，后面跟一个字符，或是一个八进制常数或十六进制常数，其功能是将反斜杠（\）后面的字符转换成另一种含义。转义字符也常用于打印控制，如换行、横向跳格等。转义字符见表 1-6。

表 1-6 转义字符

转义字符	功　能	转义字符	功　能
\a	报警	\"	双引号
\b	退格	\'	单引号
\f	走纸换页	\\	反斜杠
\n	换行	\v	纵向跳格
\r	回车	\ddd	1～3 位八进制数 ASCII 码
\t	横向跳格	\xhh	1～2 位十六进制数 ASCII 码

4. 字符串常量

字符串常量是一对双引号括起来的字符序列，如"This is a string"，"Hello！"。其中，双引号是定界符，它不是字符串的一部分。当字符串常量一行写不下时，可用续行符反斜杠"\"连接，例如：

  "Welcome Fre\
  shmen!"

注意

（1）字符串常量中可以包含转义字符、空格符或其他字符。

（2）字符常量与字符串常量的区别如下：

① 定界符不同

字符常量用单引号而字符串常量用双引号括起来，两者不能混淆。

② 存放格式不同

字符常量在内存中只占一个字节，存放的内容为该字符的 ASCII 码值，即是一个 0～255 的整型值；而字符串常量在编译程序时每个字符串常量后面自动加一个空字符"\0"作为结束标志，如字符串"Welcome"在内存中占用 8 个字节，如下所示：

W	e	l	c	o	m	e	\0

因此，字符串常量的字符个数为 n 时，该字符串常量在内存中要占用 n+1 个字节。

③ 使用方法不同

字符常量可赋给一个字符变量，如"char c='a';"。而字符串常量一般赋给一个字符数组或字符指针，例如：

  char c[]="abcd";

```
char *pc="xyz";
```
④ 运算操作不同

字符常量可以作为一个 int 型数操作，也可以进行比较、逻辑、赋值运算等操作。字符串常量可以使用第 5 章介绍的字符串函数进行求长度、检索、连接、复制等操作。

5. 符号常量

C 语言中可以用一个标识符代表某个常量，这个标识符就称符号常量，习惯上符号常量名用大写字母来表示。符号常量需要使用编译预处理命令#define 定义。

【例 1.8】 若希望 TRUE 取值 1，FALSE 取值 0，可进行如下宏定义：

```
#define TRUE   1
#define FALSE  0
```

当程序中需要经常使用某种商品的单价，可以定义如下符号常量：

```
#define PRICE  30
```

PRICE 就是一个符号常量。定义符号常量后，程序中只要用到这种商品单价，都可用符号常量 PRICE 代替，书写程序代码变得简单而不易出错，又改进了程序的可读性；当这种商品的单价有变化时，只要修改宏定义一个地方就可以。在编译预处理时，系统会把程序中的 PRICE 全部用 30 代替，这个过程称为宏展开。

注意：用宏定义定义的符号常量没有数据类型，因此需要预防引起数据类型误用的错误。

1.5.4 变量及初始化

1. 变量

变量是指在程序运行过程中其值可以不断变化的量。变量用于保存运算所需的初始数据、变化的中间结果和最终结果。变量有变量名、变量类型和变量值三个要素。

变量名和变量值是两个不同的概念，变量名与存储单元相联系，而变量值是指存放在存储单元中的数据值。变量名就像是房屋，而变量值就像是住在房屋的人一样。房屋是固定的，而里面的人和人数可以不停地变化。

变量类型又分为数据类型和存储类别两种，数据类型决定变量在内存中所占的字节数，它也决定该变量参加某些运算时是否合法，如双精度型数据就不能进行取余运算。存储类别的概念在第 6 章介绍，这里进行简单的说明。存储类别是指变量在计算机中的存放位置，同时它也确定变量的作用域和寿命。存放位置有内存、通用寄存器等，内存中又分为静态工作区和动态工作区，静态工作区又分为内部静态类和外部静态类，所以概念较为复杂。

注意：所有变量都有存储类。因为自动类"auto"变量通常省略说明符，而外部类"extern"变量在定义时不用说明。所以前面的几个例子中虽然没有说明它们的存储类别，但实际上它们都是有确定的存储类的，没有说明的均为自动外部类变量。

C 语言变量遵循"先定义，后使用"的原则，变量的命名应符合标识符的命名规则。变量在使用前，都要求先进行定义其数据类型。定义后系统自动为变量分配固定的内存，使用时按变量名对其进行访问。

2．变量定义格式

数据类型　变量名表；

其中，数据类型必须是 C 语言中有效的数据类型，如整型、实型、指针型等，变量名表可以由一个或多个用逗号分隔的变量名构成，例如：

float m,n;	/* float 是数据类型，m、n 是变量名 */
int i;	/* i 为整型变量 */
long c, d, e;	/* c,d,e 为长整型变量 */
unsigned long p, g;	/* p, g 为无符号长整型变量 */
double z;	/* z 为双精度型变量 */
long double x, y;	/* x，y 为长双精度型变量 */
char chl,ch2;	/* chl,ch2 为字符型变量 */

上述变量被说明后，根据其类型的不同，占用计算机不同大小的存储单元。

3．变量的初始化

变量的初始化可以有两种方法：

（1）先定义一个变量，然后再给它赋一个值，例如：

　　int　a;

　　……

　　a=7;

（2）在定义变量的同时就对变量进行初始化，例如：

　　char　ch='a';

　　float　b=4.567;

　　int　　y=3;

4．说明

（1）注意整型变量的取值范围，程序运行时如超出数据范围，运行结果不可预知。例如，有定义"int a;"，则 a 为整型变量，占两个字节，取值范围为 $-32\,768 \sim 32\,767$，程序设计时就要预先估计变量 a 的值不会超出这个范围，如果有超出的可能就应该将"a"定义成其他类型，如定义成"long a;"。

（2）定义变量类型时要注意几种实型变量的字长、取值范围和有效数字位数。

例如：

　　float　a;

　　a= 66666.666;

由于 a 是单精度实型，有效数字是 7 位，因此最后一位小数不起作用。若将 a 定义为 double 或 long double 就完全可以存放 66666.666 全部数据。

并不是所有实数都能准确无误地表示出来，如超过实数所能表示的最大值时就会溢出，编译系统会显示溢出提示信息"Floating point error: overflow"。

1.5.5 混合运算时的类型转换

1）自动类型转换

同一个表达式中出现整型、实型和字符型数据时，就是数值型表达式的混合运算。混合运算需要进行类型转换，编译系统自动先将运算符两边的数据转换成它们之中数据较长的数据类型，并保证不降低运算精度。类型转换规则如图 1-17 所示。

图 1-17 中横向箭头表示必需的转换，即 float 型必须转换为 double 型，即使运算符两边都是 float 型也要进行转换，而 char 和 short 型必须转换为 int 型数据，这样可提高精度。而图中纵向箭头表示运算符两边数据类型不同时才进行转换。

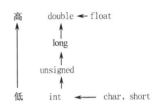

图 1-17 类型转换规则

2）保值转换

运算符两端操作类型不一致时，在运算前先将类型等级较低的数据类型转换成转换等级较高的，称为保值转换。

【例 1.9】 表达式 "('c'+'d')*20+m*n–d/e" 的保值转换。

假设有如下定义：

  int   m;
  float   n;
  double   d;
  long int e;

表达式 "('c'+'d')*20+m*n–d/e" 在运算时保值转换如下：

（1）计算('c'+'d')时，先将字符'c'和'd'转换成整型数 99，100，运算结果为 199；

（2）计算 m*n 时，先将 m 和 n 都转换成为双精度型；

（3）将 e 转换成双精度型，d/e 结果为双精度型；

（4）假设所用计算机是先计算运算符左边操作数，那么('c'+'d')*20 计算后结果为 3980，再将 3980 转换成双精度型，然后与 m*n 的结果相加，再减去 d/e 的结果，表达式计算完毕，结果为双精度型。混合运算转换过程如图 1-18 所示：

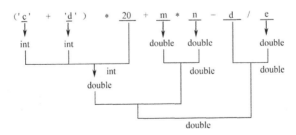

图 1-18 各类数值型数据间的混合运算转换过程

保值转换往往将数据占用的长度进行扩展，从而引起数据存储变化、符号位扩展、最高位失去符号作用等变化，而且保值转换后精度也不会提高。

3)强制类型转换

强制类型转换是将表达式强制转换成指定的类型,其格式为:

(类型名)表达式

例如: float(6)

char(32.3+10)

1.5.6 基本运算符与表达式

C 语言中大多数运算符(操作符)的运算规则基本都符合代数运算规则,但也有不同之处。若完成一个操作需要二个操作数,则称该运算符为二元(双目)运算符;若完成一个操作需要一个操作数,则称该运算符为一元(单目)运算符。

C 语言中运算符较多,本节只介绍几个基本的运算符与表达式。

1. 算术运算符与表达式

C 语言的二元算术运算符有 5 个,见表 1-7。由各种算术运算符将常量、变量和括号连接起来的式子称为算术表达式。

表 1-7 算术运算符

运算符	名称	举例	运算功能	设 a=7, b=2
+	加	a+b	求 a 与 b 的和	9
-	减	a-b	求 a 与 b 的差	5
*	乘	a*b	求 a 与 b 的积	14
/	除	a/b	求 a 除以 b 的商	3
%	取余	a%b	求 a 除以 b 的余数	1

说明:

(1)除运算符(/)要求除数不能为零。当它作用于两个整型和字符型数据时,运算结果只取整数部分。例如,6/4=1。所以在编程时应注意,要得到正确结果,需要定义除数和被除数中一个为实数,则运算结果为 double 型,如 6/4=1.5。

(2)取余运算符(%)的运算结果为两个整数相除后所得的余数,%不能用于实型数据。

2. 自增、自减和取负运算符

一元算术运算符有自增、自减和取负 3 个运算符。自增运算符(++)将它的操作数加 1;自减运算符(——)将它的操作数减 1,见表 1-8。

表 1-8 自增、自减和取负运算符

运算符	名称	举例	运算功能	设 a=3
++	自增	++a 或 a++	a=a+1	4
——	自减	——a 或 a——	a=a-1	2
-	取负	-a	符号取反	-3

说明:

(1)自增、自减运算符只能用于变量,它位于变量前或后对变量来说都是做增 1(减

1）运算。将运算符放在变量前面，称为前置运算；将运算符放在变量的后面，称为后置运算。当自增、自减运算符用在表达式中时，前置运算使变量先增 1（减 1），然后参加表达式运算；后置运算使变量先参加表达式运算，然后变量再增 1（减 1）。

假设变量 a 的初值为 4，如果有如下表达式：

    c=(++a)*6;

则运算结果是 c=30，a=5。因为++a 是前置运算，所以 a 先加 1 得 5 后再参与表达式运算（即 5*6）结果是 30，若赋值语句写成：

    c=(a++)*6;

则运算结果是 c=24，a=5。因为是后置运算。所以 a 先参与运算（即 4*6），变量 c 的值是 24。在表达式运算结束后 a 自增 1，因此 a 值最后为 5。

（2）自增运算符和自减运算符在 C 语言程序中常用于循环结构中，使循环变量自动加 1 或减 1。也用于指针变量，使指针指向下一个存储单元。

3．赋值运算符与表达式

赋值运算符"＝"是最基本的运算符，由赋值运算符将变量和表达式组合起来就构成赋值表达式，其一般形式如下：

    变量=表达式；

表达式可以是一个常量、变量或表达式。但赋值运算符左边必须是变量，例如：

    a=b+3;

注意："a=b=c=d=6*2;"也是正确的赋值表达式，但不能理解成数学式中的等号。运算时先计算 6*2，结果 12 赋给 d，则 d 值为 12，再依次赋给 c、b、a，这样 a、b、c、d 的值均为 12。

4．复合运算符与表达式

在赋值运算符前加上某些二元运算符（+，−，*，/，%），就形成了复合运算符（算术赋值运算符），见表 1-9。

表 1-9 复合运算符（算术赋值运算符）

运算符	名 称	举 例	运 算 功 能	设 i=5, j=2
+=	加赋值	i+=j	i=i+j	7
−=	减赋值	i−=j	i=i−j	3
*=	乘赋值	i*=j	i=i*j	10
/=	除赋值	i/=j	i=i/j	2
%=	取余赋值	i%=j	i=i%j	1

例如，表达式 a+=b+m+6 等价于 a=a+(b+m+6)。

5．逗号运算符与表达式

将若干个表达式用逗号","（逗号运算符）结合成一个表达式，称为逗号表达式。逗号表达式用来解决只能使用一个表达式但又要解决多个表达式求值的地方。其一般格式为：

    表达式 1,表达式 2,表达式 3,……,表达式 n；

例如，交换 a、b 两个变量的值，可以写成如下逗号表达式：

　　t=a,a=b,b=t;

逗号表达式的求值是从左到右计算的，最后一个表达式的值即为整个逗号表达式的值。例如，表达式"i=(a=3,b=5,c=7,d=a+b+c);"，它将四个表达式用逗号结合成一个逗号表达式，再赋值给 i。具体运算过程如下：把 3 赋给 a，5 赋给 b，7 赋给 c，然后计算 d=a+b+c，最后把 15 赋给 i。

1.5.7　运算优先级与结合性

1. 优先级

C 语言运算符的优先级和结合性见附录 C，表中优先级自上而下，由高到低，同类别的优先级别相同。

注意：通过增加圆括号可以改变表达式的求值顺序。圆括号不会影响表达式的计算效率，但可以使表达式具有更好的可读性。

2. 结合性

结合性是针对同一个表达式中出现多个优先级别相同的运算符提出的，它规定了几个优先级相同的运算符的计算顺序。结合性从左到右时，计算就从左到右逐个计算；结合性从右到左时，计算就从右到左逐个计算。大多数运算符的结合性是从左到右的，只有几个例外（见附录 C），如一元运算符（单目运算符）的结合性是从右到左的。

注意：

（1）书写表达式时，要尽量简明易懂，为了增加其可读性，可加一些圆括号，例如：

　　a=b/c*=d-3;

可改写为：

　　a=b/(c*=d-3);

（2）明确特定的计算顺序，例如：

　　a=2;b=3;
　　d=(c=a*b+1)+(b=4);

表达式中"(c=a*b+1)"与"(b=4)"先执行哪一个依赖于所用的编译系统，为了明确特定的计算顺序，可将上面表达式分解如下：

　　a=2;b=3;
　　c=a*b+1;
　　d=c+(b=4);

这样可保证先执行（c=a*b+1），后执行(b=4)。

小　　结

本章内容较多，首先简单介绍了程序和程序设计的基本概念，以及算法和流程图的基本知识，然后重点介绍了 C 语言的构成、特点、上机调试过程、数据类型、常量、变量运算符

和表达式等基本概念,为学习 C 语言打好基础。本章要点如下:

(1) 程序设计=数据结构+算法+源程序编码。

(2) 由高级语言编写的程序称为"源程序",源程序通过翻译转换成"目标程序",目标程序再经过连接就转换成可脱离编译环境的"可执行程序"。

(3) 将源程序转换成目标程序可以采用编译和解释两种方式,还有一种将编译和解释结合起来的方式。C 语言采用编译方式。

(4) 算法是指使用计算机完成一个任务所采取的方法和执行的步骤,算法的描述可以使用自然语言、流程图、N-S 流程图、算法语言和形式语言等方式,较为常用的是采用流程图和 N-S 流程图来描述。算法的优劣可以用空间复杂度与时间复杂度来衡量。

(5) 计算机程序设计语言分为机器语言、汇编语言和高级语言等种类,高级语言分为面向过程和面向对象等种类。C 语言是面向过程的语言,C++是面向对象的语言。C 语言采用模块化程序设计方法。

(6) 模块化程序设计是指将一个复杂的大任务分解为若干个较小的、容易处理的子任务;如果分解的子任务本身还很复杂,可以再细分为许多更小的子任务。一个子任务称为"模块"。模块化程序设计可将一个任务由一组人员同时进行分工编写,并分别调试,最后将所有模块组装,这就大大提高了程序设计的效率。

(7) C 语言是一种结构化程序设计语言,结构化程序主要由顺序结构、选择结构和循环结构三种基本结构组成。这三种基本结构可以组成各种各样的程序模块,实现任何复杂的算法。

(8) C 语言的特点是简洁、紧凑、方便、灵活。它既具有高级语言的特性,又具有低级语言的功能,既可以用来写应用软件,又可以用来写系统软件。C 语言程序是由函数构成的,一个 C 语言程序由一个 main()函数和多个其他函数组成。这些函数可以放在一个程序文件中,也可以放在多个程序文件中,但是整个程序总是从 main()主函数开始执行的。

(9) C 语言程序的上机实现步骤分为编辑、编译、连接和运行 4 个阶段。上机是检验算法和程序正确性的重要手段,也是学好计算机语言类课程的最好方法。常用的 C 语言程序设计开发环境有 TC 和 VC++两种集成开发环境,C 语言程序在 TC 和 VC++下编程在规定上稍有区别。

(10) 标识符有关键字(保留字)、预定义标识符、用户标识符等,用户标识符用于给变量、符号常量、函数、数组、指针等命名。

(11) C 语言数据类型丰富,运算符多,优先级较繁杂,这是它的优点。它能使表达式灵活、简洁,但也让编程人员记忆较为困难。数据类型规定了相应的数据范围、精度和内存中所分配的存储空间,分为基本数据类型和构造类型两大类。基本的数据类型有字符型、整型、长整型、短整型、无符号型、单精度、双精度和长双精度。VC 中的实型只支持单精度和双精度两种浮点类型。

(12) 常量是程序运行过程中其值不变的量,变量是在程序运行过程中可以改变的量。变量有数据类型和存储类别两种类型,因此变量需要先定义后使用。定义变量不单要确定名字,还确定数据类型,以便编译程序分配一定字节数的内存。变量的数据类型一定要在编程前设计好,不要在程序运行后出现数据范围、精度和存储字节数不匹配的问题。

(13) 运算符分为单目运算符、双目运算符和三目运算符。运算符的规定细节较多。例如除法运算符"/",当两边的操作数均为整型时,结果为整型;自加"++"和自减"--"运算符前置和后置结果有时一样，有时又不一样；对字符进行运算，其实是对其 ASCII 值进行运算。运算符在程序中是无处不在的，因此，运算符的使用一定要小心。

（14）表达式及运算。由运算符、括号（甚至逗号）等将常量、变量、表达式等连接起来的式子称为表达式。表达式都有值和类型，运算时当数据类型不同时需要进行类型转换，转换过程是自动、逐步进行的，转换原则是低级别的类型转换成高级别的类型。如果希望某一运算量转换成指定的类型，则可以使用强制类型转换符。

（15）运算符的优先级的结合性。在一个复杂的表达式中有多种运算符时，表达式的求值按运算符的优先级和结合性所规定的顺序进行。对于复杂的表达式，最好用括号将优先计算的部分括起来。一般而言，单目运算符优先级较高，赋值运算符优先级较低，算术运算符优先级较高，关系和逻辑运算符优先级较低（逻辑"非"除外）。通过增加圆括号可以改变表达式的求值顺序。结合性是针对同一个表达式中出现多个优先级别相同的运算符提出的，它规定了几个优先级相同的运算符的计算顺序。

习　　题

一、选择题

1. 下面四组中，哪一组全都是 C 语言保留的关键字（　　）。
   A．int, char, printf　　　　　　B．short, long, while
   C．static, string, sizeof　　　　D．if, while, new
2. 在 C 语言程序中，自定义的标识符（　　）。
   A．不能使用关键字，并且不区分大、小写
   B．能使用关键字，并且区分大、小写
   C．能使用关键字，并且不区分大、小写
   D．不能使用关键字，并且区分大、小写
3. 将字母 n 赋值给已定义的字符变量 c，下面哪一个是正确的（　　）。
   A．c=n;　　　B．c='n';　　　C．c='\n';　　　D．c=110
4. 下面定义的标识符中，正确的是（　　）。
   A．int　　　B．abc.c　　　C．abcd1234f　　　D．long
5. int 型数据的数值范围为（　　）。
   A．-32 768～32 767　　　　　B．-32 767～32 767
   C．0～32 767　　　　　　　　D．0～32 768
6. 下列叙述正确的是（　　）。
   A．在 C 语言程序中 main()函数必须位于程序的最前面
   B．C 语言程序的每行中只能写一条语句
   C．C 语言本身没有输入/输出语句
   D．在对一个 C 语言程序进行编译的过程中，可发现注释中的拼写错误
7. 下列叙述不正确的是（　　）。
   A．一个 C 源程序可由一个或多个函数组成
   B．一个 C 源程序必须包含一个 main()函数

C. C语言程序的基本组成单位是函数

D. 在C语言程序中，注释说明只能位于一条语句的后面

8. 源程序中，main()函数的位置（　　　）。

　　A. 必须在最开始　　　　　　　　B. 必须在调用的库函数的后面

　　C. 可以任意　　　　　　　　　　D. 必须在最后

9. 基本数据类型在内存中占用的存储空间长度的排列顺序为（　　　）。

　　A. char<int<=long int<=float<double　　B. char=int<long int<float<double

　　C. char<int<long int=float=double　　　D. char<int<long int<=float<double

10. 若x、i、j和k都是int型变量，经过表达式"x=(i=4，j=16，k=32)"运算后，x的值为（　　　）。

　　A. 4　　　　B. 16　　　　C. 32　　　　D. 52

11. 假设a、b、c、d均为整型，则表达式（a=2, b=5, b++, a+b）的值是（　　　）。

　　A. 7　　　　B. 8　　　　C. 6　　　　D. 2

12. 表达式"18 / 4*sqrt（4.0）/8"值的数据类型为（　　　）。

　　A. int　　　B. float　　　C. double　　　D. 不确定

13. unsigned int型数据的取值范围为（　　　）。

　　A. 0～255　　B. 0～32 767　　C. 0～65 535　　D. 0～2 147 483 647

14. C语言源文件经过编译，若没有产生编译错误，则系统将（　　　）。

　　A. 生成可执行目标文件　　　　　B. 生成目标文件

　　C. 输出运行结果　　　　　　　　D. 自动保存源文件

15. 执行TC菜单命令"运行"，若运行结束且没有系统提示信息，说明（　　　）。

　　A. 源程序有语法错误

　　B. 源程序正确无误

　　C. 源程序有运行错误

　　D. 源程序无编译、运行错误，但无法确定运行结果的正确性

16. 常数的书写格式决定了常数的类型和值，03322是（　　　）。

　　A. 十六进制int型常数　　　　　B. 八进制int型常数

　　C. 十进制int型常数　　　　　　D. 十进制long int型常数

17. "e2"是（　　　）。

　　A. 实型常数100　　　　　　　　B. 值为100的整型常数

　　C. 非法标识符　　　　　　　　　D. 合法标识符

18. 若程序段"int a=5;a++;"，运行后a的值是（　　　）。

　　A. 7　　　　B. 6　　　　C. 5　　　　D. 4

19. 下列符号中哪些是合法的C语言常量？（多选）

　　−1　　　　37　　　　-0xab4　　　　e1　　　　0004　　　　'\n'　　　　123

　　3+1　　　π　　　　6bc　　　　3e7　　　　'abc'　　　　4.e-5　　　-1e1

　　5e+2.4　　3.146　　3*e1　　　　.345　　　　0578　　　　7.3e　　　1.2e3

　　'a'　　　'\t'　　　"a"　　　　2e32.6　　　-e-5　　　　'BASIC'　　0fc

　　0x4d00

20．下列符号中，哪些是合法的变量名？（多选）

    a_bc1   _abc1   1abc   +a   else

    int   i*j   ?abc   i>j   abcdefghij

    _auto-   auto   -or   -169

二、填空题

1．_____是指在程序运行过程中，值可以发生变化的量。

2．C 语言是一种_____（区分/不区分）字母大、小写的语言，Password 和 password 在 C 语言中是两个_____（相同/不同）的标识符。

3．下面的转义字符分别表示：

    '\b'_____，'\n'_____，'\t'_____，' \" ' _____

4．下面常量的类型分别为：

    1.5E12_____，1288L _____，'a'_____，"a"_____

    08   _____，'\007'_____

5．C 语言源程序一定要有而且只有一个_____函数，程序执行时也从它开始。

6．结构化程序设计主要有_____、_____和_____三种基本结构。

三、判断题

1．C 语言不是一种结构化程序设计语言。（　　）

2．C 语言是弱类型语言，为了类型转换的方便，对类型的要求很不严格，在许多情况下不做类型检查。（　　）

3．C 语言既具有高级语言的特点，同时也具有部分低级语言的特点。（　　）

4．C 源程序可以由多个文件组成，每个文件中都可有一个主函数 main()。（　　）

5．C 语言程序从 main()函数开始执行，因此主函数 main()必须放在程序的开头。（　　）

6．命名标识符时字符个数不得超过 6 个。（　　）

7．对于同一个数据类型，变量值越大，它所占内存的字节数越多。（　　）

8．定义一个变量时必须指出变量类型，但是不一定必须给变量初始化。（　　）

9．""表示一个空字符串常量，''表示一个空字符常量。（　　）

10．一个表达式中出现多种数值型数据类型，运算前先进行类型转换。（　　）

11．浮点数不能做自增或自减运算，只有整型才可做自增或自减运算。（　　）

12．已知 a、b 是整型变量，则表达式 a=3,2+4,b=6,7+8 是一个逗号表达式。（　　）

四、问答题

1．写出下面表达式的值

（1）12/3*9

（2）int i=3,j;

    i*=2+5;

    i/=j=4;

    i+=(j%2);

i、j 的最终结果是多少？

（3）int   a=3,b,c;

    b=(a++)+(a++)+(a++);

c=(++a)+(++a)+(++a);

a、b、c 的最终结果是多少？

2．下列表达式是否正确？若正确，表达式的值是什么？

    21/2   21/2.0   21.0/2   21%2   21.0%2   21%2.0   18%15   15%18   3%15

3．叙述 C 语言的一般构成。

4．简述在 Turbo C 环境下 C 语言程序的编译、连接和运行等步骤。

5．C 语言源程序文件、目标文件和可执行文件的扩展名分别是什么？

6．什么是结构化程序设计？

7．使用 Turbo C 2.0 和 VC++集成开发环境各有什么特点和区别？

8．源程序翻译成计算机所认识的二进制代码指令有哪几种方式？

五、编程题

编写程序，在屏幕上输出如下信息：

    ===============
    = I am a student. =
    ===============

第 2 章

顺序结构程序设计

本章要点

- 了解 C 语言基本语句的使用方法
- 掌握赋值语句的使用方法
- 掌握数据输出函数的调用规则、格式说明字符的意义
- 掌握数据输入函数的调用规则和地址运算符的使用
- 掌握顺序结构程序设计方法
- 掌握 goto 语句的作用和使用方法
- 掌握程序中语义错误和逻辑错误的调试方法

顺序结构，就是依次按语句先后顺序逐条执行的结构。顺序结构是最简单的一种基本结构。本章主要介绍编写简单程序所必需的一些知识，以及顺序结构程序设计的基本方法。

C 语言顺序结构主要由说明语句、表达式语句、空语句、复合语句和输入/输出语句等组成。

精讲与必读

2.1　C 语言基本语句简介

2.1.1　基本语句

C 语言语句都以分号";"为语句结束标志，程序中只要有一个分号就代表一个语句的结束。

1．说明语句

说明语句用于说明变量的类型、存储类别或函数的类型等。例如：

```
float a,b,c[10];        /*  变量说明语句    */
double x,y[8], *p;      /*  变量和指针说明语句 */
int area(a,b);          /*  函数说明语句    */
```

C 语言中的说明语句应该出现在程序可操作语句的前面。

2．表达式语句

表达式语句由一个表达式加一个分号构成。例如：

```
a=6,b=8,c=10;
i++;
y=a+b*c/d;
y*=12+x;
```

3．复合语句

1）复合语句的定义

在程序中将若干语句用一对花括号"{　}"括起来构成的语句称为复合语句。例如：

```
{s=3.14159*r*r;
 v=s*h;
 printf("%f",v);
}
```

复合语句在程序设计时经常用到，在语法上它被认为是一条语句，复合语句中语句数量不限，而且最后一个语句的分号也不能省略。

2）分程序

复合语句内不仅可以有执行语句，还可以有说明语句，但说明语句部分要在执行语句之前。复合语句中有了说明语句就是分程序。例如：

```
    { int r; float s,h,v;
      s=3.14159*r*r;
      v=s*h;
      printf("%f",v);
    }
```

复合语句还可以嵌套，即在复合语句中可以包含其他的复合语句。

4．空语句

只有一个分号构成的语句称为空语句。空语句也是合法的，在语法上它占据一个语句的位置，执行时不做任何操作。一个空语句可用于表示程序的转折点或以后在这个位置加上新的语句或表示什么也不操作。例如：

```
        for(i=0;i<=1000;i++)
            ;                    /* 循环语句 */
```

它表示循环语句中的循环体是一个空语句，它在功能上起到一个延时的作用；如用于制作数字电子表时，保证屏幕停顿足够时间显示下一秒。所以一定要注意下面两个语句是完全不同的：

```
        for(i=0;i<=1000;i++);
        for(i=0;i<=1000;i++)
```

随意增加空语句，会导致逻辑上的错误，因此一定要慎用。例如：

```
        if (x>0);                /* 选择结构，下一章介绍 */
        y=x+2;
```

编程者的本意是当条件"x>0"成立时，执行"y=x+2"。但因为"if (x>0)"有了一个分号，表示一个空语句，所以条件成立时执行的是空语句。结果导致不管条件成立与否，最终都会执行"y=x+2"。

5．返回语句 return

返回语句"return"用在被调用函数中，执行到该语句时，就将控制返回到调用函数中，如例 1.6 中返回到主函数 main()中。return 语句格式有如下两种：

（1）return；

（2）return　<表达式>；

第一种格式只返回语句顺序的控制权，第二种格式除控制权外，还要返回一个<表达式>值给调用函数。有关 return 语句的使用将在第 6 章详细介绍。

2.1.2　赋值语句

在赋值表达式的后面加上一个分号，就构成了赋值语句。例如：

```
        a=b+3
        p='A'
        i++
```

是赋值表达式，而

```
        a=b+3;
```

```
    p='A';
    i++;
```
则是赋值语句。赋值表达式和赋值语句是两个不同的概念,在大多数高级语言中没有"赋值表达式"这一概念,赋值表达式可以被包括在其他表达式之中。例如:

```
    if ((a=b+3)>0) s=a;
```
是合法的,它实现了其他语言中无法实现的功能。而如果写成

```
    if ((a=b+3;)>0) s=a;
```
就错了。赋值语句可以由形式多样的赋值表达式构成,使用相当灵活。如"i=1,j=2;"就是合法的赋值语句,应该掌握好赋值表达式的运算规律才能写出正确的赋值语句。

2.1.3 注释

注释和下面介绍的文件包含命令都不是 C 语言语句,但它们经常使用,所以在此先做介绍。在 1.2.1 节中已经介绍过注释,注释可以用于说明变量的含义、程序段的功能、程序较难读懂等地方,帮助用户阅读程序。注释应简明扼要,除了最简单和最直观的函数外,都应有注释。例如,在函数开始处说明其功能,如何调用及返回值的类型等。例如:

```
    for(i=0;i<=1000;i++);          /* 空循环,用于延时 */
```

说明:

(1) 注释不是 C 语言的可执行语句,在 C 语言中所有的注释都由 "/*" 开始,以 "*/" 结束。在星号及斜杠之间不允许有空格。编译程序遇到注释会忽略注释开始符到注释结束符之间的所有文本内容。

(2) 注释可出现在程序的任何位置,但它不能出现在关键字或标识符中间,也最好不在表达式的中间出现。例如,x=10+ /* add the numbers */ 5 虽然有效,但会使表达式含义不清。

(3) 注释不可嵌套,例如:

```
    /* 程序/* 求 sinx */*/
```
是错误的注释。

(4) VC 编译系统中注释除了上述形式外,还可以使用双斜杠 "//" 开头,而且不需要成对出现。例如:

```
    //这是一个 VC 下的程序
```

2.1.4 文件包含命令

C 语言编译系统都附有一个标准函数库,里面有相当完整的函数供用户使用,如常用的数学函数、时间函数、字符串处理函数等。Turbo C 函数库见附录 D。实际上 C 编译系统将一些常用的功能模块预先编制好,并存放在指定的目录中(如 C:\TC\INCLUDE)。要使用这些函数,可在程序的开头用文件包含"#include"命令,将这些函数包含到程序中。例如:

```
    #include <stdio.h>
    #include "math.h"
```

用户也可以编制一些功能模块存放在指定的目录中,使用时也是通过文件包含命令的方法实现的。

文件包含命令不是 C 语言语句，它必须用"#"号开头，命令后面不能以";"号结束。stdio.h、math.h 都是系统提供的库函数名，它包含了有关输入/输出、数学函数等信息。

1．文件包含命令格式

格式 1：#include <文件名>

格式 2：#include "文件名"

2．说明

（1）<文件名>是被包含的文件全名，必要时需要指定文件所在的路径名。

（2）两种格式的区别如下：使用尖括号方式用于直接到指定的默认目录中查找并包含该文件。而使用双撇号格式，系统先到当前工作目录和相关的可搜索目录中查找，如果找不到再到存放头文件的默认目录中查找，找到后将其包含。

因此，如果引用系统定义的头文件，两种格式都可以选用，但格式 1 从理论讲可以提高查找速度，但区别甚微，而格式 2 较为保险。

（3）使用文件包含命令可使 C 语言程序书写简练，可读性强。

（4）一个程序可包含多个文件包含命令。

（5）文件包含可以嵌套，也就是说在被包含的文件中还可以出现文件包含命令。

（6）文件包含命令通常放在程序的首部，以保证使用正常。

（7）被包含的文件通常是后缀为".h"的头文件，但也可以是其他的源文件，如后缀为".C"的文件，可以实现由多文件组成的 C 源程序形式。

2.2 数据输出函数

将原始数据、中间值和最终结果从计算机内部送到显示屏幕（或打印机）等终端设备上，或保存在磁盘上等操作称为"数据输出"。从计算机外设将数据送入计算机内部的操作称为"数据输入"。C 语言本身不提供输入/输出语句，为了实现数据的输入/输出，可以调用库函数中相应的输入/输出函数，如"scanf"函数和"printf"函数。注意，它们是函数名，而不是关键字。

2.2.1 printf 函数（格式输出函数）

printf 函数是最常用、功能最强大的格式输出函数，它可以输出任意类型的数据。printf 函数的作用是在终端设备（或系统隐含指定的输出设备）上按指定格式输出数据。

1．printf 函数调用格式

printf("格式控制",输出项表);

例如：

printf("x=%d,y=%d",x,y);

2．功能

按格式控制字符串指定的格式，将输出项表中的内容输出到终端设备上。

3. 说明

（1）格式控制是用双引号括起来的字符串，也称转换控制字符串，它包括格式说明和普通字符两种。格式说明由"%"开头后跟格式字符，如%d、%f 等，作用是将后面输出项表中对应的输出数据按此格式输出。而普通字符不用"%"开头，输出时原样输出，它可以作为提示信息，使输出的数据意义更明确。例如"x=、y="等。

（2）输出项表中各输出项之间用逗号分隔，输出项可以是常量、变量或表达式。输出项个数要和格式说明的个数相同，且数据类型要对应一致，否则会导致数据输出不正确，而且编译系统也不显示出错信息。

（3）格式说明字符及含义见表 2-1，最常用的为前四个 d、f、c 和 s。有一些系统要求格式字符只能为小写字母，因此书写程序时应该使用小写字母，使程序具有通用性。

表 2-1 printf 函数格式说明字符及含义

格式符	含 义
%d	输出带符号的十进制整数
%f	以小数形式输出单、双精度实数。小数位数由精度说明指定，默认值为 6
%c	输出单个字符
%s	输出字符串中的字符，直至遇到"\0"，或输出由精度指定的字符数
%o	以无符号八进制形式输出整数（不输出前导 0）
%x 或%X	以无符号十六进制形式输出整数（不输出前导 0x 或 0X）
%u	以无符号十进制形式输出整数
%e 或%E	以指数形式输出单、双精度实数。小数位数由精度说明指定，默认值为 5，如用%E，输出时用大写的"E"，如 1.2345E2
%g 或%G	自动选用%f 或%e 格式中输出宽度较短的一种，不输出无意义的 0
%p	输出变量的内存地址
%%	输出一个%

（4）格式说明中，在%和格式字符中间还可以使用格式修饰符，格式修饰符及其含义见表 2-2。

表 2-2 printf 函数格式修饰符及其含义

格式修饰符	含 义
%m.n	以小数形式输出实数，m 为输出总宽度，n 为小数位数
字母 l 或 L (%l 或%L)	用于整型（d、o、x、u）时，输出长整型数据；用于实型（f）时，输出双精度型数据
m（正整数） (%m)	设定数据输出最小宽度，当实际数据宽度超过 m 时，则按实际宽度输出，如实际宽度短于 m，则输出时前面补 0 或空格
n（正整数）(%n)	对于实数，表示输出 n 位小数；对字符串，表示从左截取的字符个数
-(%-)	输出的字符或数字在规定的域宽内向左对齐。默认为右对齐
+(%+)	输出的数字前带有正负号
0(%0)	数据前的多余空格处补前导 0
#(%#)	用于格式字符 o 或 x 前，使输出八进制数或十六进制数时输出 O 或 Ox

例如:

    printf("x=%5d,y=%7.2f",x,y);

表示输出 x 值时占 5 位输出位,输出 y 值时总位数为 7 位,小数位数为 2 位。

(5) C 语言编译系统提供的函数要求使用预编译命令"#include <stdio.h>"后才能使用,但只有"printf"函数和"scanf"函数可直接调用,不需要使用"#include <stdio.h>"。

下面举例说明格式字符和格式修饰符的使用。

【例 2.1】 产生两个随机数,求它们的和、差、乘积。

随机数产生函数为 rand(void)、random(int number)等,它们都包含在头文件"stdlib.h"中。rand()可以产生"0~32 767"之间的随机整数。random(int number)函数产生"0~number−1"之间的随机整数。程序如下:

```
#include "stdlib.h"
main()
{   int a,b,c,d;
    long e;
    a=random(100);
    b=random(100);
    c=a+b;
    d=a−b;
    e=a*b;
    printf("c=%d,d=%d,e=%ld,\n ",c,d,e);
}
```

注意:变量 e 的值可能会超过 int 类型数值范围,所以输出时使用格式说明"%ld"。

【例 2.2】 输出整数和字符。

```
main()
{   int a=65,x=5678;long y=42789;
    char b='A';
    printf("%d,%o,%x,%u\n ",x,x,x,x);
    printf("%c,%d,%c,%d\n ",a,a,b,b);
    printf("x=%8d,y=%ld\n ",x,y);
}
```

程序运行结果如下:

    5678,13056,162e,5678

    A,65,A,65

    x=5678, y=42768

本程序分别以十进制、八进制、十六进制和无符号十进制格式输出整数 5678;并以字符型和数值型数据相互转换方式输出字符"A"及其十进制 ASCII 码值 65;输出 x、y 时格式说明中有普通文字"x= ,y= ",并有格式修饰符控制 x 的输出位数为 8 位和 y 输出时以长整型数。

编程时要注意,当一个数据超过−32 768~32 767 时,应该按"%ld"格式输出,如果还

是采用"%d"格式,输出结果不正确。例如:

```
main()
{   int a=32767,b=32768
    printf("a=%d,b=%d\n ",a,b);
}
```

程序运行结果将是:

a=32767,b=-32768

变量 b 超过 int 型数据范围,所以结果不正确。

【例 2.3】 以小数和指数形式输出实数。

```
main()
{ float a=111111.111,b=333333.333,c;
  c=a+b;
  printf("C=%f\n",c);
  printf("C= %10.3f\n",c);
  printf("C=%e\n",c);
  printf("C=%.3e\n",c);
}
```

程序运行结果如下:

C=444444.437500

C=444444.438

C=4.44444e+05

C=4.44e+05

程序中,"%.3e"说明小数位数(包括小数点)共 3 位。当单精度数不指定宽度时,输出时整数部分全部输出,而小数部分输出 6 位。注意,并非全部数字都是有效数字。

【例 2.4】 字符串的输出。

```
main()
{ printf("%3s\n","student");
  printf("%8.3s\n","student");
  printf("%.4s\n","student");
  printf("%-8.3s\n","student");
}
```

程序运行结果如下:

student

     stu

stud

stu

格式说明中,"%.4"只指定了 n,但没指定 m,系统自动使 m=n=4,因此,输出时只占 4 列。

【例 2.5】 f、g 和 e 格式的比较。
```
main()
{ float a=-123.456789;
  printf("用 f 格式输出：%f\n",a);
  printf("用 g 格式输出：%g\n",a);
  printf("用 e 格式输出：%e\n",a);
  printf("用 f 格式输出：%10.2f\n",a);
  printf("用 g 格式输出：%10.2g\n",a);
  printf("用 e 格式输出：%10.2e\n",a);
}
```
程序运行结果如下：

用 f 格式输出：−123.456787

用 g 格式输出：−123.457

用 e 格式输出：−1.23457e+02

用 f 格式输出：　　−123.46

用 g 格式输出：　　　−120

用 e 格式输出：　　−1.2e+02

使用格式"10.2"输出时右对齐，而如果采用"−10.2"，则输出时左对齐。

表达式的实际类型要与格式转换符相符，printf 函数不会自动进行类型转换。例如，下面程序的输出结果将不是所期望的。

【例 2.6】 错误的格式化输出。
```
main(){
  int x=10,y=100;
  printf("x=%d,y=%d\n",x* 1.0,y);
  printf("x=%f,y=%d\n", 101,y);
}
```
本来用户期望的程序运行结果为：

x=10,y=100

x=101,y=100

但实际运行结果却是：

x=0,y=1076101120

x=0.000000,y=34603536

原因是第一个输出语句中，x 虽然是整型，但经过表达式 x* 1.0 运算后，结果为 double 型数据，但输出格式说明使用的是%d，因此，不能正常输出 10.000000，并且会影响到下一个表达式的输出。而第二个输出语句中，输出 int 型数据 101，却使用了%f，因此，不会正常输出 101，同时也会影响到下一个表达式的输出。

因此，程序修改如下：将第一个输出语句中的"x=%d"改成"x=%f"；将第二个输出语句中的"101"改成"101.0"，或者将"x=%f"改成"x=%d"。

2.2.2 其他输出函数

除了 printf()函数外，C 语言中还提供了其他的一些输出函数，它们都是 C 语言系统预先编制好的函数，并被包含在"stdio.h"中。因此，使用下列函数前需要用预编译命令"#include"将"stdio.h"文件包含到源程序文件中。即：

#include <stdio.h>

1．putchar()函数（字符输出函数）

putchar()函数是字符输出函数，其作用是向终端输出单个字符。

1）putchar()函数调用格式

putchar(字符型或整型变量);

2）说明

（1）putchar(ch)函数的作用与 printf("%c",ch)相同，因此 putchar()函数完全可以由 printf()函数取代。

（2）putchar()函数的参数如果是整型常量，那么这个常量作为字符的 ASCII 代码，输出时是数据所对应的 ASCII 字符。函数参数需要使用单引号(')括起来。

（3）函数参数也可以为控制字符或转义字符。例如，需要输出单引号，应使用 putchar('\'')。

2．puts()函数（字符串输出函数）

puts()函数用来输出字符串并换行，调用格式如下：

puts(字符串或一维字符数组名或字符指针);

说明：puts(p)和 printf("%s\n",p)功能一样，其中 p 是字符数组名或字符指针。因此 puts()函数也可以由 printf()函数取代。

3．printf()函数、putchar()函数和 puts()函数的比较

（1）putchar()函数只有一个参数，这个参数是要输出的字符。

（2）puts()函数也只有一个参数，这个参数是要输出的字符串。puts()函数输出字符串后自动回车换行。例如，语句"putchar('A');"输出字符 A；语句"puts("ABCD");"输出字符串 ABCD 后自动换行。

（3）putchar()函数和 puts()函数不能控制字符或字符串的输出格式，所以当不需要控制输出字符或字符串格式时，调用 putchar()函数或 puts()函数要比调用 printf()函数简便得多。

2.3 数据输入函数

2.3.1 scanf 函数（格式输入函数）

数据输入可以从键盘、鼠标或磁盘等外设实现。而 scanf 函数用于从键盘输入数据。

1．scanf 函数调用格式

scanf("格式控制",地址列表);

例如：

scanf("%d,%d",&x,&y);

其中，变量 x、y 前的"&"是求地址运算符，&x 表示取变量 x 的地址，也就是内存中存储 x 值的数据单元地址。

2．功能

从键盘上输入数据，按格式控制所指定的格式（数据形式）赋给相应的输入项，并存放在地址列表所对应变量的地址单元中。

3．说明

（1）地址列表由一个或多个变量地址组成，变量名前必须要加地址符"&"，初学者容易遗漏或写错。当变量地址有多个时，各变量地址之间用逗号","分隔。而且格式控制中的格式个数应与地址列表中输入项数一一对应且数据类型匹配。如果不匹配，C 语言系统并不给出错误信息，但变量不能得到正确的数据。

（2）格式控制"%"后的格式符有 d、o、x、c、s、e、f 等，其含义和输出函数 printf 中的规定基本类似。其中 e 和 f 的作用相同，都是用来输入实数（小数和指数形式均可）。

（3）格式控制字符串必须用双引号括起，字符串中最好不要包含普通字符，如含有普通字符，键盘输入数据时，普通字符也必须按原样输入。例如：

scanf("%d%d",&x,&y);

输入数据时只需按如下形式输入：

3　5<CR>

但如果改成如下形式：

scanf("x=%d,y=%d",&x,&y);

键盘输入数据时必须将"x="、"y="和中间的逗号","都要原样输入，形式如下：

x=3,y=5<CR>

（4）键盘输入多个数据时，当遇到空格、回车、跳格键（TAB）、数据宽度结束或非法输入时，C 语言系统认为其中的一个数据输入结束。输入的数据个数少于输入项数时，程序等待继续输入，直到满足要求。当输入数据多于输入项时，多余数据存放在缓冲区，作为下一次输入函数的输入数据。

（5）格式说明中可以指明数据宽度的正整数、小写字母 l 和 h 等修饰符。在 Turbo C 环境下输入长整型数据时，必须使用"%ld"，输入双精度实数时，必须使用"%lf"或"%le"，否则会得到不正确的数据。当指定输入数据的宽度后，系统自动截取所需的数据。例如：

scanf("%2d%3d",&a,&b);

键盘输入 12345 时，系统自动将 12 赋给 a，将 345 赋给 b。

（6）实型数据输入时不能指定小数位宽度。例如，下面的 scanf 函数调用是错误的。

float f;
scanf("%4.2f, &f);　　　　/* 应改为 scanf("%4f, &f);　*/

（7）使用"%c"格式输入字符时，输入的空格或转义字符都是有效的字符。例如：

scanf("%c%c%c",&x,&y,&z);

当键盘输入"abc"，系统将"a"赋给 x，将空格"　"赋给 y，将"b"赋给 z。

【例 2.7】 输入立方体的长、宽、高，求立方体的体积。
```
main()
{ int a,b,c;
printf("请输入立方体的长、宽、高，数据之间用空格分隔，按【Enter】键结束：\n");
scanf("%d%d%d",&a,&b,&c);
printf("%ld",a*b*c);
}
```
注意，如果运行结果超出长整型的范围，编程时可以将"%ld"改为其他类型。程序运行结果如下：

请输入立方体的长、宽、高，数据之间用空格分隔，按【Enter】键结束：

  10 20 30<CR>

  6000

输入多个数据时也可以用其他方法，如输入"10 20 30"时可以用下面方法：

  10<CR>

  20 30<CR>

2.3.2 其他输入函数

除了 scarf 函数外，输入函数还有 getchar、gets、getch、getche 等，它们也都包含在"stdio.h"中。

1. getchar()函数（字符输入函数）

getchar()函数用来从键盘读入一个字符。

1）getchar()函数调用格式

  getchar();

2）说明

（1）getchar()函数只能接收单个字符。空格和制表符（Tab）等也作为有效字符接收。

（2）getchar()函数没有参数，函数的返回值为输入字符的 ASCII 码，因此，getchar()函数得到的字符可以赋给一个字符变量或整型变量。例如：

  int c;

  c=getchar();

当 getchar()函数得到的字符不赋给任何变量时，可以在程序运行中起到暂停的作用。

（3）getchar()函数接收键盘输入的字符时，屏幕上无任何提示信息；如果需要，可使用 printf()函数配合以显示提示信息。字符输入结束后并不立即响应，而是按【Enter】键后才从缓冲区中读入刚输入的字符。

（4）如果输入时只输入【Enter】键，由于它包含两个键：回车和换行，getchar()函数的返回值为换行符（ASCII 值为 10），不是回车（ASCII 值为 13）。

2. gets 函数

gets 函数用来从键盘读取字符串直到回车结束，但不接受回车符。

1）gets 函数格式

  gets(字符数组名或字符指针);

2）说明

gets 函数与 scanf("%s",p)类似，但又有区别。用 scanf("%s",p)输入字符串时，遇到空格认为是输入字符串结束，但 gets(p)函数将接收字符串包括空格，直到回车为止。

3. getch 函数和 getche 函数

getch 函数和 getche 函数都是从键盘读取一个字符。

1）getch 函数和 getche 函数格式

  getch();   /*从键盘读取一个字符但是不会回显在屏幕上*/
  getche();   /*从键盘读取一个字符且显示在屏幕上*/

2）功能

getch 函数和 getche 函数常用于程序运行过程中需要暂停的地方，所读取的字符程序可以去引用，也可以不用。

3）说明

（1）getch 与 getche 功能与 getchar 函数类似。差别是：首先是 getch、getche 直接从键盘获取键值，无需等待用户按【Enter】键。也就是说，用户按任意键，getch 和 getche 就立即返回用户所按键的 ASCII 码值。

（2）当键盘输入的只是【Enter】键时，getch、getche 将回车符返回（ASCII 码值 13），而不返回换行符，而 getchar()返回换行符（ASCII 码值 10）。

（3）getch 函数不回显用户输入的字符，这在编写如输入密码等程序段时很有用。

2.4 顺序结构程序设计举例

顺序结构程序设计较为简单，它一般由以下三个部分组成：

（1）提供数据部分；

（2）计算处理部分；

（3）输出结果部分。

提供数据部分可以使用表达式语句或数据输入函数，实现原始数据的输入；输出结果部分主要通过输出函数来完成；计算处理部分是利用 C 语言提供的各种函数和运算符对数据进行加工的过程。下面举例说明顺序结构程序设计方法。

【例 2.8】 键盘输入一个小写字母后，输出其对应的大写字母和 ASCII 码值。

```
#include <stdio.h>
main()
{
    char c,d;
    c=getchar();
    d=c-32;
    printf("%5c,%5d",d,d);
```

程序运行结果如下：

　　b<CR>

　　　B,　　66

【例 2.9】 已知圆柱的半径和高，求圆柱的体积。

```
#define PI 3.14159
main()
{
    float r,h,v;
    printf("Please input r,h:");
    scanf("%f,%f",&r,&h);
    v=PI*r*r*h;
    printf("r=%f,h=%f,v=%f\n",r,h,v);
}
```

程序运行结果如下：

　　Please input r,h:<u>3.1,2.5</u><CR>

r=3.100000,h=2.500000,v=75.476692

【例 2.10】 输入三角形的三条边的边长，求三角形的面积，要求输出时小数点后保留两位小数。

```
#include <math.h>
main()
{
    float x,y,z,p,area;
    printf("Please input x,y,z:");
    scanf("%f,%f,%f",&x,&y,&z);
    p=1.0/2* (x+y+z);
    area=sqrt(p* (p-x) * (p-y) * (p-z));
    printf("area=%7.3f\n",area);
}
```

程序运行结果如下：

　　Please input x,y,z:<u>3.0,4.0,5.0</u><CR>

　　area=　　6.000

因为程序中用到了数学函数 sqrt，所以需要在程序开始使用文件包含命令（预处理命令）"#include <math.h>"。

【例 2.11】 编写程序，交换两个整型变量的值。

解：

1）数据类型定义

程序中要用到的两个变量，分别设为整型变量为 a 和 b。

2）确定算法

（1）输入两个整数 a、b；

（2）交换 a、b 的值；

（3）输出交换值后的 a、b 的值。

交换 a、b 值的方法有好多种，下面介绍较为简单的两种：第一种方法使用第三个变量 c（中间变量）暂存其中一个数；第二种方法是不增加新变量，而是利用其中一个变量保存两数之和，通过减法来实现。

3）编程

程序(1)：

```
main()
{int a, b, c;
    printf("\n请输入两个整型变量的值给 a 和 b:");
    scanf("%d, %d", &a, &b);
    c=a; a=b; b=c;
    printf("交换值后两个整型变量的值：a=%d,b=%d",a,b);
}
```

程序(2)：只需将交换 a、b 的值的语句部分"c=a; a=b; b=c;"改为"a=a+b; b=a−b; a=a−b;"即可。两个程序效果相同。

4）程序运行结果如下：

请输入两个整型变量的值给 a 和 b:15,28\<CR>

交换值后两个整型变量的值：a=28,b=15

注意：程序(1)中两数交换时，若将 3 个赋值语句的顺序调换一下。例如："a=b; b=c; c=a;"，程序运行结果会怎样？请读者分析并上机运行验证。

【例 2.12】 鸡、兔同笼问题，已知鸡、兔总头数为 h（heads），总腿数为 f（feet），问鸡、兔各有多少只？

解：计算机本身不能建立数学模型或解方程。因此需要进行算法分析，并建立相应的数学模型。

1）建立数学模型

设鸡为 x 只，兔为 y 只，由题意得方程组

$$\begin{cases} x+y=h \\ 2*x+4*y=f \end{cases}$$

求解方程，得 x，y 的求解公式：

$$\begin{cases} x=(4*h-f)/2 \\ y=(f-2*h)/2 \end{cases}$$

2）数据结构分析设计

程序中需要用到的变量有：存放头、脚数的变量 h、f，存放鸡、兔数的变量 x、y。对于头、脚的数量，肯定是整型变量；鸡、兔数在头、脚数输入正确的情况下肯定是整型，因为表达式中有除法运算，为了避免运算结果不正确，所以定义 x、y 为实型变量。

3）算法（自然语言）

（1）说明变量 x, y, f, h

（2）输入数据 h, f

（3）计算 x,y

（4）输出结果

4）编程

```
main() {
    float x,y;
    int f,h;
    printf("请输入鸡兔总头数和总腿数，中间用逗号分隔，按【Enter】键结束:\n");
    scanf("%d,%d",&h,&f);
    x=(4.0*h-f)/2.0;
    y=(f-2*h)/2.0;
    printf("\n鸡的数量为：%2.0f,兔的数量为：%2.0f\n",x,y);
}
```

5）程序运行结果

请输入鸡兔总头数和总腿数，中间用逗号分隔，按【Enter】键结束：

20,50<CR>

鸡的数量为：15,兔的数量为：5

说明：因为在第一个 printf 函数格式说明最后有 "\n"，所以程序运行时换行后用户输入数据，用户编程时也要考虑这些细节。

2.5 语句标号和 goto 语句

顺序结构程序设计并不需要使用 goto 语句，有了 goto 语句，就不是顺序结构。本节提前介绍 goto 语句，主要是让读者了解利用 goto 语句实现程序转向的方法，并介绍两个利用 goto 语句实现无穷循环的例子，初步了解简单的循环结构。

当程序执行到 goto 语句时，控制立即无条件转移到程序的相应地方，从而改变了程序的执行顺序。

2.5.1 语句标号

C 语言中，任何语句都可以带有标号，标号一般作为无条件转向语句 goto 的目标。标号是由任意合法的标识符加上冒号组成的，在程序中标号可以和变量同名。如 "end:"、"loop:"、"abc:"、"a1:" 等，语句标号不能用数字开头，如 "10:"、"20:" 等是错误的标号。

2.5.2 goto 语句（无条件转向语句）

1）goto 语句的格式

goto   语句标号;

例如：

  goto end;

  …

  end: printf("程序结束\n");

2）功能

当程序执行到 goto 语句时，控制就无条件地转到语句标号所在位置继续执行程序。

3）说明

（1）goto 语句和其所转向的语句标号必须在同一个函数体中。即 goto 语句限制转向范围，它只允许在函数体内进行。

（2）在结构化程序设计时，要求尽量少用或不使用 goto 语句，因为 goto 语句使程序流程毫无规律，程序可读性也差。

【例 2.13】 计算多个圆的圆面积，每个圆的半径从键盘输入。

```
#define PI 3.14159        /*  宏定义 PI 为 3.14159   */
main()
{ float r;
loop:
   scanf("%f",&r);
   printf("半径为：%f,面积为：%f\n",r,PI*r*r);
   goto loop;
}
```

本例是一个无穷循环，要结束程序的运行需通过强制中断（按 Ctrl+C 组合键或连续按两次 Ctrl+Break 组合键）方法实现。一般，goto 语句需要和下一章 if 语句配合，来构成循环结构。

【例 2.14】 学生某门课程的综合成绩计算方法是：平时成绩占 30%，期末考试成绩占 70%，编程逐个计算全班所有同学该门课程的综合成绩。

```
main()
{ float x,y;
loop:
   printf("请输入学生的平时成绩和期末考试成绩：");
   scanf("%f,%f",&x,&y);
   printf("综合成绩为：%7.1f\n",x*0.3+y*0.7);
   goto loop;
}
```

3．goto 语句使用场合

goto 语句可以用于以下几个场合：

（1）根据需要改变程序的流向。但这会使程序流程毫无规律，不符合结构化程序设计要求。

（2）重复执行某个程序段，但重复次数不确定，如例 2.13 构成的无穷循环。这种结构只有通过强制中断（按 Ctrl+C 组合键或连续按两次 Ctrl+Break 组合键）才能结束程序运行。

（3）goto 语句和 if 语句（下一章介绍）配合，来构成循环结构。

（4）goto 语句常用于从循环体中跳到循环体外或结束本次循环，但一般用 break 语句和 continue 语句（第 4 章介绍）实现。只有在多层循环的内层跳到外层时，才用到 goto 语句。

选学与提高

2.6 程序调试方法

程序调试是程序开发过程中的一个重要环节，而学习 C 语言困难之一也在于程序调试。源程序中难免会存在一些错误，发现和修改程序中的错误并得到正确运行结果的过程称为调试。第 1 章介绍的排除编译和连接错误的程序调试方法，只能发现一些语法错误，初学者编程时常见语法错误如下：

（1）变量在使用前没定义；
（2）变量使用时的名字和定义时的名字不一致；
（3）语句缺少分号；
（4）括号（圆括号、花括号）不成对；
（5）命令关键字错误；
（6）除数为 0；
（7）赋值运算符（=）与等于运算符混淆；
（8）忘了 C 区分大小写；
（9）用中文全角方式输入分号、引号和括号等；
（10）scan 函数中变量前丢失取地址运算符 "&"；
（11）注释有起始符号 "/*" 而没有结束符号 "*/"；等等。

语法错误的错误信息可以查阅附录 B，但经过这种调试后，程序虽然通过了编译、连接，还不能保证程序运行结果完全正确，原因是程序中可能存在语义错误或逻辑错误。语义错误或逻辑错误编译系统是检查不出来的，它必须由程序员自己去发现并修改程序，所以，语义错误或逻辑错误的检查要比检查语法错误困难许多。

语义错误是指语句虽然合法，但计算结果不可预知。例如，除法运算中除数为 0、程序运行时变量值超出所定义的数值范围（如整型为–32 768～32 767）、数组元素的下标超界而使数组元素的值不确定等。

逻辑错误是指程序虽然可以运行，也能得到运行结果，但运行结果不正确。这可能是由于逻辑上不正确而造成的一些计算错误，例如：

（1）"1/2" 和 "1/2.0"，因为数据类型不同造成运算结果一个为 "0" 一个为 "0.5"，使得运算结果不是所预期的；
（2）语句使用不正确；
（3）算法设计错误；
（4）乘法运算 "t=t*i"，t 的初值应该为 1 但为 0 时，变量 t 的结果总为 0；
（5）死循环，程序永远不会自动终止；
（6）数组下标越界；
（7）在不该加分号的地方加了分号；

（8）忘了传送地址；

（9）字符数组大小未考虑字符串结束符空间等。

实际操作时，程序中的语义错误或逻辑错误远比这些复杂，因此初学者在编程时一定要细心，如果程序中还存在这些错误，可以通过程序调试方法发现并修改。TC 集成环境下可以有单步执行、设置断点、观察程序运行过程中表达式值等调试方法。

2.6.1 单步执行

1．进入单步执行

单步执行就是逐行执行语句，TC 中的操作方法是通过选择"Run"菜单命令下的"Trace into"（功能键【F7】）或"Step over"（功能键【F8】）执行程序的。这两个命令的区别是：按【F7】键单步跟踪执行语句，当调用其他函数时，可进入被调用函数内部跟踪执行（系统库函数不跟踪）；而按【F8】键只单行跟踪执行语句，遇到要调用函数时直接完成调用，不进入被调用函数内部跟踪。

在源程序没有语法错误的情况下，按下【F7】键或【F8】键，程序中 main()处就用亮条显示，表明程序从这里开始执行，以后每按一次【F7】键就执行一行程序。这时用户可对程序执行过程进行跟踪，并检查有关变量或表达式值的变化情况，以便发现问题所在。

2．单步执行程序调试方法举例

【例 2.15】 编写程序，分别计算 $t=1\times2\times3\times4\times5, s=1+1/2+1/3+1/4+1/5$ 的值。

```
main()
{ int t=0,s=0,i=0;
loop:
    i=i+1;
    t=t*i;
    s=s+1/i;
    if (i<5) goto loop;
    printf("t=%d,s=%d\n",t,s);
}
```

程序中的 if 语句将在第 3 章介绍，它表示根据条件判定程序的流向。当"i<5"时控制转向语句标号"loop:"处，当"i≥5"时结束循环，执行 if 的下一个语句。

程序运行结果：

　　t=0,s=1

结果显然是错误的。现在使用单步执行和设置观察变量的方法，找出错误原因。

1）单步执行程序

按【F7】键开始单步执行程序，编辑窗口中 main()行高亮度显示，表示开始进入 main 函数，同时观察（Watch）窗口即取代消息（Message）窗口。观察窗口提供了程序运行过程中跟踪一些重要变量和表达式值变化情况的手段。

2）观察变量值变化

按"Ctrl+F7"组合键，在编辑窗口中出现一个观察变量的输入框，在此输入想要观察的变量名，如在框内输入变量"t"后按【Enter】键，该输入框消失，在 Watch 窗口显示变量 t，如图 2-1 所示。反复使用"Ctrl+F7"组合键添加多个变量到 Watch 窗口，如变量"s"、"i"等，观察变量值情况。由于这些变量尚未赋值，在 Watch 窗口各变量的值为"undefined symbol"（符号未定义）。

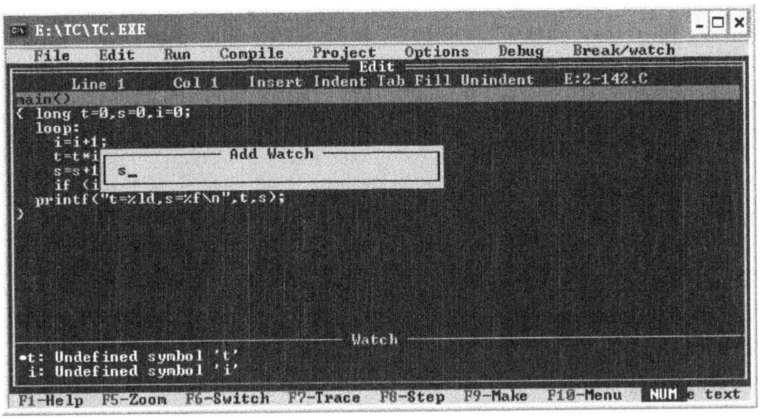

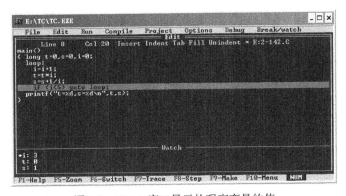

图 2-1 单步执行后变量的输入框

注意：变量定义后，如果变量有初值或默认值，则该变量就有有效值，否则该变量一开始所拥有的值为无意义的值。例如，当单步执行到变量定义语句"int t=0,s=0,i=0;"前时，观察窗口中变量的值可能会显示如下：

s: 1809648012

t: –2228224

i: 1735000570

所以在观察变量值变化时，程序刚开始运行时部分变量虽然已有值，但这些数据显然不符合实际。

接着每按一次【F7】键，程序就执行一行语句，亮条也相应往下移动一行。当移动到语句"i=i+1;"时，Watch 窗口中显示各变量初值，分别为"i=0,s=0,t=0"。继续按【F7】键执行程序，同时观察 Watch 窗口中各变量值的变化情况。执行完"s=s+1/i;"后，变量值分别为"i=1,s=1,t=0"，继续执行循环，亮条循环内来回滚动，如图 2-2 所示。循环 3 次后，变量值为"i=3,s=1,t=0"。

图 2-2 Watch 窗口显示的观察变量的值

3）修改程序

修改程序时就可以发现问题所在，不管程序怎么循环，t 的值始终为 0，s 也一直为 1。仔细分析程序，变量 t 赋初值为 0 错误，应该为 1；而表达式"s=s+1/i"为整型运算，除了 1/1 结果为 1 外，1/2、1/3 等结果都为整数 0，所以 s 值一直为 1，应该将变量 s 的类型改为 float 型。程序修改如下：

```
main()
{ int t=1,i=0;
    float s=0;
    loop:
    i=i+1;
    t=t*i;
    s=s+1.0/i;
    if (i<5) goto loop;
    printf("t=%d,s=%d\n",t,s);
}
```

重新运行程序，结果如下：

t=120,s=0

再次按【F7】键重新开始单步执行程序，程序运行结束后发现变量 i=5、t=120 都正常，而 s=2.283334 结果也对，但输出却为 0，这是因为"printf("t=%d,s=%d\n",t,s);"变量 s 的输出格式说明不正确，应该将"%d"改为"%f"。即改为：

printf("t=%d,s=%f\n",t,s);

重新运行程序，结果为：

t=120,s=2.283334

单步执行程序对于发现如除法运算中除数值为 0、运算结果超过数值范围等错误很有效。例如，要计算"t=1×2×…×15"，通过单步执行程序，观察变量值变化就会发现，计算进行到×8 后 t 的值已为"−25216"，数据值已超出整型数所表示的范围，因此需要将变量改为长整型。而 13!=6227020800，又超出长整型的数据范围（−2 147 483 648 ～2 147 483 647），所以需要将变量定义为实型数据才行，这些问题都可以通过单步执行程序调试方法，编制正确程序。

3．中止程序调试

要结束程序调试状态，可执行使用"Run"下拉菜单下的"Program reset"命令或直接按"Ctrl+F2"组合键来中止。对于下面将要介绍的设置和使用断点、计算表达式等程序调试方法也使用此方法结束程序调试状态。

按 Ctrl+Break 组合键（或 Ctrl+C 组合键），只是中断程序的运行，回到 TC 编辑器，不能结束程序调试状态。当程序进入死循环或需要中止结束的程序运行时，必须按两次 Ctrl+Break 组合键（或按一次 Ctrl+C 组合键）才能奏效。

2.6.2 设置和使用断点

对于较长的程序，用单步执行程序调试方法效率不高；TC 提供了另一种调试方法，那就是在程序中设置若干断点。当程序执行到断点时，会停下暂不执行有断点的那一行，将控制返回给用户。这时，用户可以观察变量的值，或逐行运行程序等。通过设置断点，可以分段解决问题，从而把出现问题的范围缩小。

设置断点的操作方法是：将光标移到欲设置断点的某一行上，然后按"Ctrl+F8"组合键（断点设置/取消开关），该行就作为断点行，并以红色亮度显示。断点可以在程序的多个行设置。

按"Ctrl+F9"组合键运行程序，当执行到第 1 个断点处就自动停下，这时可按【F7】键单步执行，观察 Watch 窗口中各变量的当前值，进行相应的处理。

若想清除断点，则将光标移至断点行按"Ctrl+F8"组合键即可。

2.6.3 计算表达式

在调试程序过程中，通过按"Ctrl+F4"组合键，可以观察、计算和修改表达式的值，如图 2-3 所示。

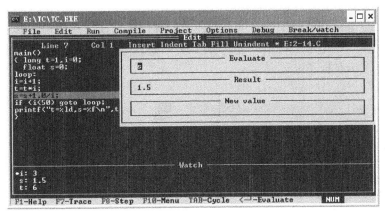

图 2-3 表达式设置窗口

表达式框包含计算段（Evaluate）、结果段（Result）和新值段（New value）三个部分。计算段中输入需求值的变量或表达式；结果段为计算结果；新值段可以给计算段中的变量赋予新值。例如，要想知道变量 s 的值，就在计算段中输入 s，按【Enter】键后，在结果段中就显示出结果为 1.5。如果要让 s 以新值参加运算，在新值段中输入 s 的新值即可。注意，"Ctrl+F4"组合键只能临时观察某一变量或表达式的值，要想在程序运行过程中一直观察变量的变化情况，还得用单步执行中介绍的方法，按"Ctrl+F7"组合键。

小　　结

本章主要介绍了顺序结构程序设计方法，顺序结构一般由提供（输入）数据、计算处理和输出结果等几个部分组成。提供数据部分可以使用变量赋初值、表达式语句或数据输入函数等实现；计算处理部分是利用 C 语言提供的各种函数和运算符对数据进行加工处理；数据输出部分主要通过输出函数来完成。编写顺序结构程序时，首先要分析问题，设计的算法中的每一步操作都能用 C 语句实现，然后编写程序。

说明语句、表达式语句、输入/输出语句、空语句和复合语句等是 C 语言基本语句，它们也是构成顺序结构的主要语句。任何表达式的后面加上一个分号，就构成表达式语句。复合语句在语法上等同于一个语句，它可以出现在一个语句所允许出现的任何地方。

对于输入/输出函数，要掌握它们的使用格式、功能和使用注意事项。Scanf 函数和 printf 函数是 C 语言中使用最多、功能最强，同时也是最易出错的输入/输出函数。正确使用这两个函数的关键是要注意其中的格式控制字符和修饰字符，还要注意输入的数据的格式是否与格式控制符的格式一致。

字符（串）输入/输出函数在程序设计中也经常用到，灵活掌握这些函数，可提高编程效率。

goto 语句可以改变程序流程。当程序执行到 goto 语句时，立即无条件转移到程序的其他地方，从而改变了程序的执行顺序，所以程序中有了 goto 语句就不是顺序结构。结构化程序设计也要求少用或尽量不使用 goto 语句，但有些场合还需要使用它，如循环次数不确定的程序、从多重循环的内层直接跳到外层等情况。

程序举例中介绍了交换两个变量数值的重要算法，在以后的学习还要用到。

程序调试是程序开发过程中的一个重要环节。源程序往往会存在一些语义错误或逻辑错误，编译系统是检查不出来的，用户可以通过单步执行、设置断点、观察程序运行过程中表达式的值等调试方法对程序进行调试。

习　　题

一、选择题

1. 下面不是 C 语句的是（　　　）。
   A．{int i; i++; printf("%d\n",i);}　　　B．;
   C．a=3,b=5　　　　　　　　　　　　D．{ ; }

2. 下面程序的正确执行结果是（　　　）。
   ```
   main()
   { int x=10,y=3;
     printf("%d\n",x/y);
   }
   ```
   A．0　　　　B．1　　　　C．3　　　　D．3.333333

3. 变量 x, y, z 为 int 型，下面正确的输入语句是（　　　）。
   A．read(x,y,z);　　　　　　　　　B．scanf("%d%d%d",x,y,z);
   C．scanf("%D,%D,%D",&x,3,6);　　D．scanf("%d%d%d",&x,&y,&z);

4. 程序段{int a=1,b=2; printf("%d",a/b);}的正确结果是（　　　）。
   A．0　　　　B．1/2　　　　C．0.5　　　　D．1

5. putchar 函数可以向终端输出一个（　　　）。
   A．整型变量表达式值　　　　B．实型变量值
   C．字符串　　　　　　　　　D．字符

6. 程序运行输出了错误的结果，可以排除下列哪一个因素（　　　）。

A．算法错误　　　　　　　　　　B．运行时输入数据错误
C．未通过编译　　　　　　　　　D．运行环境配置不正确

7．要为字符型变量a赋初值，下列语句中哪一个是正确的（　　　）。
A．char a='3';　　B．char a="3";　　C．char a=%;　　D．char a=*;

8．float类型变量x、y、z需要赋同一初值3.14，说明语句正确的是（　　　）。
A．float x,y,z=3.14;　　　　　　B．float x,y,z=3*3.14;
C．float x=3.14,y=3.14,z=3.14;　　D．float x=y=z=3.14;

9．哪一个格式符可以以八进制数形式输出整数（　　　）。
A．%d　　　B．%8d　　　C．%o　　　D．%ld

10．哪一个格式符可以以十六进制数形式输出整数（　　　）。
A．%16d　　　B．%8x　　　C．%d16　　　D．%d

11．a是整型变量，c是字符变量。下列输入语句中错误的是（　　　）。
A．scanf("%d,%c",&a,&c);　　　　B．scanf("%d%c",a,c);
C．scanf("%d%c",&a,&c);　　　　D．scanf("d=%d,c=%c",&a,&c);

12．有定义"char ch='A';int k=25;"，则printf("%3d,%d3\n",ch,k);输出（　　　）。
A．65,253　　　B．65 253　　　C．65,25　　　D．A　25

13．有定义"int x=10,y=3,z;"，则语句"printf("%d\n",z=x/y);"的输出结果是（　　　）。
A．3.333333　　　B．1　　　C．3　　　D．显示出错信息

14．下面程序的运行结果为（　　　）。
```
main()
{ int x=10,y=10;
  printf("%d,%d\n",x--,--y); }
```
A．10,10　　　B．9,9　　　C．9,10　　　D．10,9

15．有定义"int x=10,y=20,z=30;"，则执行语句"z=x;x=y;y=z;"后，x、y、z的结果是（　　　）。
A．20,20,10　　　B．20,10,30　　　C．20,10,20　　　D．20,10,10

二、填空题

1．C语言语句以＿＿＿＿＿＿结束，复合语句需要使用＿＿＿＿＿＿包括起来。

2．转义字符'\n'在输出函数printf中用来＿＿＿＿＿＿＿＿＿＿。

3．空语句在程序中用来＿＿＿＿＿＿＿＿＿＿＿＿＿＿＿＿＿＿。

4．格式字符＿＿＿＿＿＿用于输出十进制整数，＿＿＿＿＿＿用于输出单个字符，＿＿＿＿＿＿用于输出字符串。

5．顺序结构中的语句可被执行＿＿＿＿＿＿次。

6．十进制数56以%o为格式字符时，输出的结果为＿＿＿＿＿＿，以%X为格式字符时，输出结果为＿＿＿＿＿＿，以%c为格式字符时，输出的结果为＿＿＿＿＿＿。

7．数据"102.1"输出时形式为"000102.10"，则格式字符应为＿＿＿＿＿＿。数据"3.14159"输出时结果为3.14，则其格式字符应为＿＿＿＿＿＿。

8．C语言中，"i--;"＿＿＿＿＿＿（是/不是）正确的赋值语句。

9．已知整型变量a=b=c=2，则执行语句a=(++a/b++)-c--后，变量a=＿＿＿＿＿＿，b=＿＿

_____，c=_____。

10．getchar()函数和 getch()函数的区别是_____。

三、判断题

1．C 语言不是一种结构化程序设计语言。（   ）

2．可以从键盘上输入数据给程序中变量赋值。（   ）

3．输入函数 scanf()参数表中的参数应使用变量名。（   ）

4．printf()函数的格式符%s 表明输出字符串，它对应的表达式是地址值。（   ）

5．C 语言本身并不提供输入/输出语句，但可以通过输入/输出函数实现数据的输入/输出。（   ）

6．任何表达式加分号都可构成表达式语句。（   ）

7．注释是可执行语句。（   ）

8．文件包含命令不是 C 语言语句。（   ）

9．#include <stdio.h>和#include "math.h"两者没什么区别。（   ）

10．a、b 值不同，复合语句{c=a;a=b;b=c;}和{a=b;c=a;b=c;}执行结果相同。（   ）

四、问答题

1．C 语言怎样区分表达式和表达式语句？

2．为什么要限制使用 goto 语句？

3．写出下列程序的运行结果。

（1）　main()

　　　　{int x=2000;

　　　　　printf("*%-06d*\n",x);

　　　　}

（2）　main()

　　　　{int x=10,y=20;

　　　　　printf("x=%%d,b=%%d\n",x,y);

　　　　}

（3）　main()

　　　　{double a=2.2,b=-3.0;

　　　　　printf("%6.2f,%6.2f,%6.2f\n",fabs(a),fabs(b),fabs(a) *fabs(b));

　　　　}

（4）　main()

　　　　{ int x=100,y=−100;

　　　　　x%=y−2*x;

　　　　　y%=x−2*y;

　　　　　printf("x=%d,y=%d\n",x,y);

　　　　}

4．程序改错。

　　main()

　　　{ float   x,y,z,s,v;

```
        printf("input x,y,z:\n");
        scanf("x=%d,y=%d,z=%d\n",x,y,z);
        s=x*y    v=s*c;
        printf("%d,%d,%d\n",x,y,z);
        printf("s=%f",s,"v=%d\n",v);
    }
```

改正程序中的错误，使程序运行时键盘输入和输出形式如下：

input x,y,z:<u>1.0　2.0　3.0</u><CR>

x=1.000000,y=2.000000,z=3.000000

s=2.000000,v=6.000000

5．已知 a=3,b=5,c=-3.6,d=12.12,e='A',f='B'，现有下列程序， 请问键盘输入数据的形式是怎样的？

```
main()
    { int a,b;
      float c,d;
      char e,f;
      scanf("a=%d,b=%d\n",&a,&b);
      scanf("c=%fd=%e\n",&c,&d);
      scanf("Input e=%c f=%c\n",&e,&f);
    }
```

五、编程题

1．编写程序，把 560 分钟换算成小时和秒。

2．键盘输入一个整数的值，求它的平方、平方根，输出结果时要求有文字提示，并取小数点后二位小数（求平方根函数为 sqrt(x)，包含在<math.h>中）。

3．已知一个圆球的半径，求该圆球的体积。

4．键盘输入若干个学生 3 门课程的成绩，计算每个学生的总分和平均成绩。要求利用 goto 编写无穷循环程序。

5．编程进行摄氏温度和华氏温度相互转换，摄氏温度和华氏温度之间的转换公式如下：摄氏温度＝5/9(华氏温度-32)，即 C=(F-32)*5/9。

6．从键盘输入直角三角形的斜边 c 与一条直角边 a 的长，计算并输出另一条直角边 b 的长。

7．编写程序，输出下面的图形。

```
   *
  ***
 *****
*******
 *****
  ***
   *
```

第3章 选择结构程序设计

本章要点

- 掌握关系运算符与关系表达式的应用
- 掌握逻辑运算符与逻辑表达式的应用
- 掌握 if 语句三种形式及相应流程
- 了解 if 语句嵌套规则和使用方法
- 了解条件运算符的应用
- 掌握 switch-case 语句的应用
- 掌握选择结构程序设计方法

许多问题常常需要根据条件判断的结果做不同的处理，如分段函数的求值等，它们都需要根据条件做出判断，然后根据判断结果从两组（或几组）操作中选择某一组执行。C 语言程序设计时，对这些问题可采用选择结构实现。

选择结构中条件判断的结果有两种，如某一学生考试成绩是否及格，答案只有"及格"或"不及格"两种。计算机中用逻辑量来表示这样的问题，逻辑量又称布尔量，逻辑值有"真"和"假"两种。因为 C 语言没有提供逻辑型数据，所以进行逻辑运算时，规定将所有非 0 值都作为"真"、0 作为"假"处理。逻辑运算结果为"真"时输出值为 1，结果为"假"时表示为 0。所以，逻辑值（"真"和"假"）也可以参加算术运算。

3.1 逻辑运算符与表达式

精讲与必读

3.1.1 关系运算符与表达式

1. 关系运算符

关系运算符是二元运算符，它用来比较两个表达式值的大小。C 语言提供 6 种关系运算符，见表 3-1。

表 3-1 关系运算符

运算符	>	>=	<	<=	==	!=
含义	大于	大于等于	小于	小于等于	等于	不等于

说明：
（1）关系运算符结合方向为从左向右。
（2）关系运算符"=="与赋值运算符"="不同。如"k=1"表示"将整数 1 赋给变量 k"，是赋值表达式。而"k==1"表示"k 等于 1 是否成立"，是关系表达式，其值只能为逻辑值（真或假）。

2. 关系运算符的优先级

关系表达式的运算也要按运算符的优先级从高到低进行。关系运算符的优先级如下：
（1）表 3-1 中前四种关系运算符（>、>=、<、<=）优先级相同，后两种（==、!=）相同，而且前四种比后两种优先级高。
（2）与其他运算符相比，关系运算符的优先级高于赋值运算符，低于算术运算符，如图 3-1 所示。

图 3-1 关系运算符优先级

3. 关系表达式

由关系运算符连接起来的式子称为关系表达式，关系表达式值为逻辑量。若比较的结果成立，则关系表达式的值为真（用"1"表示）；若比较的结果不成立，则为假（用"0"表示）。

【例 3.1】 假设 i=3,j=2，则

i<j,i==j,i<=j

这三个表达式不成立，运算结果都为假，其值为"0"；而

i>j,i>=j,i!=j

这三个表达式的结果为真，其值为"1"。

注意：

（1）实型数比较时，尽量不要使用等于(==)运算符，因为实型数的舍入误差可能造成两个本来应相等的数不相等，通常使用">"、"<"、">="和"<="运算符。

（2）虽然表达式 a+b>d>c 也是合法的关系表达式，但在实际应用中很少使用，因为该表达式并不能表示条件"a+b 的值大于 d 并且大于 c"。

3.1.2 逻辑运算符与表达式

关系表达式一般用来表示简单条件，但当遇到如"x 大于 0 且小于 8"等复杂条件时，需要使用逻辑表达式来描述。

1. 逻辑运算符

C 语言提供了 3 种逻辑运算符，见表 3-2。其中"&&"和"||"是双目运算符，而"!"是单目运算符。

表 3-2 逻辑运算符

运算符	含义	举例	逻辑运算	运算规则
&&	逻辑与	i&&j	i 与 j	当且仅当 i,j 都为真时表达式值为真
||	逻辑或	i||j	i 或 j	当且仅当 i,j 都为假时表达式值为假
!	逻辑非	!i	i 反	当且仅当 i=0 时表达式值为真

逻辑运算的规则：

（1）逻辑"与"表示"只有两个条件都成立"时才成立，即只有当两个操作量均为非 0（真）时，逻辑"与"运算的结果才为真，否则为假。

（2）逻辑"或"表示"只要两个条件中有一个条件成立"就成立，即只有当两个操作量均为 0（假）时，逻辑"或"运算的结果才为假，否则为真。

（3）逻辑"非"表示将逻辑值变为相反，即非 0（真）的逻辑"非"为 0（假），0（假）的逻辑"非"为非 0（真）。

2. 逻辑表达式

由逻辑运算符连接起来的式子称为逻辑表达式。逻辑表达式的结果为"真"或"假"时，其对应的输出值为"1"或"0"。

【例 3.2】 根据给定条件写出下面的逻辑表达式。

1）某英语专业的招生条件是"总分（total）超过分数线 600 分并且英语成绩（score）不低于 85 分"，则逻辑表达式可表示为：

  total>600&&score>=85

2）判断某年（year）是否是闰年的条件是满足以下两个条件之一：

（1）该年份能被 4 整除但不能被 100 整除；

（2）该年份能被 400 整除。

则逻辑表达式可表示为：

  (year%4==0 && year%100!=0) || year%400==0

3）用逻辑表达式表达下述数学式：

  –10<x<10

  x<10 或 x>100

  10≤x≤30 或 50≤x≤90

相应的逻辑表达式分别为：

  –10<x && x<10

  x<10 || x>100 或表示为：!(x>=10&&x<=100)

  (x>=10 && x<=30) || (x>=50 && x<=90)

3. 逻辑运算符的优先级与结合性

当一个表达式中出现多个逻辑运算符时，首先按优先级计算，当同时出现多个相同优先级的运算符时，再按结合性计算。

1）逻辑运算符的优先级

（1）3 个逻辑运算符中，"!"的优先级最高，其次是"&&"，最后是"||"。

（2）逻辑运算符和其他运算符的优先级次序如图 5-2 所示。

（3）逻辑与"&&"、逻辑或"||"是短路运算符，即在逻辑表达式的求解过程中，并不是表达式中的所有运算符都被执行到。只要能根据前面的计算结果就能确定整个逻辑表达式的值，则后面的运算就不再进行，这样可以提高运算速度。

```
逻辑非         高
算术运算符
关系运算符
逻辑与
逻辑或
赋值运算符     低
```

图 3-2 逻辑运算符和其他运算符的优先级次序

在一个或多个"&&"相连的表达式中，只要有一个操作数为假，就不做后面的"&&"运算，整个表达式的值必为 0（假）。而由一个或多个"||"相连的表达式中，只要有一个操作数为非 0（真），就不做后面的"||"运算，整个表达式的值必为非 0（真）。

【例 3.3】 分析判断某年是否为闰年的逻辑表达式"year %4==0 && year%100!=0 || year%400==0"的运算优先顺序。

（1）根据运算符的优先级，算术运算符优先，用括号将算术表达式括起来：

  (year%4)==0&&(year% 100)!=0 || (year%400)==0

（2）用括号将关系运算符括起来：
　　((year%4)==0)&&((year%100)!=0) || ((year%400)==0)
（3）用括号将逻辑运算符"&&"连接的式子括起来：
　　(((year%4)==0)&&((year%100)!=0)) || ((year%400)==0)
（4）最后就剩下逻辑非运算"||"了，它的优先级最高。

【例 3.4】 设 int h=3,j=3,k=3; double x=0,y=2.3;计算下列表达式的值。
（1）h&& j && k　　　　　等价于　(h && j) && k，表达式的值为 1。
（2）h<j &&x<y　　　　　等价于　(h<j) &&(x<y)，表达式的值为 0。
（3）h<k || x<y　　　　　等价于　(h<k) ||(x<y)，表达式的值为 1
（4）x!=y &&j+1==!k+4　等价于(x!=y) &&((j+l)==((!k)+4))，表达式的值为 1。

2）逻辑运算符的结合性
逻辑与、逻辑或的结合性从左向右，逻辑非的结合性从右向左。

3.2 选 择 语 句

if 语句是最常用的选择结构语句，它可以进行复杂的条件判断，并根据条件判断结果决定执行哪一个分支。if 语句有 if 结构、if-else 结构、if-else-if 结构三种形式。

3.2.1 if 语句

1. if 语句格式

　　if(表达式) 语句块;

2. 功能

根据表达式的值，决定是否执行语句块。if 语句流程图如图 3-3 所示。

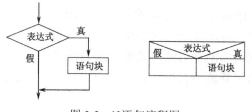

图 3-3 if 语句流程图

【例 3.5】 输入三角形三条边的长度，计算三角形的面积。编程时要求考虑所输入的三边长能否构成三角形。

1）分析

设三角形三条边为 a、b、c，组成三角形的条件是任意两边之和大于第三边（本程序不考虑 a、b、c 为负数时的情形），则能够组成三角形的逻辑表达式为：

　　(a+b>c&&b+c>a&&c+a>b)

当逻辑表达式为"真"时计算三角形面积并输出，否则输出提示信息"不能组成三角形"。

2）源程序

```c
#include <stdio.h>
#include <math.h>
main()
{
    float a, b, c, d, area;
    printf("请输入三角形的三条边长，类型为实数，输入格式：a,b,c\n");
    scanf("%f,%f,%f"，&a,&b,&c);
    if (a+b>c&&b+c>a&&c+a>b)
      {
        d=1/2.0*(a+b+c);
        area=sqrt(d*(d-a)*(d-b)*(d-c));
        printf("三角形的面积=%f\n",area);
      }
    if(!(a+b>c&&b+c>a&&c+a>b))
        printf("不符合组成三角形的条件。\n");
}
```

3）程序运行结果

运行结果（1）：

请输入三角形的三条边长，类型为实数，输入格式：a,b,c

7, 8, 9<CR>

三角形的面积=26.832815

运行结果（2）：

请输入三角形的三条边长，类型为实数，输入格式：a,b,c

1, 2, 3<CR>

不符合组成三角形的条件。

【例 3.6】 计算一个数的绝对值。

程序如下：

```c
main()
{
    int x,y;
    scanf("%d",&x);
    y=x;
    if (y<0)
        y= -y ;
    printf("\n The %d's absolute value is:%d\n",x,y);
}
```

程序运行结果如下：

-6<CR>

The -6's absolute value is 6

【例 3.7】 编程求下面分段函数 f(x)的值。

$$f(x)=\begin{cases} x+1 & (x \leqslant 0) \\ x+2 & (x>0) \end{cases}$$

程序如下：

```
main()
{
   float x,y;
   printf("x=");
   scanf("%f",&x);
   if (x<=0)
      { y=x+1;
        goto end;
      }
   y=x+2;
end:  printf("f(x)=%f\n",y);
}
```

程序运行结果如下：

x=8<CR>

f(x)=10.000000

本例采用下面的 if-else 结构则更为简洁。

3.2.2 if-else 语句

1. if 语句格式

if(表达式)
　　语句块 1;
else
　　语句块 2;

2. 功能

若表达式值为非 0（真），则执行"语句块 1"，否则执行"语句块 2"。if-else 语句流程图如图 3-4 所示。

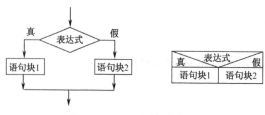

图 3-4　if-else 语句流程图

【例 3.8】 应用 if-else 语句改写例 3.5。

```
#include <stdio.h>
#include <math.h>
main(){
    float a, b, c, d, area;
    printf("请输入三角形的三条边长，类型为实数，输入格式：a,b,c\n");
    scanf("%f,%f,%f"， &a,&b,&c);
    if (a+b>c&&b+c>a&&c+a>b)
       {
          d=1/2.0*(a+b+c);area=sqrt(d*(d-a)*(d-b)*(d-c));
          printf("三角形的面积=%f\n",area);
       }
    else
       printf("不符合组成三角形的条件。\n");
}
```

请读者自己用 if-else 语句改写例 3.7。

【例 3.9】 键盘输入两个数，输出其中最大数。

程序如下：

```
main(){
    int a,b;
    printf("input two numbers:");
    scanf("%d,%d",&a,&b);
    if(a>b)
       printf("max=%d\n",a);
    else
       printf("max=%d\n",b);
}
```

程序运行结果如下：

input two numbers:<u>5,8</u><CR>
max=8

3.2.3 if-else-if 语句

当有多个分支选择时，可采用 if-else-if 语句。

1. if-else-if 语句格式

  if (表达式 1)
    语句块 1;
  else if(表达式 2)
    语句块 2;

...
    else if(表达式 m)
        语句块 m;
    else
        语句块 n;

2. 功能

先判断"表达式 1"的值，若值为真，则执行"语句块 1"；否则判断"表达式 2"的值，若值为真，则执行"语句块 2"；……；否则判断"表达式 m"的值，若值为真，则执行"语句块 m"；否则执行语句块 n。

if-else-if 结构流程图如图 3-5 所示。

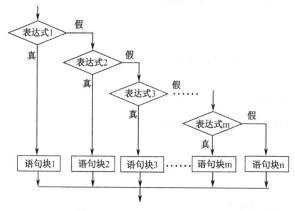

图 3-5 if-else-if 结构流程图

3. 说明

当某个表达式的值为真时，则执行相应的语句块后，整个 if-else-if 语句结束，程序执行 if-else-if 语句的后续语句。当所有的表达式均为假，则执行语句块 n。

【例 3.10】 判别键盘输入字符的类别（是数字、大写字母小写字母等）。

ASCII 码小于 32 的为控制字符；在"0"和"9"之间的为数字；在"A"和"Z"之间为大写字母；在"a"和"z"之间为小写字母，其余则为其他字符。

程序如下：

```
# include <stdio.h>
main()
{ char c;
    printf("input a character:   ");
    c=getchar();
    if(c<32)
        printf("This is a control character\n");
    else if(c>='0'&&c<='9')
        printf("This is a digit\n");
    else if(c>='A'&&c<='Z')
```

```
            printf("This is a capital letter\n");
        else if(c>='a'&&c<='z')
            printf("This is a small letter\n");
        else
            printf("This is an other character\n");}
```
程序运行结果如下：

  input a character: B<CR>

  This is a capital letter

3.2.4　if 语句的嵌套

当 if 语句中又包含 if 语句时，则构成了 if 语句嵌套。

1．if 语句嵌套格式

  if （表达式）

    if 语句；

或者

  if （表达式）

    if 或 if-else 语句；

  else

    if 或 if-else 语句；

2．说明

（1）if 语句嵌套时会出现多个 if 和 else，这时一定要注意 if 和 else 的配对问题。else 总是与它前面最近的未配对的那个 if 配对。例如：

  if （表达式 1）

    if （表达式 2）

      语句 1；

  else

    语句 2；

书写程序时虽然将 else 与第一个 if 放在同一列，但是，else 却还是与第二个 if（因为离它最近）配对。

（2）当 if 与 else 的数目不同时，可用 { } 来确定配对关系。例如：

  if （表达式 1）

   {

    if （表达式 2）

     语句 1；

   }

  else

    语句 2；

【例 3.11】 从键盘上输入两个数，比较它们的大小。

程序如下：
```
main()
{
  int a,b;
  printf("请输入 A、B 两整数的值：");
  scanf("%d,%d\n",&a,&b);
  if(a!=b)
    if(a>b)   printf("A>B\n");
    else      printf("A<B\n");
  else        printf("A=B\n");
}
```

程序运行结果如下：

请输入 A、B 两整数的值：10, 20<CR>

A<B

【例 3.12】 输入 x 的值，求下面分段函数 f(x)的值。

$$f(x)=\begin{cases} -2+x & (x<0) \\ 0 & (x=0) \\ 2-x & (x>0) \end{cases}$$

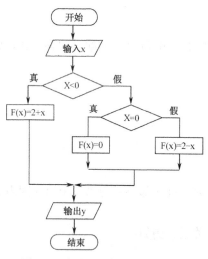

图 3-6 求分段函数 f(x)的流程图

求分段函数 f(x)的流程图如图 3-6 所示。

程序如下：
```
main()
{ int x,y;
  scanf("%d",&x);
  if  (x<0)
    y=-2+x;
  else
    if  (x==0) y=0;
    else y=2-x;
  printf(x=%d,y=%d\n",x,y);
}
```

程序运行结果如下：

8<CR>

x=8,y=-6

选学与提高

3.3 条件运算符和条件表达式

条件运算符是 C 语言中唯一的一个三目运算符，它是 C 语言所独有的。由条件运算符组

成的条件表达式的形式为:

  表达式 1 ? 表达式 2 : 表达式 3

 其求值规则为: 首先求表达式 1 的值, 如果表达式 1 的值为真, 则把表达式 2 的值作整个表达式的值, 否则把表达式 3 的值作整个表达式的值。例如, 有以下 if 语句:

  if(a<b) min=a;
  else min=b;

可以表示为如下的条件表达式:

  min=(a<b)?a:b;

使用条件表达式时, 应注意以下几点:

(1) 条件运算符的运算优先级低于关系运算符和算术运算符, 但高于赋值运算符。因此, 表达式 "min=(a<b)?a:b" 中 a<b 可以去掉括号, 但加括号后运算关系更为清晰。

(2) 条件运算符 "?" 和 ":" 是一对运算符, 必须配对使用。

【例 3.13】 把输入的大写字母, 转换为小写字母。

程序如下:

  main()
  { char ch;
   scanf("%c",&ch);
   ch=(ch>='A'&&ch=<='Z'?(ch+32):ch);
   printf("%c",ch);
  }

程序运行结果:

  <u>G<CR></u>

  g

3.4 switch-case(开关)语句

 要处理多个分支的程序流程, 需要使用 if-else-if 语句或 if 语句嵌套才能实现, 当分支很多时, 程序结构相对较复杂, 可读性也降低。为此 C 语言提供了 switch-case 语句(开关语句)专门处理多路分支选择, 使程序变得简洁。

1. switch-case 语句格式

  switch　(表达式)
  { case 常量表达式 1:
    语句组 1;　break;
   case 常量表达式 2:
    语句组 2;　break;
    ......
   case 常量表达式 n:
    语句组 n;　break;

```
        default:
            语句组 n+1;
    }
```

2．功能

首先计算表达式的值，然后逐个与每个 case 中的常量表达式（1~n）相比较，当表达式的值与某个常量表达式的值相等时，就执行相应 case 后的语句，若与所有 case 后的常量表达式均不等，则执行 default 后的语句。如没有 default 分支，则退出此开关语句。

3．说明

（1）case 分支中的 break 语句用于执行完 case 分支的语句组后，退出 switch 语句。如果没有 break 语句，则继续执行下一个 case 分支中的语句组，而不管该语句序列前 case 分支中的常量表达式值是否匹配。

（2）常量表达式（1~n）为控制表达式，所有常量表达式的类型必须相同，而且常量表达式（1~n）中不能包含变量。

（3）开关语句中，case 子句通常为 1 个至多个。default 子句有 0~1 个，它可以位于花括号内的任何位置。

（4）case 子句后边的<语句组>可由 0 个至多个语句组成。

（5）case 和常量表达式之间要有空格分隔。

【例 3.14】 将学生成绩按百分制的分数转换为优、良、及格和不及格四档。转换原则为：0~59 分为不及格，60~69 分为及格，70~89 分为良，90~100 分为良。

程序如下：

```
main()
{ int score,a;
  printf("请输入学生成绩：");
  scanf("%d",&score);
  a=score/10;                    /* 注意 a 为整型   */
  switch (a)
    { case 0:
      case 1:
      case 2:
      case 3:
      case 4:
      case 5:printf("不及格\n");break;
      case 6:printf("及格\n");break;
      case 7:
      case 8:printf("良\n");break;
      case 9:
      case10:printf("优\n");break;
      default:printf("非法数据\n");break; /* 提示输入错误 */
```

                }
        }
    运行结果:
        Place input the score: 86<CR>
        良

【例 3.15】 编写四则运算计算器程序。用户输入运算数和四则运算符,输出计算结果(程序运行时不用输入"=",按【Enter】键显示运算结果)。

程序如下:

```
main()
{ float a,b;char op;
    printf("请输入操作数和四则运算符,形式 a (+, -, *, /) b:  \n");
    scanf("%f%c%f",&a,&op,&b);
    switch(op)
        { case '+': printf("%1.0f+%1.0f=%f\n",a,b,a+b);break;
          case '-': printf("%1.0f-%1.0f=%f\n",a,b,a-b);break;
          case '*': printf("%1.0f*%1.0f=%f\n",a,b,a*b);break;
          case '/': printf("%1.0f/%1.0f=%f\n",a,b,a/b);break;
          default: printf("输入错误\n");        /* 显示输入错误信息 */
        }
}
```

运行结果:

请输入操作数和四则运算符,形式 a (+, -, *, /) b:

10*8<CR>

10*8=80.000000

本例中的 case 语句中使用了字符常量。在 case 语句中的字符常量要加上单引号。

小　　结

本章主要介绍选择结构程序设计方法。选择结构需要进行条件判断,而条件判断主要根据关系表达式或逻辑表达式的值决定程序流程。条件判断的结果有真或假两种情况,它是一个逻辑值,C 语言未提供逻辑型数据,而是规定将所有非 0 值作为"真",0 作为"假"来处理。逻辑值结果为"真"时表示为 1,为"假"时表示为 0。所以,对"真"和"假"也可以进行算术运算。

关系表达式一般用来表示简单条件,一般用于两个量进行比较运算。逻辑表达式用来描述复合条件。关系运算符有 6 种,逻辑运算符有 3 种,这两类运算符在运算时要注意优先级和结合性。

if 语句主要有"if、if-else 和 if-else-if"三种结构,它们可适用于各种情况。if 语句还可以进行嵌套,以表示更为复杂的判断结构,在 if 的嵌套结构中,要注意 else 是与离它最近的一个 if 配对。

对于多分支结构，C 语言提供了 switch-case 语句。switch 结构主要用于处理一些简单的多分支结构，它使得程序更加简明清晰。一旦程序跳转到相应的 case 语句，则只有两种情形可能结束 switch 结构。一是到达 switch-case 语句的末尾；二是使用 break 语句强行退出。初学者往往容易忽略 break 语句，导致程序出错。

用 goto 语句也可构造选择结构，但不如专门的分支语句方便、清晰。

习 题

一、选择题

1. 下面（   ）是合法的语句。
   A．if(a=b) printf("Hello");
   B．if(a=b) {printf("Hello")}
   C．if(a=b) printf("Hello")
      else printf("Goodbye");
   D．if a=b
      printf("Hello");

2. 以下 if 语句语法正确的是（   ）。
   A．if(x>0)
        printf("%f",x)
      else printf("%f",-x);
   B．if(x>0)
        {x=x+y;printf("%f",x);}
      else printf("%f",-x);
   C．if(x>0)
        {x=x+y;printf("%f",x);};
      else printf("%f",-x)
   D．if(x>0)
        {x=x+y;printf("%f",x)}
      else printf("%f",-x);

3. 下列运算符中优先级最高的是（   ）。
   A．<   B．+   C．&&   D．!=

4. "x 的取值在[1，10]或[200，210]范围内为真" 的表达式是（   ）。
   A．(x>=1)&&(x<=10)&&(x>=200)&&(x<=210)
   B．(x>=1)&&(x<=10)||(x>=200)&&(x<=210)
   C．(x>=1)||(x<=10)||(x>=200)||(x<=210)
   D．(x>=1)&&(x<=10)||(x>=200)||(x<=210)

5. 判断 char 型变量 CH 是否为大写字母的正确表达式是（   ）。
   A．'A'<=CH<='Z'
   B．(CH>='A')&(CH<='Z')
   C．(CH>='A')&&(CH<='Z')
   D．('A'<=CH)AND('Z'>=CH)

6. 设 "int x=3,y=4,z=5;" 则下面表达式中值为 0 的是（   ）。
   A．'x'&&'y'
   B．x<=y
   C．x||y+z&&y-z
   D．!((x<y)&&!(z||1))

7. 已知 "int x=10,y=20,z=30;"，执行 "if(x>y) z=x;x=y;y=z;" 后 x,y,z 的值分别是（   ）。
   A．10,20,30   B．20,30,30   C．20,30,10   D．20,30,20

8. 算术运算符、赋值运算符和关系运算符的运算优先级按从高到低依次为（   ）。
   A．算术运算、赋值运算、关系运算
   B．算术运算、关系运算、赋值运算

C．关系运算、赋值运算、算术运算

D．关系运算、算术运算、赋值运算

9．关系运算符中优先级最低的运算符是（　　）。

　　A．">="和"<="　　　　　　　B．">"和"<"

　　C．"=="和"!="　　　　　　　D．"<="和"<"

10．逻辑运算符中，运算优先级按从高到低依次为（　　）。

　　A．&&，!，||．　　　　　　　B．||，&&，!

　　C．&&，||，!．　　　　　　　D．!，&&，||

11．逻辑运算时判断操作数真、假的表述哪一个是正确的（　　）。

　　A．0为假非0为真　　　　　　B．只有1为真

　　C．-1为假1为真　　　　　　D．0为真非0为假

12．表达式"x==0&&y!=0||x!=0&&y=0"等价于（　　）。

　　A．x*y==0&&x+y!=0　　　　B．x*y==0&&(x+y==0)

　　C．x==0||y==0　　　　　　　D．x*y=0||x+y=0

13．表达式"!x||a==b"等价于（　　）。

　　A．!((x||a)==b)　　　　　　　B．!(x||y)==b

　　C．!(x||(a==b))　　　　　　　D．(!x)||(a==b)

14．能够将变量u，s中最大值赋给变量t的是（　　）。

　　A．if(u>s)t=u; t=s;　　　　　　B．t=s; if(u>s)t=u;

　　C．if(u>s)t=s; else t=u;　　　　D．t=u; if(u>s)t=s;

15．有关系式"x≥y≥z"，相应的C语言表达式是（　　）。

　　A．(x>=y)&&(y>=z)　　　　　B．（x>=y）AND(y>=z)

　　C．(x>=y>=z)　　D．(x>=y)&(y>=z)

16．表示a不等于0的关系的表达式为（　　）。

　　A．a<>0　　B．!a　　C．a=0　　D．a

17．表达式"10!=9"的值是（　　）。

　　A．true　　B．非零值　　C．0　　D．不确定

18．能正确表示a≥10或a≤0的关系表达式是（　　）。

　　A．a>=10 or a<=0　　　　　　B．a>=10 | a<=0

　　C．a>=10||a<=0　　　　　　　D．a>=10&&a<=0

19．运行以下程序段，运行后i值为（　　）。

　　int i=0,a=1;

　　switch(a) {

　　case 1: i+=1;

　　case 2: i+=2;

　　case 3: i+=3; }

　　A．1　　　　B．3　　　　C．6　　　　D．有语法错

20．执行下面程序后运行结果为（　　）。

　　main()

```
{ int a=5,b=0,c=0;
    if(a=b+c) printf("***");
    else    printf("$$$");}
```
A．有语法错不能通过编译　　　　B．可以通过编译但不能通过连接
C．输出＊＊＊　　　　　　　　　　D．输出＄＄＄

21．执行下面程序后运行结果为（　　）。
```
main()
    {int m=5;
    if(m++>5)printf("%d",m);
    else    printf("%d",m--);}
```
A．4　　　　B．5　　　　C．6　　　　D．7

22．执行下面程序后运行结果为（　　）。
```
main()
    {int k=4,a=3,b=2,c=1;
    printf("%d",k<a? k:c<b? c:a);}
```
A．4　　　　B．3　　　　C．2　　　　D．1

二、填空题

1．C 语言中逻辑真用_____表示，逻辑假用_____表示。

2．用 if 语句判断整型数据 x 大于 2 并且小于 10，则逻辑表达式为_____，整型数据 x 大于 20 或小于 10，则逻辑表达式为_____。

3．设 a=1, b=2, c=3，写出下面逻辑表达式的值。

　　a+b>c&&b==c　　　值为_____　　!a<b &&c!=a+b　　值为_____
　　a||1+a-'a'&&b<c　　值为_____　　!(a-b)+c&&c/b　　值为_____

4．switch-case 结构中 break 语句用于_____，关键字 default 的作用是_____
_____。

5．if-else 语句嵌套结构中，else 总是与_____的 if 匹配。

三、判断题

1．退出开关语句唯一的办法是语句序列中使用 break 语句。(　　)

2．定义了数组 b[10]，下标 0 不能使用，即只能用数组元素 b[1]～b[10]。(　　)

3．3 种逻辑运算符 "&&"、"!" 和 "||" 优先级相同。(　　)

4．逻辑与表示 "运算符两边两个条件都成立" 时才成立。(　　)

5．逻辑或表示 "运算符两边两个条件中至少有一个条件不成立" 就不成立。(　　)

6．if 语句嵌套时，else 总是与它前面最近的那个 if 配对。(　　)

7．{if(a<b) min=a;else min=b; }等同于表达式 min=(a<b)?a:b;。(　　)

8．C 语言中规定将所有非 0 值都作为 "真"，0 作为 "假" 处理。(　　)

9．在一个或多个 "&&" 相连的表达式中，只要有一个操作数为假，就不做后面的 "&&" 运算，整个表达式的值必为 0（假）。(　　)

10．开关语句中，case 子句通常为 1 个至多个。(　　)

四、问答题

1．写出下面逻辑表达式的值。

（1）3<=4&&1<3

（2）!(1>=2)

（3）!(1<2||3>5)

（4）若 a=3，b=4，c=5

    (a)a+b>c&&b=c　　　　　　　(b)a||b+c&&b-c

    (c)!(a>b)&&!c　　　　　　　(d)!(a+b)+c-1&&b+c/2

2．下面虽然语句合法也能执行，但含有一个常见的逻辑错误，请找出并改正。

    if(ch='A')printf("Item A selected");

3．指出下列程序处理流程，画出相应的 N-S 流程图。

（1）
```
main()
{ float x,y;
   printf("Enter x:");
   scan("%f",&x);
   if (x>=1.0)
      y=x*x+6;
   else
      y=x*x-6;
   printf("x=%f\ty=%f\n",x,y);
}
```

（2）
```
main()
{char ch;float x;
   printf("Enter x:\n);
   scanf("%f",&x);
   if (x>=90)
      ch='A';
   else if (x>=80)
      ch='B';
   else if(x>=60)
      ch='C';
   else ch='D';
   printf(%f—%c\n",x,ch);
}
```

（3）
```
main()
{ int year;
```

```
    printf("Enter year:");
    scanf("%d",&year);
    if (year%400==0||year%4==0&&year%100!=0)
       printf("%d is a leap year.\n",year);
    else
       printf("%d is not a leap year.\n",year);
}
```

4．运行下面程序时，从键盘输入字母 A。写出程序运行结果。

（1）
```
#include <stdio.h>
main()
{ int m=5;
   if (m++>5)   printf("%d)n",m);
   else   printf("%d)n",m--);
}
```

（2）
```
#include <stdio.h>
main()
{ char ch;
   ch=getchar();
   switch (ch)
   { case 65: printf("%c",'A');
     case 66: printf("%c",'B');
     default: printf("other");
   }
}
```
程序运行时，从键盘输入字母 A。

五、编程题

1．对一批货物征收税金。价格在 1 万元以上的货物征税 5%，在 5000 元以上，1 万元以下的货物征税 3%，在 1000 元以上，5000 千元以下的货物征税 2%，1000 元以下的货物征税 1%。编一个程序，输入货物价格，输出相应的税金。

2．输入实型变量 x 和 y，若 x>y 则输出 x-y 的值，否则输出 y-x 的值。

3．用 if 语句和 switch 语句分别编写程序，实现从键盘输入数字 1、2、3 或 4 中某个数时，输出 excellent、good、pass 或 fail 中的某一个，输入其他字符时输出 error。

4．键盘输入一个字符，如果是字母，则将其 ASCII 值加 5，使其在字母字符"a～z"之间变换并输出。例如，字母"a"变成"f"，字母"z"变成字母"e"；如果是数字，则将其 ASCII 值减 2，使其在数值字符"0～9"之间变换并输出。例如，字符"9"变成字符"7"，字符"1"变成字符"9"。

5．已知银行整存整取存款不同期限的年息利率分别为：

年息利率 $\begin{cases} 1.98\% & \text{期限一年} \\ 2.15\% & \text{期限二年} \\ 2.25\% & \text{期限三年} \\ 2.45\% & \text{期限五年} \\ 2.65\% & \text{期限八年} \end{cases}$

编写程序,输入存钱的本金和期限,求到期时能从银行得到的利息与本金的合计。

第4章

循环结构程序设计

 本章要点

- 了解循环概念及"当型"和"直到型"循环结构概念
- 掌握 while 循环结构的执行过程和使用方法
- 掌握 do while 循环结构执行过程和的使用方法
- 熟练掌握 for 循环结构执行过程、使用方法及规定
- 掌握循环嵌套的概念和嵌套的应用
- 掌握 break 语句和 continue 语句的使用方法
- 熟练使用循环结构程序设计方法并解决实际问题

引导与自修

处理实际问题时，经常会碰到一些有规律的重复操作，如重复计算全班每个学生多门课程的平均成绩、迭代法求函数解等。这类问题的特点是某部分操作需要重复执行，重复次数根据条件决定。C 语言采用循环结构来处理这类问题。

【例 4.1】 写出计算数学式 s=1+2+3+…+99+100 的算法。

解决问题最简单的办法是将整个算术表达式直接写进程序中，但表达式不能直接写成"s=1+2+3+…+99+100;"，因为 C 语言不认识其中的省略号"…"。所以，累加的数据较少时，程序中较为容易书写和表示，如语句"s=1+2+3+4+5+6+7+8+9+10;"。但本题要求从 1 开始一直加到 100，所以书写的表达式较长，需要好几行才行。如果要求计算数学式"s=1+2+3+…+10000"，这种编程方法就不可取也不现实。因此，算法改进如下：

    s1=1

    s2=s1+2

    s3=s2+3

    …

    s100=s99+100

这种算法也较为容易理解，但需要定义 100 个变量，同时需要 100 个赋值语句。所以编程还是很不方便，算法继续改进如下：

    s=0;

    s=s+1;

    s=s+2;

    …

    s=s+100;

这时，虽然变量减少到了一个，但还是有 100 个赋值语句。如果题目要求从 1 开始加到 10 000，那么就需要 10 000 个赋值语句，这也是不现实的。

通过分析，发现这 101 个语句中有 100 个语句形式相同，它们可用下面的式子表示：

    s=s+i;   (i=1,2,3,…, 100)

将这个语句重复执行 100 次，这就是循环的思路。算法中变量 i 和 s 的初值没有确定，而且 i 也不能自动从 1 开始每次增加 1 逐步变化到 100。所以，最后确定算法如下：

（1）定义两个实型变量 i=1、s=0

（2）执行下列赋值语句：

    s=s+i;

    i=i+1;

（3）当 i 值超过 100（i>100 或 i>=101）时循环结束；当 i 值小于等于 100 转向步骤 2。

（4）输出 s 的值。

注意，如果算法中交换需要重复执行的两个语句的先后顺序，如"i=i+1;"在前，"s=s+i;"在后，循环条件也要做出调整，应该改为 i>99（或 i=100）循环结束。

这类问题较为典型，如计算 s=$1^2+2^2+3^2+…+99^2+100^2$，n!等时，都可以采用这种思路。

利用第 2 章介绍的 goto 语句和 if 语句配合可以实现这种循环，例如：

```
main()
{ int i=1,s=0;
loop:
  s=s+i; i=i+1;
  if (i<=100)
  goto loop;
  printf("1+2+…+99+100=%d",s);
}
```

结构化程序设计要求少用或尽量不用 goto 语句，因为 goto 语句使程序流向随意，在较大的程序中可读性也差。本章介绍常用的三种循环结构语句及循环结构程序设计方法。

精讲与必读

4.1 while 循环结构

一个完整的循环应该包括循环体、循环控制条件、循环变量初始化和循环变量的增值等几个部分。1.2.2 节中曾介绍过结构化程序设计中有"当型"和"直到型"两种循环结构，while 循环是一种"当型"循环（先判断，后循环），也就是说先判断条件满足与否，决定是否继续循环，如果一开始条件就不成立，则循环一次也不被执行。

1. while 循环语句格式

while（表达式） 语句块

2. 执行过程

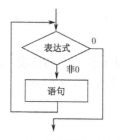

图 4.1 while 循环语句的流程图

循环开始先计算表达式，当条件表达式为非 0（真）时，执行循环体；当条件为 0（假）时，循环结束，执行 while 循环的后续语句。while 循环语句的流程图如图 4-1 所示。

3. 说明

语句块称为循环体，它可以是单个语句或复合语句，也可以一个空语句。为了提高程序的可读性，通常将循环体用花括号"{ }"括起来，即使是一条语句也用花括号，后面将要介绍的几个循环语句也如此。

【例 4.2】 编程求 $\sum_{n=1}^{100} n$

程序流程图和 N-S 流程图如图 4-2 所示。
程序如下：

```
main( )
{
    int i=1,sum=0;
    while (i <= 100)
    {
        sum = sum + i;
        i = i + 1;
    }
    printf("1+2+…+99+100=%d",sum);
}
```

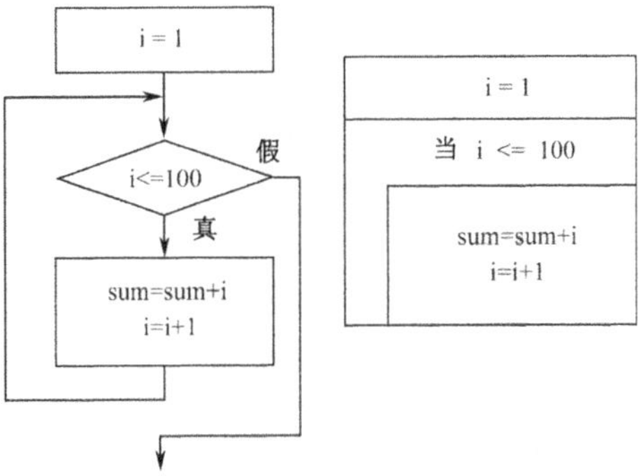

图 4-2 计算 1+2+…+99+100 的流程图

程序运行结果：

    1+2+…+99+100=5050

程序中条件表达式 i<=100 控制循环次数。i 的初值为 1，每循环一次都把累加结果存放到变量 sum 中，并且 i 的值自增 1。

前面分析过，如果交换 sum=sum+i;i=i+1;两个语句的先后顺序，循环条件也要变化，应改为 i<=99（或 i<100），赋值语句 i=1 也不正确，编程者一定要进行正确分析。

【例 4.3】 编程输出 255 个 ASCII 代码所对应的字符。

附录 A 只提供了 128 个 ASCII 字符，而扩展的 ASCII 编码有 256 个。设计本程序时每 32 个字符作为一行输出，每行开头显示即将输出的第一个 ASCII 字符的十进制编码值。

```
#include <stdio.h>
main()
{int c=0;
    while(c<=255)
    {
        if (c%32==0)    printf("\nASCII=%d",c);
        printf("  %c",c++);
    }
}
```

程序说明：

（1）"printf(" %c",c++);"语句中"%c"前最好留一空格，输出时可以分隔 ASCII 字符，便于用户阅读。

（2）运行结果中前 32 个为 ASCII 控制字符，其中有些字符屏幕不可显示。

（3）虽然程序设计成每输出 32 个字符才换行，但第一行却分成两行输出，原因是第一行中包含了一个 ASCII 编码为 10 的换行符，因此分成了两行输出。

（4）循环控制变量 c 如果定义成 char 或 unsigned char 类型，那么程序将是一个无限循环（死循环）。例如，程序改动如下：

```
#include <stdio.h>
main()
{char c=0;
```

```
        while(c<=255)
           {if (c%32==0)    {printf("\nASCII=%d",c); getch();}
              printf(" %c",c++);
           }
    }
```

if 结构中的"getch();"用于每输出 32 个字符暂停一次，程序暂停运行后，可以分析 c 值的变化情况，然后按任意键继续运行。因为变量 c 为 char 型后，字符相应的 ASCII 二进制编码值字节中的最高位则为符号位，数值范围也从"0～255"变为"-128～127"，循环条件"c<=255"始终成立。因此运行程序时每行开头输出的 ASCII 编码值为"0、32、64、96、-128、-96、-64、-32、0、32…"，而且不断这样地重复，因此程序出现"死循环"。

如果将 c 定义为 unsigned char 型，运行后每行开头输出的变量 c 的 ASCII 编码值的为"0、32、64、96、128、160、192、224、0、32，…"，程序还是一个"死循环"，如果将判断条件"c<=255"改为"c<=254"，程序能正常结束，但不能输出 ASCII 值为 255 的字符。

只有当变量 c 定义为 int 型时，c 的十进制 ASCII 编码值变化是"0、32、64、96、128、160、192、224"，循环控制变量 c 可以控制循环正常结束。

【例 4.4】 将从键盘上输入的正文原样在屏幕上显示输出。

题目含义是从键盘上输入一个字符，然后将该字符在屏幕上输出。从键盘上输入字符可以用 getchar()函数，所以不能输入中文等 ASCII 编码表不能表示的字符。由于输入的是正文，则正文输入是否结束的标志用"Ctrl+Z"（条件判断为"EOF"）组合键表示，它们已定义在头文件"stdio.h"中。

```
        #include<stdio.h>
        int main(void)
        {
            char c;
            printf("输入正文文本，按 Ctrl+Z 组合键结束输入：\n");
            while((c=getchar())!=EOF) putchar(c);
        }
```

程序运行结果：
    输入正文文本，按"Ctrl+Z"组合键结束输入：
    I am a student!<CR>
    I am a student!
    Hello,boy!<CR>
    Hello,boy!
    ^z

程序说明：

（1）循环条件是一个集字符输入、字符赋值及字符比较的复杂表达式。循环运行时，首先从键盘上输入字符，然后将输入字符赋给变量 c，接着判断变量 c 的值是否等于"EOF"，如果不是，则继续执行循环体。

（2）输入【Enter】键并不结束程序，而是将前面输入的正文内容显示在屏幕上，只有输入"Ctrl+Z"组合键时循环才能中止,程序正常结束。

4.2 do while 循环结构

while 循环是一种"当型"循环(先判断,后循环),而 do while 是"直到型"循环(先循环,后判断)。do while 循环中的循环体至少被执行一次。

1. do while 格式

  do {
   语句块;
    } while (表达式);

2. 执行过程

循环开始后,先执行一次循环体(语句块)。然后计算表达式,当条件表达式为非 0(真)时,继续执行循环体;当条件为 0(假)时,循环结束。do while 循环语句的流程图如图 4-3 所示。

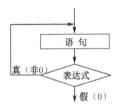

图 4.3 do while 循环语句的流程图

3. 注意

书写或输入程序时不要忘了 while 子句后边的分号";"。

【例 4.5】 用 do while 语句改写例 4.2。

本例将例 4.2 中"sum=sum+i;i=i+1;"两语句交换顺序,交换后循环条件表达式、变量 i、s 赋初值语句都要进行调整。

```
main()
{   int i=0,sum=0;
    do
    { i++;
       sum = sum + i;
    }while (i<100);
    printf("%d", sum);
}
```

程序运行结果:

  5050

请读者分析变量 i、s 赋初值还有哪几种形式?

【例 4.6】 编一个容错处理程序段,当用户输入的是字母"Y"和"N"两个键时,系统接收数据,继续执行后续程序;如果输入的是其他字符时,系统要求用户重新输入,直到正确为止。

实际问题编程时经常需要进行容错程序设计,所谓容错,就是程序在运行时允许用户输入的数据非法或数据类型不匹配。例如,要求输入数据的类型是数字,但程序运行时用户键盘输入的是字母,这时程序应该不做出错处理使程序中断,而是应该允许用户重新输入,直到输入正确为止。

1)算法分析

程序要求只接收键盘上 "Y" 和 "N" 两个按键,按其他键时程序不响应。程序设计的思路是用一个循环方法处理按键输入,只有当用户输入字符为 "y"、"Y"、"n" 或 "N" 时循环才结束。

本程序要求很简单,在编写实际应用程序时,当用户输入 "Y" 或 "N" 时,应该能分别执行不同的功能模块(如调用不同的函数)。

2)编程

```
#include <stdio.h>
main()
{ char c;
  do{
    printf("请按确认键 Y 或取消键 N: ");
    c=getchar();
  }while (c!='Y' && c!= 'N' && c!= 'y'.&& c!= 'n');
  printf("输入正确,程序可以继续执行!\n");
}
```

3)程序运行说明

只有当用户按 "Y" 和 "N" 两个键时,屏幕显示如下信息:

输入正确,程序可以继续执行!

否则,程序要求重新输入,直到正确为止。但屏幕上会显示两个相同的输入提示:

请按确认键 Y 或取消键 N: 请按确认键 Y 或取消键 N:

这是由语句 "c=getchar();" 造成的,因为每次用户输入字符后,getchar 函数要等到用户输入【Enter】键后才将字符读出,回车换行符被保留在输入缓冲区中,下次循环时,屏幕显示 "请按确认键 Y 或取消键 N:" 后,用户还没输入字符,语句 "c=getchar();" 就先将上次留在输入缓冲区中的回车换行符读出后,没等用户输入就直接再循环体一次,然后再在同一行显示 "请按确认键 Y 或取消键 N:",所以,在屏幕上会显示两次输入提示。

要使提示信息不重复显示两次,可在循环体中的 c=getchar()语句后再加一条语句 "getchar();" 把这个换行符读走。

4.3 for 循环结构

for 循环也是一种 "先判断,后循环" 的当型循环结构,它是 C 语言中功能最强大、使用最多的循环语句。

4.3.1 for 语句

1. for 语句格式

  for(表达式 1;表达式 2;表达式 3) 语句块;

2. 执行过程

循环开始，计算表达式 1（只在进入循环时计算一次），接着计算表达式 2，如果其值为真，则执行循环体，然后计算表达式 3，返回循环开始继续判断表达式 2；若表达式 2 为假，则结束循环。for 循环执行流程如图 4-4 所示。

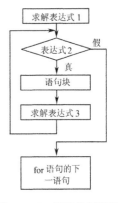

图 4.4　for 循环执行流程图

3. 说明

（1）表达式 1、表达式 2 和表达式 3 之间用分号分隔。

（2）表达式 1 是循环初始赋值，用来给循环变量和循环体中其他变量赋初值；表达式 2 是循环控制条件，根据这个条件决定是否执行循环体；表达式 3 用于循环变量增量（改变循环条件）。

（3）表达式 1 或表达式 3 可省略，但分号不能省略。当表达式 1、3 全省略后，for 循环就退化成 while 循环。

【例 4.7】 求 $n!$ 的值，n 的值从键盘输入。

1）程序分析

本例与例 4.1 是同一类问题，程序虽然简单，但因为是乘法运算，所以有以下几个地方需要注意，否则容易出错：

（1）求积变量 t 的初始值不能为 0，否则运算结果还为 0。

（2）循环变量 i 第一次进行乘法运算时值不能为 0。

（3）n 的值不固定，它是在每次运行程序时由用户输入的任意值。

（4）注意数据运算时发生溢出。对于求积变量 t 的数据类型，如果定义为 int 型，其数据范围为 "−32 768～32 767"（7!=5040、8!=40320），所以当求 8 以上阶乘时，需要将变量 t 定义为长整型，相应在输出函数中的格式说明为 "%ld"。但长整型的数据范围也有限（−2 147 483 648～2 147 483 647），只能存放 12! 以内的数据（12!=479 001 600，13!=6 227 020 800）。所以当求解 13 以上的阶乘时，需要将变量 t 定义为实型数据。

（5）n 是一个变量，变量 n 在使用之前，必须要有一个具体的值，可以使用 scarf() 函数从键盘得到一个值。

2）源程序。假设程序是在 VC 环境下编译运行，则程序如下：

```
#include <stdio.h>
void main()
{ int i,n;
  long int t=1;
  printf("请输入 n!中的 n 值:\n");
  scanf("%d",&n);
  for(i=1;i<=n;i++)    t=t*i;
  printf("%ld!= ",n,t);      /*  t 的输出控制为%ld，而不是%d  */
}
```

3）程序运行结果

请输入 n!中的 n 值：

10<CR>

10!=3628800

4）注意，本程序键盘输入 n 时，n 的值不能超过 12。

【例 4.8】 从键盘上输入整数 m，判断该数是否为素数。

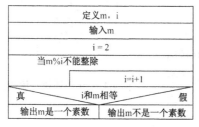

图 4-5 判断 m 是否为素数的 N-S 流程图

所谓素数（也称质数）是指一个只能被 1 和自身整除的整数。判断一个数是否为素数的算法是该数能否被从 2 开始一直到 m–1 之间的任何一个整数整除，如果全都不能整除，那么 m 就是素数。所以循环变量可用 2～m–1 来实现。

判断 m 是否为素数的 N-S 流程图如图 4-5 所示。

程序如下：

```
main()
{ int m,i;
   scanf("%d",&m);
   for(i=2;m%i;i++);
   if (i==m)
      printf("%d 是一个素数\n",m);
   else
      printf("%d 不是素数\n",m);
}
```

说明：程序中 for 循环的循环体是一个空语句，即空操作，每次循环 i 自增 1 后就判断条件(m%i)余数是否为 0。若非 0 表示不能整除，条件表达式(m%i)值为真，则继续循环；当余数为 0 时退出循环，它表示 m 能被 i 整除，而这时 i 值小于 m。

当 i 值不断自增直到等于 m 时(i==m)才退出循环，表示 m 不能被从 2 开始到 m–1 之间的所有整数整除，那么 m 是素数；当 i<m 时就退出循环，说明 m 在到达 m 之前就使条件 m%c 为零，因而 m 不是素数。

【例 4.9】 求 Fibonacci 数列：1、1、2、3、5、8…的前 20 项。

Fibonacci 数列的通项公式为：

$F_1=1$

$F_2=1$

…

$F_n=F_{n-1}+F_{n-2}$　　　（n≥3）

数列的第 1 项和第 2 项都是 1，从第 3 项开始都是前两项之和。

求 Fibonacci 数列的 N-S 流程图如图 4-6 所示。

程序如下：

```
main()
{   long f1=1,f2=1;
    int i;
    for(i=1;i<=10;i++)
    {   printf("%12d%12d\n",f1,f2);
        f1=f1+f2;f2=f2+f1;
    }
}
```

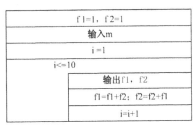

图 4-6 求 Fibonacci 数列的 N-S 流程图

程序运行结果：

```
           1           1
           2           3
           5           8
          13          21
          34          55
          89         144
         233         377
         610         987
        1597        2584
        4181        6765
```

4.3.2 for 语句的多样性

1. for 语句的变化形式

前面讨论了 for 循环的一般形式，for 循环语句还有许多变化形式，它们增强了循环的灵活性和适用性。最常见的变化形式是在表达式中使用逗号运算符，构成逗号表达式，它可以给多个变量进行初始化。例如：

```
for (x=0,y=0; x+y<10; ++x)
{
  y = getchar();
  y = y - '0';          /* 从 y 中减去字符'0'的 ASCII 码 */
}
```

本例中 x 和 y 都是循环控制变量，for 循环开始时 x 和 y 均被初始化，并且用逗号隔开两个初始化表达式，逗号表达式按自左到右的顺序计算。每循环一次 x 增 1，同时从键盘接收 y 的值。

for 循环的其他变形有：允许存在两个或多个循环控制变量；for 循环语句中三个表达式中的每个都可以由有效的 C 表达式组成等。

2. 永久循环

永久循环是不可能自己终止的循环，它会无限执行下去。与"死循环"不同，永久循环是有意设计的，for（;;）或 while (1)形式的循环都是永久循环。例如：

    for（;；) printf（"这是一个永久循环\n"）;

永久循环可以用来处理循环次数不确定等场合，但循环体中应该配合使用 break 等语句跳出循环，例如：

```
ch ='\0';
for( ; ; )
{ ch = getchar();          /* 获取一个字符 */
  if(ch== 'A') break;      /* 退出循环 */
}
printf("you typed an A");
```

这个程序段是一个永久循环，直到从键盘输入一个字符 A，循环才结束。

3．没有循环体的 for 循环

没有循环体的循环称为空循环，程序设计时可以利用它设计时间延迟，用于观察屏幕信息等场合，例如：

    for(t=0;t<time;t++);

4.4　循环的嵌套

一个循环体内又包含另一个完整的循环结构称为循环嵌套，而包含多层内嵌循环的循环结构称为多重循环。while、do while 和 for 三种循环都可以进行嵌套。注意，循环嵌套只能是包含关系，不能发生交叉，如图 4-7 所示。

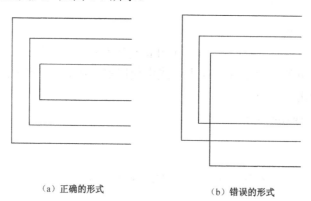

    （a）正确的形式　　　　　　（b）错误的形式

图 4-7　循环嵌套形式

【例 4.10】　编程实现屏幕输出"九九乘法表"。

"九九乘法表"是一个典型的循环嵌套问题，外循环变量 i 控制行的变化，共 9 行，所以外循环需循环 9 次。由于每行有 9 次乘法运算，所以外循环每执行一次，内循环每次都是用 i 乘以 1～9，即内循环每行也都需要执行 9 次。程序如下：

```
main()
{ int i,j;
```

```
        for (i=1;i<=9;i++)
          {for(j=1;j<=9;j++)
              printf("%1d*%1d=%2d ",j,i,i*j);
            printf("\n");
          }
        }
```
程序运行结果：

```
1*1= 1   2*1= 2   3*1= 3   4*1= 4   5*1= 5   6*1= 6   7*1= 7   8*1= 8   9*1= 9
1*2= 2   2*2= 4   3*2= 6   4*2= 8   5*2=10   6*2=12   7*2=14   8*2=16   9*2=18
1*3= 3   2*3= 6   3*3= 9   4*3=12   5*3=15   6*3=18   7*3=21   8*3=24   9*3=27
1*4= 4   2*4= 8   3*4=12   4*4=16   5*4=20   6*4=24   7*4=28   8*4=32   9*4=36
1*5= 5   2*5=10   3*5=15   4*5=20   5*5=25   6*5=30   7*5=35   8*5=40   9*5=45
1*6= 6   2*6=12   3*6=18   4*6=24   5*6=30   6*6=36   7*6=42   8*6=48   9*6=54
1*7= 7   2*7=14   3*7=21   4*7=28   5*7=35   6*7=42   7*7=49   8*7=56   9*7=63
1*8= 8   2*8=16   3*8=24   4*8=32   5*8=40   6*8=48   7*8=56   8*8=64   9*8=72
1*9= 9   2*9=18   3*9=27   4*9=36   5*9=45   6*9=54   7*9=63   8*9=72   9*9=81
```

循环嵌套结构中，内层循环执行的次数等于该循环嵌套结构中每层循环次数的乘积。本例中，外循环循环 9 次，内循环也为 9 次，则内层循环执行的总次数为 9×9=81 次。

本程序输出结果为矩形，其中不到一半的计算是重复计算。请读者修改程序，实现以三角形形式输出结果。即：

```
1*1= 1
1*2= 2   2*2= 4
1*3= 3   2*3= 6   3*3= 9
1*4= 4   2*4= 8   3*4=12   4*4=16
1*5= 5   2*5=10   3*5=15   4*5=20   5*5=25
1*6= 6   2*6=12   3*6=18   4*6=24   5*6=30   6*6=36
1*7= 7   2*7=14   3*7=21   4*7=28   5*7=35   6*7=42   7*7=49
1*8= 8   2*8=16   3*8=24   4*8=32   5*8=40   6*8=48   7*8=56   8*8=64
1*9= 9   2*9=18   3*9=27   4*9=36   5*9=45   6*9=54   7*9=63   8*9=72   9*9=81
```

【例 4.11】 制作一个在屏幕上显示时、分、秒的电子表。

1）算法分析

这也是一个典型的循环嵌套问题，时、分、秒变化的时间机制大家都很熟悉，每满 60s 进 1min，每满 60min 进 1h。所以这个问题可以采用三重循环来处理，最里层的循环控制秒从 0~59 的变化，中间层循环控制分钟从 0~59 的变化，最外层的循环控制小时从 0~23 的变化。设小时变量为 h、分钟变量为 m、秒变量为 s，它们都为整型。

由于计算机的运行速度很快，内循环中每秒的显示时间比实际生活中的一秒时间长度要短得多，计算机运行速度越快，则显示一秒的时间越短。所以程序中的每秒变化都要设置时间延迟，这可以通过在循环的最内层再嵌套一个控制时间延迟的空循环来实现。因此，本程序是个四重循环。

2）源程序

```c
main()
{ int h,m,s;
  long i;
  for (h=0;h<=23;h++)
     for(m=0;m<=59;m++)
        for(s=0;s<=59;s++)
           { printf("\n%2d:%2d:%2d",h,m,s);
             for (i=1;i<=200000000;i++);  /*空循环用于延时，循环次数需调试*/
           }
}
```

3）说明

（1）本程序需运行 24h 才能结束，如果要停止程序运行，可以按 Ctrl+C 组合键或连续按两次 Ctrl+Break 组合键强制中断程序运行。

（2）控制时间延迟的循环变量 i 的终值 200 000 000，需要用户进行调试修改再确定，计算机运行速度越快，则这个数值越大。

（3）本程序还有两个问题需解决：第一个问题是程序每次运行都从 0 点 0 分 0 秒开始，不能从当前实际时间开始运行；第二个问题是显示时间时屏幕以滚（卷）动方式显示，这让人感觉不像一个电子表。例如：

```
   ......
   0: 8: 16
   0: 8: 17
   0: 8: 18
   ......
```

解决第一个问题的办法可以在程序开始运行时，设置一次当前时间。为了只设置一次，可以通过 if 语句控制，判断条件为变量 first 值是否为 0。第二个问题可以在每变化一个时间调用清屏函数 clrscr()一次（或使用 system("cls");），让下一次显示的时间在屏幕的同一位置。也可以不调用 clrscr()函数，直接使用 gotoxy(x,y)函数定位时间显示位置，gotoxy(x,y)函数中 x 为列号、y 为行号。程序改进如下：

```c
#include <conio.h>   /*  clrscr、gotoxy 等函数包含在 conio.h 中  */
main()
{ int h,m,s,first=0;
  long i;
  for (h=0;h<=23;h++)
     for(m=0;m<=59;m++)
        for(s=0;s<=59;s++)
           { if (first==0)
              { printf("\n 请输入当前时间，格式为时：分：秒:");
                scanf("%d:%d:%d",&h,&m,&s);
```

```
                first=2;
              }
              else
              { gotoxy(35,12);          /*  光标定位在第 35 列，12 行位置   */
                /*也可用清屏函数 clrscr()或 system("cls")代替 gotoxy 函数*/
                printf("%2d:%2d:%2d",h,m,s);
                for (i=1;i<=200000000;i++);
              }
          }
      }
```

（4）使用 clrscr()函数和"printf("\n\n\n\n   %2d:%2d:%2d ",h,m,s);"配合，也可以达到 gotoxy 函数的同样效果。

（5）本程序只能运行 24h，读者可将程序进一步改进，使它能显示年、月、日、星期、时、分、秒等数据的电子表。

4.5 break 语句和 continue 语句

4.5.1 break 中断语句

在 switch-case 语句中为了终止某个 case，曾使用过 break 语句。在循环结构中也可以使用 break 语句跳出循环，迫使一个循环提前结束。但要注意，循环嵌套中使用 break 语句只退出当前循环。

break 语句也常用于通过一个特殊的条件使循环提前终止。例如：

```
    main()
    {
       int t;
       for (t=0;t<100;t++)
       { printf("%d",t);
          if (t == 10)   break;
       }
    }
```

程序运行后在屏幕上只显示数字 0～10，这是因为 break 语句的使用，导致从一个循环中提前退出（虽然 t<100 仍然成立）。

break 只能跳出本层循环。例如：

```
        for (t = 0; t < 100; +=t)
        { count = 1;
           for ( ;; ) { printf("%d",count); count++;
                 if (count==10) break;
              }
        }
```

程序段在屏幕上显示数字 1～10 共 100 次。每当执行到 break 语句时，控制就回到 for 循环的外层。

4.5.2 continue 条件继续语句

continue 语句的工作方式类似于 break 语句。Break 语句是终止整个循环的执行，而 continue 语句能结束本次循环的执行，继续执行本循环结构中的下一次循环条件判断，并根据条件判断决定是否继续进行循环。例如：

```
do{
    scanf("%d",&x);
    if(x < 0) continue;
    printf("%d",x);
} while (x != 100);
```

在 while（或 do-while）循环结构中，continue 语句使得控制直接回到循环条件判断。上面的程序仅显示正数，若键盘输入的是负数，continue 语句将流程转到循环条件判断。

在 for 循环语句中，遇到 continue 语句后，首先执行循环的增量部分，然后执行条件测试，最后根据判断决定是否继续执行循环。改写上面的程序片段，使它仅显示所输入 100 个数中的正数。

```
for (t = 0; t < 100; ++t)
{   scanf("%d", &x);
    if( x <=0)   continue;
    printf("%d",x);
}
```

continue 语句能使循环次数减少，缩短程序运行时间。

4.6 程 序 举 例

【例 4.12】 求 1～99 之间奇数之和。

```
main ()
{ int a, b;
    a = -1, b = 0;
    do {a+=2;
        b += a;
    } while (a <= 99);
    printf ("1+3+5+…+99=%d\n", b);
}
```

运行结果

1+3+5+…+99=2500

【例 4.13】 有这样两个数，满足 ij + ji = 154，求 i, j 的值（i, j 为不同数字）。

```
main ()
{ int i, j, x;
   for (i = 1; i <= 9; i++)
     for (j = 1; j <= 9; j++)
       { if (j == i) continue;
         x = 10 * i + j + 10 * j + i;
         if (x == 154) printf ("%d%d + %d%d = %d\n",i,j,j,i,x);
       }
}
```

运行结果

    68 + 86 = 154

【例 4.14】 编写一个菜单选择函数模块。对于一个菜单，当使用者输入一个有效值时，就执行相应的子函数，若输入一个无效值，则重新输入。

```
menu()
{ char ch;
   printf("1.   append\n");
   printf("2.   modify\n");
   printf("3.   delete\n");
   printf("Entre your choice:");
   do
   { ch=getchar( );    /*键盘输入一个字符 */
     switch (ch)
     { case '1':  append();break;
       case '2':  modify();break;
       case '3':  delete();
     }
   }while (ch!= '1'&&ch!= '2'&&ch!= '3');
}
```

选择菜单时使用 do while 是合理的，因为循环至少执行一次。显示菜单之后，循环读取输入，直至用户选择某项为止。本例目的是为了介绍菜单使用，append()、modify()、delete()为增加、修改和删除三个功能模块函数，这里没有给出程序。

【例 4.15】 从键盘输入 n 个学生的 m 门课程成绩，分别统计每个学生的平均成绩。

```
#include<stdio.h>
main()
{ int i,j,n,m;
   float c,sum,ave;
   printf ("请输入学生总人数和课程门数：");
   scanf ("%d,%d\n",&n,&m);
```

```
        for ( i=1;i<=n;i++)
        { sum=0;
            for(j=1;j<=m;j++)
            { printf ("\n 请输入第%d 个学生%d 门课程成绩：",i,m);
                scanf ("%f",&c);
                sum+=c; }
            ave=sum/m;
            printf ("第%d 个学生平均成绩为：%5.2f\n",i,ave);
        }
    }
```

程序运行结果：

　　请输入学生总人数和课程门数：<u>4,5</u><CR>
　　请输入第 1 个学生 1 门课程成绩：<u>95</u><CR>
　　请输入第 1 个学生 2 门课程成绩：<u>70</u><CR>
　　请输入第 1 个学生 3 门课程成绩：<u>73</u><CR>
　　请输入第 1 个学生 4 门课程成绩：<u>67</u><CR>
　　请输入第 1 个学生 5 门课程成绩：<u>64</u><CR>
　　第 1 个学生平均成绩为：73.8
　　请输入第 2 个学生 1 门课程成绩：<u>60</u><CR>
　　……
　　第 4 个学生平均成绩为：89.00

二重循环的外循环控制学生的数 4 个，循环 4 次，内循环控制每个学生 5 门课程成绩的输入、累加、求平均值并输出。

【例 4.16】　求 1!+2!+3!+…+n!

本例和例 4.7 一样，需要考虑计算溢出问题，变量的数据类型一定要定义正确。本例假设 n 的值不超过 10。

设计一个二重循环，外循环计算累加和，内循环计算每个数的阶乘。i!的值存放在变量 t 中，累加值存放在变量 sum 中。将 t 和 sum 定义为长整型。

程序如下：

```
main()
{ int n, j, i;
    long t,sum=0;        /*变量 t 保存 j!*/
    printf("\n 请输入 n 的值:");
    scanf("%d",&n);
    for(j=1; j<=n; j++)
        { t=1;
            for(i=1;i<=j;i++)
                t*=i;
            sum+=t;
```

```
        }
     printf("1!+2!+3!+…+%d!=%ld",n,sum);
    }
```
运行情况如下：

  请输入 n 的值:<u>10</u><CR>

  1!+2!+3!+…+10!=4037913

二重循环中，内循环中 t 每次都需赋初值 1，每个数的阶乘都是从头开始计算，这种算法效率不高，没有充分利用已有的计算值。本程序可用单重循环就能实现，且计算次数大大减少。程序改进如下：

```
    main()
    { int n, j, i;
       long t=1,sum=0;      /*变量 t 保存 j!*/
       printf("\n 请输入 n 的值:");
       scanf("%d",&n);
       for(i=1;i<=n;i++)
           {t*=i;sum+=t;}
       printf("1!+2!+3!+…+%d!=%ld",n,sum);
    }
```

【例 4.17】 列出整数 3～100 中的所有素数。

1）算法分析

例 4.8 只判断某个整数是否为素数，为了检查某数 n 是否是素数，可以用 2～n–1（或 2～$\sqrt{n}$）之间的每个数去除 n，只要其中有一个数能整除，说明该数不是素数，算法可以用用循环结构实现，判断某整数是否为素数的程序段作为一个内循环。

因为要判断 3～100 之间的所有整数，所以设置外循环从 3 逐次加 1 递增到 100，以扫描 3～100 之间的全部整数。内循环处理 3～100 之间的每位整数 N 时，当发现该数不是素数，使用 break 语句结束内循环。

2）源程序（VC 下）

```
    #include <math.h>
    #include <stdio.h>
    void main()
    { int n,i,j,sum=0;
      for(n=3;n<=100;n++)
         {for(j=2;j<=n-1;j++)
            {if((n%j)==0) break;
             if(j>=n-1)          //条件满足时内循环正常结束
              { printf("%d\t",n);
                 sum=sum+1;
              }
           }
```

```
        }
    printf("\n3～100 之间的素数总数有%d 个\n",sum);
}
```

3）程序运行结果

```
3    5    7    11   13   17   19   23   29   31   37   41   43   47   53
59   61   67   71   73   79   83   89   97
```

3～100 之间的素数有 24 个。

【例 4.18】 模拟掷骰子。掷出 100 次骰子，计算掷出的点数 1～6 各有多少次。

```
#include <stdio.h>
#include <stdlib.h>
#include <time.h>
main()
{
  int i,x,s1=0,s2=0,s3=0,s4=0,s5=0,s6=0;
  srand((unsigned) time(NULL));           /*重新设定随机数种子*/
  for(i=1;i<=1000;i++)
  { x=(rand()%6+1);                       /*产生 1～6 之间的随机整数*/
    printf("骰子点数为%d 次    ",x);
    switch(x)
    {
      case 1:   s1++; break;
      case 2:   s2++; break;
      case 3:   s3++; break;
      case 4:   s4++; break;
      case 5:   s5++; break;
      case 6:   s6++; break;
    }
  }
  printf("\n 出现 1 点的次教为%d 次\n",s1);
  printf("出现 2 点的次教为%d 次\n",s2);
  printf("出现 3 点的次教为%d 次\n",s3);
  printf("出现 4 点的次教为%d 次\n",s4);
  printf("出现 5 点的次教为%d 次\n",s5);
  printf("出现 6 点的次教为%d 次\n",s6);
  printf("总次教为%d 次\n",s1+s2+s3+s4+s5+s6);
}
```

说明：

（1）为了使产生的 100 个随机数不相同，程序中使用了"srand((unsigned) time(NULL));"，以重新设定 rand 函数产生随机数时所使用的种子。

（2）产生 1～6 之间的随机整数表达式"(rand()%6+1)"，也可以改为"(random(6)+1)"。

小 结

　　循环结构是 C 语言程序设计中使用最多的一种结构，循环结构的语法并不复杂，较为难学的是实际问题的编程。例如，变量初始赋值、循环结束条件的设定，这些都很容易出错，所以，要学会用循环结构来描述问题。本章介绍了 while、do-while 和 for 三种循环语句及 break 语句和 continue 语句。

　　while 和 for 都是"先判断，后循环"的"当型"结构，执行时先判断条件是否满足，决定是否继续循环，如果一开始条件就不成立，则循环一次也不被执行。do-while 循环是"先执行，后判断"的"直到型"结构，这种结构不管条件是否成立至少执行一次循环体的操作。

　　for 循环结构功能最强也最为常用，使用方法较为灵活、复杂，它可以替代 while 循环，同样 while 循环也可替代 for 循环。不同的循环结构可以用在不同的场合，使用原则一是要实现要求的功能；二是要尽可能简单。比如，事先知道循环的次数，用 for 结构就较为简单；如只知道循环的结束条件，则用 while 循环就比较方便。

　　for 语句结构中，表达式 1、表达式 2 和表达式 3 都可以根据情况默认，但必须注意默认后其功能的变化。

　　在多重循环中，外循环变化慢，内循环变化快，外循环一次，内循环就要循环 n 次。

　　break 语句用于从内循环跳到外循环，使循环提前结束。但它只能跳一层循环，不能跳多层循环；continue 语句用于跳过其后的语句，继续执行本循环的下一次循环。

习 题

一、选择题

1. while 循环和 do-while 循环的主要区别是（　　）。
    A．do-while 的循环体至少无条件执行一次
    B．while 的循环控制条件比 do-while 的循环控制条件严格
    C．do-while 允许从循环外部转到循环体内
    D．do-while 的循环体不能是复合语句
2. 关于 for 循环的正确描述是（　　）。
    A．for 循环只能用于循环次数已经确定的情况
    B．for 循环是先执行循环体语句后判断表达式
    C．for 循环中不能用 break 语句结束循环
    D．for 循环体可以包含多条语句，但必须用花括号括起来
3. 以下正确的说法是（　　）。
    A．continue 语句的作用是结束整个循环的执行
    B．只能在循环体内和 swtich 语句体内使用 break 语句
    C．在循环体内使用 break 语句或 continue 语句的作用相同
    D．从多层嵌套中退出只能使用 goto 语句

4. 以下描述正确的是（　　）。
   A．goto 语句只能用于退出多层循环
   B．swtich 语句中不能使用 continue 语句
   C．只能用 continue 语句来终止本次循环
   D．在循环中 break 语句不能独立出现
5. 求 "s=1+2+3+…+9+10"，下列语句中错误的是（　　）。
   A．s=0;for(i=1;i<=10;i++) s+=i;　　B．s=0;i=1;for(;i<=10;i++) s=s+i;
   C．for(i=1,s=0;i<=10;s+=i,i=i+1);　D．for(i=1;s=0;i<=10;i++) s=s+i;
6. 下列语句中，哪一个可以输出 26 个大写英文字母（　　）。
   A．for(a='A';a<='Z';printf("%c",++a));
   B．for(a='A';a<'Z';a++)printf("%c",a);
   C．for(a='A';a<='Z';printf("%c",a++));
   D．for(a='A';a<'Z';printf("%c",++a));
7. 有程序段 "int k=10;while(k=0) k=k-1;"，则正确的是（　　）。
   A．while 循环 10 次　　　　　　　　B．循环是无限循环
   C．循环体一次也不执行　　　　　　　D．循环体只执行一次
8. 语句 "while(!E);" 中的表达式!E 等价于（　　）。
   A．E==0　　B．E!=1　　C．E!=0　　D．E==1
9. 程序段 "int n=0; while(n++<=2);printf("%d ",n);" 的运行结果是（　　）。
   A．2　　　B．3　　　C．4　　　D．1 2 3
10. 程序段 "int i=4; while(--i) printf("%d",i);" 中循环体将执行（　　）。
    A．3 次　　B．4 次　　C．0 次　　D．无限次
11. 执行 "for(s=0,k=1;s<20||k<10;k=k+2) s+=k;" 后，s、k 的值为（　　）。
    A．25、9　　B．25、11　　C．36、11　　D．36、9
12. 执行 "int k=4,s=0; while(--k) s+=k;" 后 k、s 值分别为（　　）。
    A．10、0　　B．0、10　　C．6、0　　D．0、6
13. 执行 "float s,x;for(x=0,s=0;x!=10;x=x+0.3)s=s+x;" 后，变量 x 的值（　　）。
    A．远大于 10　　B．等于 10　　C．小于 10　　D．语法错误
14. 若 i 为整型变量，则 "for(i=2;i-->0;);" 循环的执行次数为（　　）。
    A．无限次　　B．0 次　　C．1 次　　D．2 次
15. 下面程序段的运行结果是（　　）。
    x=y=0;
    while(x<15) y++,x+=++y;
    printf("%d,%d",y,x);
    A．20，7　　B．6，12　　C．20，8　　D．8，20
16. 与 while(1){if(i>=100)break;s+=i;i++;} 功能相同的是（　　）。
    A．for(;i<100;i++) s=s+i;　　　　B．for(;i<100;i++;s=s+i);
    C．for(;i<=100;i++) s+=i;　　　　D．for(;i>=100;i++;s=s+i);

二、填空题

1. 循环结构可分为_____循环和_____两种结构，前者是"先判断，后循环"，相应的循环语句有_____和_____，后者是"先循环，后判断"，相应的循环语句有_____。

2. do while 循环是一种_____型循环，其特点是_____。

3. for 循环是一种_____型循环，其特点是_____。

4. for 语句中表达式 1、表达式 2 和表达式 3 分别是：_____、_____和_____。

5. 对于同一个循环问题，3 种循环语句 for、while 和 do while_____（随便哪一个都可以/只能是其中一个）实现。

6. for 循环中如果有多个变量需要进行初始化，可以使用_____。

7. for 循环中的 3 个表达式_____（是/不是）必需的。

8. 循环的嵌套是指_____。

9. 在循环嵌套结构中，内层循环执行的次数等于_____，循环的层数越多，程序执行的速度就越慢。

10. break 语句用于_____，continue 语句用于_____。

三、判断题

1. 循环结构中语句中循环体至少被执行一次。（   ）
2. 复合语句、选择语句和循环语句都可以嵌套使用。（   ）
3. 循环体可以是一个空语句，但不可为空。（   ）
4. 开关语句可以有一个或多个 default 子句。（   ）
5. for 循环结构是一种"当型"循环。（   ）
6. while 是一种"先判断，后执行"的循环结构。（   ）
7. do while 是一种"当型"循环结构。（   ）
8. for(;;)或 while (1)形式的循环都是永久循环。（   ）
9. for 循环语句格式中可以使用逗号表达式，它可以给多个变量进行初始化；也允许存在两个或多个循环控制变量。（   ）
10. 没有循环体的循环是不正确的，即不允许有空循环。（   ）
11. continue 语句和 break 语句功能相同。（   ）

四、写出下列程序运行结果

1. ```
   #include <stdio.h>
   main()
   { int i=1;
     while(i<=15)
     if(++i%3!=2) continue;
     else printf("%d",i);
     printf("\n");
   }
   ```
   ```

2. ```
#include <stdio.h>
main()
{ int a,b,i;
    a=1;b=3;i=1;
    do { printf("%d,%d,",a,b);
        a=(b-a)*2+b;
        b=(a-b)*2+a;
        if (i++%2==0)   printf("\n");
    } while (b<100);
}
```

3. ```
main()
{ int i,j;
    for (i=1;i<=3;i++)
     { for (j=i;j>=1;j--) printf("*   ");
        printf("\n");
     }
}
```

五、编程题

1．编程计算 1～50 中是 7 的倍数的数值之和。

2．从键盘输入的字符中统计数字字符的个数，用换行符结束循环。

3．输入一批正整数，输出其中的最大值和最小值，输入数字"0"结束循环。

4．输入一个整数，将其数值按小于 10，10～99，100～999，1000 以上分类并显示。例如：输入 358 时，显示 358 is 100 to 999。

5．编程实现屏幕输出"九九乘法表"，要求以三角形形式输出。

（提示：外循环变量 i 从 1 开始到 9，内循环变量 j 从 1 开始到 i）。

6．求 3 到 M 之间的全部素数，M 为任意整数。

7．用公式 e=1+1/1!+1/2!+1/3!+ ⋯+1/n!求 e 的近似值，精度为 1/n!<10^{-6}。

8．从键盘输入一位整数，当输入数字 0 时程序结束；当输入 1～7 时，显示下面对应的英文星期名称缩写。

1: MON   2: TUE   3: WED   4: THU   5: FRI   6: SAT   7: SUN

第5章

数组和字符串

本章要点

- 了解数组概念及应用场合
- 掌握一维数组的定义及初始化方法
- 掌握二维数组的定义及初始化方法
- 掌握字符数组的定义、初始化方法及字符数组使用
- 了解常用字符串处理函数原型、作用及返回值
- 熟练掌握利用数组编程方法

引导与自修

数组是一种自定义数据类型，它是相同数据类型的数据有序集合，数组中的分量称为数组元素，对数组元素的操作处理通过数组下标进行。正是因为数组元素具有序号这个特性，就可以解决许多基本数据类型无法解决的一些实际问题。例如，一组数据的从小到大的排序、行列式矩阵运算等。这类问题如果使用基本数据类型编程，需要对每个数据都要定义变量名，如果有 1 万个数就要定义 1 万个变量，编程也相当烦琐，这肯定是不现实也不可取的。而用数组类型使用时只需操作同一个数组名就解决了，数据元素下标不同就代表不同的变量，使用时利用同一个数组名和循环结构的配合编程简捷方便多了。

5.1 一维数组

精讲与必读

一维数组是将相同类型的若干变量按有序的形式组织起来，它相当于数学中的向量。按数组元素的数据类型不同，又可分为数值数组、字符数组、指针数组、结构数组等。本章只介绍数值数组和字符数组。

5.1.1 一维数组的定义及初始化

1. 一维数组的定义格式

类型说明符 数组名[常量表达式];

例如：

  int a[10];

该语句说明了一个 int 型数组，数组名为 a，数组元素为 a[0],a[1],a[2],…,a[9]共 10 个，数组元素的数据类型为 int 型。

2. 说明

（1）数组名的命名应符合标识符的规定，而且数组名不能和程序中其他变量同名。

（2）数组元素的数据类型为数组类型说明符所说明的类型。

（3）常量表达式的值表示数组元素的个数，即数组长度，下标从 0 开始。例如，由 50 个元素组成的 a[50]数组，数组元素分别是 a[0], a[1], a[2], …, a[49]。而下标为 50 的数组元素 a[50]不能使用，这是初学者容易出错的地方。

（4）格式中常量表达式只能是常量或符号常量，不允许是变量。也就是说数组长度不能动态定义，不能依赖于程序中的某个变量。例如下面的数组定义非法：

  int n; scarf("%d",&n);

  int a[n];

3. 一维数组的初始化

（1）定义数组时如果没有进行初始化，则数组元素的值为随机值。但如果在定义数组时规定其存储类别为 static 或 extern，则编译系统自动将没有初始化的数组元素赋默认初值为 0。例如：

  static int c[5];

  extern int d[5];

则数组 c 和数组 d 中的所有数组元素的初始值均为 0。

（2）一维数组的初始化可以在定义数组时进行。例如：

  int a[10]={1,3,5,7,9,11,13,15,17,19};

  char b[5]={'a','b','c','d','e'};

（3）可以只对数组中的部分元素初始化。例如：

  int a[8]={−1,−2,−3,−4};

对部分元素赋值，是从数组第一个元素开始按顺序给数组元素赋初值。上例中，定义数组 a 有 8 个元素，但大括号内只包括 4 个初值，则 a[0]=−1，a[1]=−2，a[2]=−3，a[3]=−4。其余的四个元素 a[4]～a[7]为随机值。

（4）在对数组所有元素赋初值时，可以不指定数组的长度，系统会根据初值的个数自动确定数组的长度，例如：

  int a[]={10,20,30,40,50};

因为大括号内共有 5 个数据，因此所定义的数组为 a[5]。

（5）只能逐个给数组元素赋初值，而不能给数组（名）整体赋值。

5.1.2　一维数组元素的引用

数组不能整体引用，而只能以数组元素为单位逐个引用，引用形式为数组名加下标。下标对数组的操作相当重要，可以利用循环结构中的循环变量来控制下标的变化。但要注意，引用时下标不能越界，例如：

  int a[3];

  a[3]=5;

因为数组 a 只定义了三个数组元素 a[0]、a[1]、a[2]，所以语句"a[3]=5;"中数组元素 a[3]是越界的。由于 C 语言不对数组下标做越界检查，程序中假如使用了数组元素 a[3]，编译时系统也不会有错误提示信息。所以引用数组时一定要注意。

【例 5.1】 输入某班 40 名学生某门课程的成绩，计算该门课程的平均成绩，并输出每个学生的成绩与平均成绩之差。

如果只计算课程平均成绩，40 名学生课程成绩只需一个变量，但该变量不能同时保存 40 个数据，只保留最后一次输入的成绩。当同时还要计算每个学生的成绩与平均成绩之差时，因为每个同学的成绩没有保留需要再次输入。而采用数组编程就简单多了。

为了符合人们从 1 开始顺序给学生定义学号的习惯，定义数组为 score[41]，程序中对下标的引用从 1 开始到 40，不使用数据元素 score[0]。

程序如下：

```
main()
{int i;float score[41],sum=0.0,aver;
for(i=1;i<41;i++);
    { printf("\n 请输入学号为%d 的学生成绩:",i);
      scanf("%f",&score[i]);
      sum+=score[i];
    }
aver=sum/40;
printf("\n\n 总分:%f, 平均成绩:%f",sum,aver);
for(i=1;i<41;i++)
   printf("\n 第%d 个学生成绩:%f, 与平均成绩之差:%f",i, score[i],score[i]-aver);
}
```

【例 5.2】 对 n 个数排序（由小到大）。

1）排序概念

排序在实际应用中经常使用，如将学生成绩排序，文件按修改时间排序等。排序一般是针对同一类型数据进行的，它是数组的基本应用之一。排序分为升序排序和降序排序两种，升序排序是将元素从小到大进行排列，而降序排序正好相反。

排序的方法很多，有比较交换法、选择法、冒泡法、希尔法、插入法等，不同的方法效率也不同。

2）冒泡法排序算法

冒泡法排序是一种简单而又经典的排序方法。对于升序排序来说，冒泡排序的思路是：从最后一个元素开始，将两两相邻元素进行比较，将较小的元素交换到前面，直到把最小元素交换到未排序元素的最前面为止，就像是冒泡一样，然后对剩下的元素重复上面的过程。若要对 n 个数排序，共重复 n-1 轮这样的过程，剩下的最后一个数不用再排序。

通常把每一轮比较交换过程称为一次冒泡。完成一轮冒泡后，已排好序的数就增加一个，要排序的数就减少一个，从而使下次起泡过程的比较运算减少一次，因此对 n 个数据来说，每轮分别需要比较次数依次为(n-1)、(n-2)、…、2、1。

下面举例说明冒泡法排序，设有 8 个数 88、12、-3、6、9、8、0、38，冒泡过程如图 5-1 所示，其中方括号中的数表示该数已排好序（冒出）。

```
初始值：    88  12  -3  6  9  8  0  38
第一轮比较： 88  12  -3  6  9  8  0  38
                                0 比 38 小，不交换

            88  12  -3  6  9  8  0  38
                              8 比 0 大，交换

            88  12  -3  6  9  0  8  38
                            9 比 0 大，交换

            88  12  -3  6  0  9  8  38
                          6 比 0 大，交换
```

```
        88  12  -3  0  6  9  8  38
                └──┘                        -3 比 0 小，不交换

        88  12  -3  0  6  9  8  38
            └──┘                            12 比 -3 大，交换

        88  -3  12  0  6  9  8  38
        └──┘                                88 比 -3 大，交换
```

第一轮冒泡后结果：　　[-3]　88　12　0　6　9　8　38

第一轮比较后冒泡出来一个最小数"[-3]"。然后采用同样方法对余下数进行第二轮冒泡，但注意已冒泡出来的数"-3"不参加第二轮比较，而是从第二个数开始进行比较（交换）。各轮冒泡结果如图 5-1 所示：

```
    第二轮冒泡结果：  [-3] [0]  88  12  6   9   8   38
    第三轮冒泡结果：  [-3] [0] [6]  88  12  8   9   38
    第四轮冒泡结果：  [-3] [0] [6] [8]  88  12  9   38
    第五轮冒泡结果：  [-3] [0] [6] [8] [9]  88  12  38
    第六轮冒泡结果：  [-3] [0] [6] [8] [9] [12]  88  38
    第七轮冒泡结果：  [-3] [0] [6] [8] [9] [12] [38] 88
```

图 5-1　冒泡法排序

3）冒泡法排序 N-S 流程图如图 5-2 所示。

4）源程序

假设 n 值为 8，升序排序的源程序如下：

```
#define N  8
main()
{int a[N],i, j, t;
    printf ("\n 请输入%d 个待排序的数据，每个数据都以回车结束:\n",N);
    for(i=0; i<N; i++)
        scanf("%d",&a[i]);
    for(i=0;i<N;i++)          /*共进行 n-1 趟排序*/
      for(j=N-1;j>i;j--)
        if(a[j-1]>a[j]) {t=a[j-1]; a[j-1]=a[j]; a[j]=t;}
    printf("\n 升序排序后数据:)n");
    for(i=0;i<N;i++)    printf("%d,",a[i]);
}
```

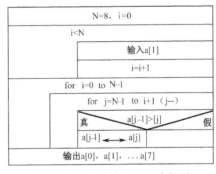

图 5-2　冒泡法排序 N-S 流程图

程序运行结果：

请输入 8 个待排序的数据，每个数据都以回车结束:

88<CR>

12<CR>

-3<CR>

6<CR>

9<CR>

8<CR>

0<CR>

38<CR>

升序排序后数据：–3,0,6,9,8,12,38,88

【例5.3】 用选择法将数组中的数据从小到大进行排序。

1）选择法排序算法

选择法的思路是每轮从待排序的数据中，将本轮中最前面的一个数依次和后面的数进行比较交换，最后挑选出最小（大）的数放到待排序数据最前面。比较时，如果后面的数更小（大），则与第一个数交换，然后将交换过的数（这时已在最前面位置）继续与后面的数比较交换，直到最后一个数。它与冒泡法排序算法上的区别是：冒泡法是紧邻的两个数进行比较交换，而选择法总是将本轮最前面的那个数分别和后面的数进行比较交换。

第二轮对剩下的数据重复上面的操作。若要对 n 个数排序，共重复 n–1 轮。

2）源程序

```
main()
{ int a[8]={ 31, 2, 5, 17, 63, 53, 16, 29},i,j,k;
  for (i=0;i<7;i++)
     for (j=i+1;j<8;j++)
        if (a[i]>a[j])
           { k=a[i];a[i]=a[j];a[j]=k;}
  printf("排序后的数组元素的值：\n");
  for (i=0;i<8;i++)
     printf("%d   ",a[i]);
}
```

3）说明

程序中判断条件为"if (a[i]>a[j])"，其中 a[j]总是本轮最前面的那个数据，分别和它后面的数逐个进行比较。而例 5.2 中的判断条件为"if(a[j-1]>a[j])"，它们是两个相邻数据进行比较。这是两者算法上的区别。

【例5.4】 计算 fibonacci 数列的前 15 个数。

fibonacci 数列在例 4.9 中已做过介绍，下面采用数组方法进行编程。程序如下：

```
#include "stdio.h"
void main()
{   int   f[15],i;
   f[0]=0;f[1]=1;
   printf("%4d%4d",f[0],f[1]);
   for(i=2;i<15;i++)
      {f[i]=f[i-1]+f[i-2];
         printf("%4d",f(i));
```

        }
    }

5.2 二维数组

一维数组中的数据是线性的,它表达的是一个向量,相当于数据表中的一行数据。如果需要处理一张二维表(行列式),就需要使用二维数组。

5.2.1 二维数组的定义和初始化

1. 二维数组的定义格式

类型说明符　数组名[常量表达式1][常量表达式2]
其中常量表达式1表示第一维下标的长度,常量表达式2表示第二维下标的长度。
例如:

　　　int a[3][4],b[6][10];

语句定义了 a 为 3×4 的二维数组,b 为 6×10 的二维数组,数组的元素类型为整型。

2．说明

(1) 二维数组的存放格式如一张二维表,存放排列的顺序是按行存放,即先存放第一行的元素,再存放第二行的元素。例如,数组 a[3][4]的存放顺序为:

a[0][0]→a[0][1]→a[0][2]→a[0][3]→a[1][0]→a[1][1]→ … →a[2][3]

$$\begin{bmatrix} a[0][0] & a[0][1] & a[0][2] & a[0][3] \\ a[1][0] & a[1][1] & a[1][2] & a[1][3] \\ a[2][0] & a[2][1] & a[2][2] & a[2][3] \end{bmatrix}$$

(2) 二维数组也可看成是一维数组,但该一维数组的数组元素也是一维数组。
(3) 定义多维数组与定义二维数组类似,如 "int a[4][5][6],b[5][5][5][5];" 表示 a 被定义为 4×5×6 的三维数组,b 被定义为 5×5×5×5 的四维数组。数组元素的排列顺序也是先第一维,后第二维,再第三维……依次存放。

3. 二维数组的初始化

二维数组在定义时可以用下列方法给数组元素初始化:
(1) 将所有数据写在一对花括号内,按行的顺序依次给数组元素赋初值,例如:

　　　int a[2][3]={1,2,3,4,5,6}

初始化结果:a[0][0]=1、a[0][1]=2、a[0][2]=3、a[1][0]=4、a[1][1]=5、a[1][2]=6。
初值数据的个数可以小于数组元素的个数,如 int a[2][3]={1,2,3},初始化后,第 0 行为 1、2、3,第 1 行的值为随机值。
如果数组类别定义为 "static",则第 1 行的为 0、0、0,即后面没赋值的数组元素默认初值赋零。
(2) 按行依次给二维数组赋初值,如:

　　　int a[3][2]={{1,2},{3,4},{4,5}}

这种方法较为直观，第一个大括号内的元素赋给第一行元素，第二个大括号内的元素赋给第二行元素，以此类推。这种方法更适用于对数组中的部分元素赋初值。例如：

    static int a[3][3]={{1,2},{ },{0,3}}

则数组各元素的值如下：

$$\begin{bmatrix} 1 & 2 & 0 \\ 0 & 0 & 0 \\ 0 & 3 & 0 \end{bmatrix}$$

（3）如果对数组的元素全部赋初值，则定义多维数组时可以不指定第一维的长度，但必须指定其他维的长度。例如，int a[][2]={1,2,3,4,5,6}，根据所赋初值数据的个数，编译系统自动确定第一维下标长度，相当于数组定义为 a[3][2]。

5.2.2 二维数组的引用

【例 5.5】 有一个矩阵，数据如图 5-3 所示，在数组初始化时给数组赋值，然后将矩阵转置。

$$\begin{bmatrix} 1 & 2 & 3 \\ 4 & 5 & 6 \\ 7 & 8 & 9 \end{bmatrix} \qquad\qquad \begin{bmatrix} 1 & 4 & 7 \\ 2 & 5 & 8 \\ 3 & 6 & 9 \end{bmatrix}$$

    图 5-3 原始矩阵   图 5.4 转置矩阵

矩阵的转置就是将第 i 行第 j 列的元素与第 j 行第 i 列的元素互换。转置后的矩阵如图 5-4 所示。

算法是将元素的行、列下标互换。但要注意：只需对矩阵对角线的上半部分操作即可，如果对全部元素都操作就将转置的数据又互换回来了。源程序如下：

```
#include<stdio.h>
main()
{ int num[3][3]={{1,2,3},{4,5,6},{7,8,9} };
   int i,j,t;
   for(i=0;i<3;i++)
      { for(j=0;j<3;j++)   printf("%d ",num[i][j]);
        putchar(10);        /*输出 3 个数后换行，等价于 printf("\n");*/
      }
putchar(10);
for(i=0;i<3;i++)   /*行、列互换*/
   for(j=i+1;j<3;j++)
      {t=num[i][j];
       num[i][j]=num[j][i];
       num[j][i]=t;}
for(i=0;i<3;i++)
   { for(j=0;j<3;j++) printf("%d ",num[i][j]);
```

```
    putchar(10);
  }
}
```

注意：如果矩阵不是方阵，如 3 行 4 列，转置后为 4 行 3 列，那么定义数组时不能只定义一个 a[3][4]数组，应该还需定义一个 b[4][3]数组，或直接定义一个 a[4][4]数组也可以，而且存储类别也要定义为"static"，否则没有初始化的数组元素值不是"0"而是一个随机值。

【例 5.6】 矩阵 a 和 b 相乘，将结果存放在数组 c 中。

矩阵 a 和 b 能相乘的条件是 a 矩阵的列数与 b 矩阵的行数相同。例如 a 为 n*m 阵，b 为 m*p 阵，则相乘后的 c 阵为 n*p 阵。现假设 a 为 4*5 阵，b 为 5*4 阵，得 c 为 5*5 阵，程序如下：

```
main()
{ int a[5][4]={18,5,34,2,3,17,19,13,14,36,1,21,6,49,29,17,25,2,15,4};
  static int b[][5]={{19,7},{0,0,5,0,10},{0,1,0,0,4},{0,12}};
  static int c[5][5];    /* static 类数组元素默认初值为 0 */
  int i,j,k;
  for (i=0;i<5;i++)
    for (j=0;j<5;j++)
      for (k=0;k<4;k++)
        c[i][j]+=a[i][k]*b[k][j];
  printf("矩阵 c 元素的值：\n");
  for (i=0;i<5;i++)
    {for (j=0;j<5;j++)   printf("%6d", c[i][j]);
      printf("\n");
    }
}
```

程序运行结果如下：

矩阵 c 元素的值：
```
   342    490     25    136     50
    57    367     85     76    170
   266    360    180      4    360
   114    536    245    116    490
   475    373     10     60     20
```

【例 5.7】 键盘输入某班 50 名学生 6 门课程的期末考试成绩，计算并输出每个学生的总分和平均成绩。

50 名学生、6 门课程的期末考试成绩可以用二维数组 a[50][6]表示，但还需存放每位学生的总分和平均成绩，因此数组应该定义为 a[50][8]。

程序如下：

```
main()
{ float score[50][8];
  int i,j;
  for(i=0; i<50; i++)        /*输入 50 人的成绩*/
    { printf("\n 请输入第%d 学生的 6 门课程的成绩:\n",i+1);
      for(j=0; j<6; j++) scanf("%f",&score[i][j]);
    }
  for(i=0;i<50;i++)          /*计算每人的平均分*/
    { score[i][6]=0;
      for(j=0;j<6;j++) score[i][6]+=score[i][j];
      score[i][7]=score[i][6]/6;
    }
  for(i=0;i<50;i++)          /*输出学生的 6 门课程成绩、总分和平均成绩*/
    { for(j=0;j<8;j++)  printf("%5.1f",score[i][j]);
      printf("\n");          /*每显示一个学生成绩后换行*/
    }
}
```

说明：

（1）因为 50 名学生 6 门课程共有 300 个数据，键盘输入容易出错，如果有输入错误或程序还处在调试状态，那么可能需要重复多次输入这些数据。所以最好将所有学生全部课程成绩在定义数组的同时就初始化赋值较妥当，请读者修改程序。

（2）如果还要求计算全班每门课程的平均成绩和全班全部课程的总成绩和总平均成绩，数组定义和源程序应作如何修改，请读者思考完成。

5.3 字符数组和字符串处理函数

字符串常量是用一对双引号引起来的字符序列。C 语言中有字符变量但没有字符串变量，所以要对字符串进行处理，只能使用字符数组和字符串处理函数。

用来存放字符数据的数组称为字符数组，字符数组中的一个数组元素只能存放一个字符，并且以 ASCII 码值形式存储在内存单元中。为了能使用字符串处理函数，还需用空字符（ASCII 码值值为 0，程序中用转义字符 "\0" 表示）作为字符串结束标志。因此，在定义字符数组时，数组元素的个数至少要比字符串长度多 1，用于存放结束标志，否则不能使用后面介绍的字符串处理函数。而字符串常量不需要结束标志，编译系统会自动处理。

5.3.1 字符数组

1. 字符数组的定义及初始化

1）一维字符数组的定义格式

　　char　数组名[常量表达式]

例如：

　　char a[20];

它定义了长度为 20 的字符数组，数组元素为 a[0]～a[18]，能存放 19 个字符，a[19]用于存放字符串结束标志，下标为 20 的数组元素 a[20]越界。

2）一维字符数组的初始化

（1）字符数组定义时赋初值。例如：

　　char c[11]={'T','h','a','n','k',' ','y','o','u','!'};

初始化后的结果为：

c[0]	c[1]	c[2]	c[3]	c[4]	c[5]	c[6]	c[7]	c[8]	c[9]
T	h	a	n	k		y	o	u	!

数组元素 c[10]可以用于存放字符串结束标志 "\0"。而如果定义数组为 c[10]，那么它不能存放串结束标志 "\0"，虽然也可以使用，但不能使用字符处理函数。

如果在定义时省略数组长度，编译系统会自动根据字符的个数确定字符数组的长度。例如：

　　char a[]={'b','o','y'};

相当于定义了一个字符数组 a[3]。

（2）利用字符串常量初始化

字符数组的初始化也可以用字符串常量进行赋初值。例如：

　　char c[]={"Thank you!"};

或：

　　char c[]=="Thank you!";

这里定义的数组 c 的长度为 11，它多了一个字符串结束标志'\0'。

利用字符串常量初始化后，数组长度要比字符串长度多 1。所以，它和使用单个字符给字符数组初始化还是有区别的。

（3）使用"%s"格式符整体输入和输出

字符串常量可以被整体引用，但字符数组却不能作为整体来引用。为了解决这个矛盾，可以利用 scanf 函数和 printf 函数中的"%s"格式说明符，字符数组就可以将字符串常量作为整体进行输入/输出（当然也可以使用 gets()函数和 puts()函数）。

字符数组以字符串常量的形式输入/输出时，并不是输入/输出字符数组中所有的元素，当遇到字符结束标志'\0'，余下的字符就不再处理。

3）说明：

（1）由于字符型与整型相互通用，char c[10]可以定义为 int c[10]。但注意字符数组元素值的范围为 0～255。

（2）二维字符数组及多维字符数组的定义及初始化方法，与一维字符数组的定义及初始化相类似，这里不再赘述。

2．字符数组的引用

【例 5.8】 利用循环语句输出字符数组中的一串字符。

　　main()

```
    { char c[]={'I',' ','l','o','v','e',' ','C','h','i','n','a'};
        int i;
        for (i=0;i<12;i++)   printf("%c",c[i]);
    }
```

程序运行结果：

I love China

【例 5.9】 字符数组采用单个字符（%c）方式输入，并将它逆序输出。

```
main()
{ char c[20];int i=0,j;
    scanf("%c",&c[0]);
    while ((c[i]!='\n')&&(c[i]!=' '))
        { i++;scanf("%c",&c[i]);};
    for(j=i-1;j>=0;j--) printf("%c",c[j]);
}
```

程序运行结果如下：

Hello!<CR>

!olleH

注意：scanf 函数不能完整地读入带有空格字符的字符串，而 gets 函数可以读入包括空格在内的全部字符，直到回车换行符。本程序运行后键盘输入字符串时，以回车符或空格符结束一个字符串的输入，所以输入函数使用的是 scanf，相应的条件判断也为 "c[i]!='\n')&&(c[i]!=' '"。

【例 5.10】 将例 5.9 改为以字符串常量形式（格式说明为%s）输入/输出。

```
#include <string.h>
main()
{ char c[20],c1;int i,length;
    scanf("%s",c);              /* 也可以使用 gets(c)*/
    length=strlen(c);
    for(i=0;i<=(length-1)/2;i++)
        { c1=c[i]; c[i]=c[length-1-i]; c[length-1-i]=c1;}
    printf("%s",c);
}
```

说明：

（1）strlen()是一个取字符串长度的函数，长度不包括"\0"。

（2）注意例 5.9 和例 5.10 中 scanf 语句的区别，例 5.10 中的 scanf("%s",c)语句中，c 不能使用取地址符&，即不能写成&c，因为 c 本身就是字符数组的首地址。

（3）"scanf("%s",c);" 也可以使用 "gets(c);" 代替。

（4）例 5.10 中，通过 "c1=c[i]; c[i]=c[length-1-i]; c[length-1-i]=c1;" 交换了字符数组中字符位置，变成了逆序。

（5）对于字符数组 c，scanf("%s",c[0])及 printf("%s",c[0])都是非法的，因为 c[0]只表示字

符数组中的 1 个元素，而不是整个字符数组。可以写成 scanf("%s",&c[0])和 printf("%s", &c[0])。但如果 c 被定义成多维字符数组，scanf("%s",c[0])及 printf("%s",c[0])却是合法的，这时 c[0]代表的是多维字符数组某一行，是多个元素的首地址。

选学与提高

5.3.2 字符串处理函数

字符串处理函数涉及函数调用规则和函数"原型"的概念。函数原型就是对函数的函数名、函数的返回值及其类型、函数的参数及其类型等特征的描述。当调用函数时若有参数类型方面的错误，编译系统根据这些函数原型信息，能及时指出错误原因等信息，以便用户纠正。

1．gets

1）函数原型

char *gets(字符数组)

2）头文件

stdio.h

3）作用和函数返回值

从键盘输入一个字符串到字符数组中，用"\0"替换回车换行符。函数的返回值是字符数组的首地址，即指向字符串的指针，失败时返回 NULL。

4）说明

（1）scanf 函数使用"%s"格式说明不能完整地读入带有空格字符的字符串，但可以用 gets 函数读入空格在内的全部字符，直到回车换行符。

（2）如果单独输入一个字符串，用 gets 较为方便简捷。

2．puts

1）函数原型

int puts(字符数组);

2）头文件

stdio.h

3）作用和函数返回值

输出以空字符('\0')为结束标志的字符串到显示器等设备中，并以换行符替换空字符。函数返回值正确时为非负值，出错时为 EOF。

4）说明

它的作用与函数 printf("%s"，字符数组)相同。如果单独输出一串字符，使用 puts 函数较为方便。

3．strcat

1）函数原型

char *strcat(字符数组 1，字符数组 2);

2）头文件

string.h

3）作用和函数返回值

字符串拼接，去掉字符数组 1 中的字符串结束符'\0'，将字符串 2(包括结束符'\0')连接到数组 1 的字符串后面，拼接后的字符串存放在字符数组 1 中。函数的返回值为字符数组 1 的首地址。

4）说明

如果字符数组 1 的长度不够，则拼接后结果不可预知。因此，在使用 strcat 函数时，字符数组 1 的长度一定要足够。

例如：

  char c1[20]={"I am "};

  strcat(c1,"a good student.");

执行后，字符数组 c1 的内容为："I am a good student."

4．strcpy

1）函数原型

char *strcpy(字符数组 1，字符数组 2，[整数 n]);

其中，整数 n 为可选项。

2）头文件

string.h

3）作用和函数返回值

将字符串 2 的前 n 个字符复制到字符数组 1 中，复制时从字符数组 1 首元素开始，复制结束后，系统自动在字符数组 1 中加入结束符'\0'。如果省略 n，将字符串 2 中的所有字符（包括结束符'\0'）复制到字符数组 1 中。函数返回值为指向字符数组 1 的指针。

4）说明

（1）如果字符数组 1 的长度不够，则结果不可预知。

（2）字符串复制只能使用 strcpy 函数，而不能使用字符串常量直接给字符数组赋值，两个字符数组之间也不能直接赋值。例如：

  char c1[20],c2[20];

  c1="China";

  c2=c1;

两个赋值语句都是非法的，但可以用 strcpy 函数实现。

5．strcmp

1）函数原型

int strcmp(字符数组 1,字符数组 2);

2）头文件

string.h

3）作用和函数返回值

比较两个字符串的大小。比较时对两个字符串自左至右逐个相比，直到出现不同的字符或遇到'\0'为止。如果字符数组 1 中的串与字符数组 2 中的串相等，函数返回值为零；如果字符数组 1 中的串大于字符数组 2 中的串，函数返回值为大于零的值；否则，返回小于零的值。

4）说明

字符串的比较时，采用字典比较法，是从头开始逐个比较两串中对应字符的 ASCII 码值大小。当遇到第 1 个不同字符时，字符的 ASCII 码值大的串其值也大。所以，串的比较值大小与串长无关。

例如：

    printf("%d",strcmp("Book","Book"));

    printf("%d",strcmp("Book","Boat"));

    printf("%d",strcmp("Boat","Book"));

结果分别为：0、14、-14。

6. strlen,wcrlen

1）函数原型

unsigned int strlen(字符串);

2）头文件

string.h

3）作用和函数返回值

测试字符串的长度。函数返回值为字符串的实际长度，不包括'\0'在内。

4）说明

strlen 函数测试串的长度（字节数），wcslen 函数测试多字节字符的串长（字符个数）。

7. strlwr,strupr

1）函数原型

char *strlwr(字符串);

char *strupr(字符串);

2）头文件

string.h

3）作用和函数返回值

将字符串中大（小）写字母转换成小（大）写字母。函数返回值为指向转化后的字符串的指针。

C 语言还有很多字符串操作函数，用户需要使用时可以查阅函数使用手册或查看帮助文件即可。

【例 5.11】 利用 strcat 函数将两个字符串连接起来。

    #include<stdio.h>

    #include <string.h>

    main()

    {   char c1[21],c2[11];

       printf("输入字符串 1，不能超过 10 个字符:");

```
        gets(c1);
        printf("输入字符串 2,不能超过 10 个字符:");
        gets(c2);
        printf("连接后的字符串: ");
        strcat(c1,c2);
        puts(c1);
}
```

5.4 程 序 举 例

【例 5.12】 编写密码程序模块。将密码"Hello"存放在一个数组中,程序运行时从键盘输入密码,屏幕显示输入密码是否正确。

密码区分大小写,设最长长度为 10,所以需要两个字符数组,ch1[10]用于存放"Hello",ch2[10]存放键盘输入的密码。程序运行时从键盘输入密码,用 getch()逐个接收字符并存放到 ch2[10]中,并在屏幕上回显"*"(用户看不到键盘输入内容),按【Enter】键结束输入。输入密码正确与否通过字符串比较函数 strcmp 处理。

```c
#include <stdio.h>      /* 程序中要使用 getch()函数*/
#include <string.h>     /* 程序中要使用 strcmp(ch1,ch2)函数*/
int main()
{ int i=0;
    char c,ch1[10]={"Hello"},ch2[ ]={0,0,0,0,0,0,0,0,0,0};
    printf("请输入密码,按【Enter】键结束:\n");
    while((c=getch())&&c!=13)
       { putchar('*');         /*屏幕回显"*"*/
         ch2[i++]=c;           /*键盘输入字符存放到 ch2[]*/
       }
    if (!strcmp(ch1,ch2))
       printf("\n 密码输入正确\n");
    else
       printf("\n 密码输入不正确\n");
}
```

说明:

(1)说明语句 "char ch2[]={0,0,0,0,0,0,0,0,0,0};"中,数组元素的初始值都为 0(串结束标志符),在程序执行过程中可以改变其内容。同时,它也说明了数组 ch2[]的大小为 10。

(2)程序中 getch 函数实现键盘输入字符,但屏幕不回显。当输入回车换行键时,getch 函数返回回车符值(ASCII 码值为 13)。如果使用 getchar()函数,返回值为换行符(ASCII 码值 10)。循环判断条件也修改为 "c=getchar())&&c!=10"。

(3)((c=getch())&&c!=13)既完成了从键盘输入一个字符并将其赋给变量 c,同时又是循环判断条件，如果输入的是回车符，则循环结束。

（4）strcmp(ch1,ch2)比较两个字符串，当两个字符串相等时（密码正确），返回 0 值（if（!0）条件就成立）。

【例 5.13】 改写例 5.12，当输入密码不正确，允许用户重新输入，当 3 次输入的密码都不正确，则结束程序。

算法设计：

与例 5.12 相比，需要设计一个二重循环，将输入密码程序段放到一个循环 3 次的外循环结构中，若输入的密码正确，退出循环。

程序改进为将密码程序编写成一个函数 password()，用主函数 main()调用。password()函数中，当输入正确的密码时，返回函数值 0，以通知主函数，继续执行。若没获得正确的密码，则同样要通知主函数。程序如下：

```
#include <stdio.h>
#include <string.h>
int main()
{ if (password())        /*调用函数 password()"*"*/
    printf("\n 密码输入正确\n");
  else
    printf("\n 密码输入不正确\n");
}

int password()          /*密码输入判断函数*/
{ int i=0,j;
  char c,ch1[10]={"Hello"},ch2[ ]={0,0,0,0,0,0,0,0,0,0};
  for(j=0;j<3;j++)
    { i=0;
      printf("\n 请输入密码，按 Enter 键结束:\n");
      while((c=getch())&&c!=13)
      { putchar('*');
        ch2[i++]=c;
      }
      if (!strcmp(ch1,ch2))
        return 1;
      else
        printf("\n 密码输入不正确，重新输入\n");
    }
  return 0;           /*三次都没有输入正确密码*/
```

【例 5.14】 有一个 3×4 的矩阵，编程找出其中最大值的那个元素，并指出它所在的行号和列号。

找出最大元素行和列 N-S 流程图如图 5-5 所示。

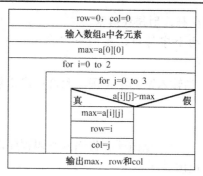

图 5-5 找出最大元素行和列 N-S 流程图

程序如下：

```
#include "stdio.h"
void main()
{int a[3][4],i,j,row=0,col=0,max;
printf("请按行顺序输入 3×4 矩阵各元素的值，每个数据按【Enter】键结束：\n");
for(i=0;i<3;i++)
   for(j=0;j<4;j++)   scanf("%d",&a[i][j]);
max=a[0][0];
for(i=0;i<3;i++)
   for(j=0;j<4;j++)
      if(a[i][j]>max)
         { max=a[i][j];
            row=i; col=j;
         }
printf("最大值=%d,所在行=%d,所在列=%d\n",max,row,col);
}
```

【例 5.15】 把一个整数按大小顺序插入到已排好序的数组中。

算法：假设已排序数组是按降序（从大到小）顺序进行的。插入数据前先将欲插入的数与数组中各元素逐个进行比较，当找到第一个比插入数小的元素 a[i]时，该元素之前即为插入位置。然后从数组最后一个元素开始到该元素为止，逐个后移一个存储单元位置。最后把插入数据赋予元素 a[i]即可。如果被插入数比所有的元素值都小则插入最后位置。

注意：定义数组 a[]时，数组长度要比现有数组元素长度多 1 个，以便在数组中进行插入操作。程序如下：

```
main()
{ int i,j,n,a[11]={188,162,108,88,68,55,28,16,3,–126};
   printf("\n 请输入要插入的数:\n");
   scanf("%d",&n);
   for(i=0;i<10;i++)
      if(n>a[i])
```

```
            { for(j=9;j>=i;j--) a[j+1]=a[j];
                break;
            }
            a[i]=n;
        printf("\n");
        for(i=0;i<=10;i++) printf("    %d",a[i]);
        printf("\n");
    }
```

小　　结

数组是一种简单的构造类型，当要处理一组相同数据类型的数据时，使用数组较为方便简单。本章介绍了一维数组、二维数组和字符数组，并且还介绍了这些数组及字符串的定义、初始化和相应的数组引用方法等。

数组是一个很重要的概念，实际问题的处理经常要用到它。C 语言处理字符串的功能较强，这也是 C 语言的强项，所以本章还介绍了一些常用的字符串处理函数及简单应用实例。

学习本章需要掌握如下几点：

（1）数组是若干同一数据类型元素的有序集合，属于构造类型的数据结构，其特点是利用下标来访问、存取及处理同一数组名中的不同数据。

（2）数组元素在内存中按元素下标的顺序存放在一个连续的存储空间中。利用数组下标的变化可以访问数组元素，因而循环结构操作简便快捷，在程序设计中应用较为广泛。

（3）不允许对数组的大小作动态定义。由于数组需要确定的空间，因此在定义时要用常量表达式来定义数组元素的个数。数组大小一旦确定，在程序中就不得再改。

（4）数组定义时可以对全部元素也可以对部分元素初始化，初始化元素的个数应小于等于数组长度。说明数组时如果没有初始化，数组元素的值为随机值。只有静态（static）和外部（extern）存储类别数组在定义时如果没有初始化，编译系统自动将全部数组元素赋默认初值为 0。

（5）数组下标从 0 开始，下标使用时只能比定义的少而不能越界，否则会出错。

（6）对数组的访问是访问数组元素，而不能以整体操作。

（7）数组名表示数组存储的首地址，它也是数组中第一个数组元素的地址。

（8）以一维数组作为元素的数组称为二维数组，如二维数组 a[m][n]。它也可作为一维数组 a[m]处理，其中每个数组元素又是有 n 个元素的一维数组。

（9）二维数组可视作行列式，第一个下标为行号，第二个下标为列号。二维数组在内存中按行存储。如果用二重循环顺序处理二维数组，则外循环为行号，内循环为列号。

（10）C 语言中没有字符串变量，而是使用字符数组对字符串进行存储和处理。字符数组中一个元素对应字符串的一个字符，空字符（\0）作为字符串结束标志。

（11）字符数组与字符串是有区别的，对字符串操作应尽量使用字符串操作函数。

习 题

一、选择题

1. 下面数组定义中，合法的是（   ）。
   A．int a(3);   B．int a[3]   C．int a[2+1];   D．int n,a[n]
2. 有定义"int a[2];"，以下正确的描述是（   ）。
   A．定义一维数组 a，包含 a[1]和 a[2]两个元素
   B．定义一维数组 a，包含 a[0]和 a[1]两个元素
   C．定义一维数组 a，包含 a[0]、a[1]和 a[2]三个元素
   D．定义一维数组 a，包含 a(0)、a(1)和 a(2)三个元素
3. 说明了一维数组 int a[10]，则对 a 数组元素的正确引用是（   ）。
   A．a[10]   B．a[3,5]   C．a(5)   D．a[10-10]
4. 对一维数组正确初始化的语句是（   ）。
   A．int a[10]=(0,0,0,0,0);   B．int a[]={};
   C．int a[]={0};   D．int a[10];a={10*1};
5. 若有说明"int a[3][4]={0};"，则下面正确的叙述是（   ）。
   A．只有元素 a[0][0]可得到初值 0，其他元素没有初始值
   B．说明语句不正确
   C．数组 a 中各元素都可得到初值，但其初值不一定全是 0
   D．数组 a 中各元素都可得到初值 0
6. 对数组 s 进行初始化，其中不正确的是（   ）。
   A．char s[5]={"abc"};   B．char s[5]={'a','b','c'};
   C．char s[5]="";   D．char s[5]="abcdefg";
7. 判断字符串 s1 是否大于字符串 s2，应当使用（   ）。
   A．if(s1>s2)   B．if(a==b)
   C．if(strcpy(s2,s1)>0)   D．if(stcmp(s1>s2)>0)
8. 下列定义的数组哪一个是不正确的（   ）。
   A．char a[3][10]={"China","American","Asia"};
   B．int x[2][2]={1,2,3,4};
   C．float x[][]={1,2,4,6,8,10};
   D．int m[][3]={1,2,3,4,5,6};
9. 定义数组 int a[3][2]={1,2,3,4,5,6}，下列表述中正确的是（   ）。
   A．数组元素 a[3][2]的值为 6   B．数组元素 a[6]的值为 6
   C．数组元素 a[0]的值为 1   D．a[0]不是数组元素
10. 对字符数组错误的描述是（   ）。
    A．字符数组可以存放字符串
    B．字符数组中的字符串可以整体输入、输出
    C．可以在赋值语句中通过赋值运算符"="对字符数组整体赋值

D．不可以用关系运算符对字符数组中的字符串进行比较

11．定义"int i;int x[3][3]={1,2,3,4,5,6,7,8,9};"，则"for(i=0;i<3;i++) printf("%d",x[i][2–i]);"的输出结果是（　　）。

  A．1 5 9   B．1 4 7   C．3 5 7   D．3 6 9

12．定义"char x[]="abcdefg";char y[]={'a','b','c','d','e','f','g'};"，则下面正确的描述为（　　）。

  A．数组 x 和数组 y 等价

  B．数组 x 和数组 y 的长度相同

  C．数组 x 的长度大于数组 y 的长度

  D．数组 x 的长度小于数组 y 的长度

13．函数 strcmp("Int","int")的返回值为（　　）。

  A．0   B．大于零的值

  C．小于零的值   D．不确定

14．对说明语句"float a[7]={3,5,8};"的正确解释是（　　）。

  A．将 3 个初值依次赋给元素 a[1]～a[3]

  B．赋初值个数与数组元素个数不同，有语法错误

  C．初值类型与数组元素类型不一致，出现错误

  D．将 3 个初值依次赋给元素 a[0]～a[2]

15．在引用数组元素时，下标表达式的类型必须是（　　）。

  A．字符型   B．整型

  C．整型或字符型   D．实型

16．若有初始化"int a[5]={1,2,3,4,5};"，则值为 4 的表达式是（　　）。

  A．a[4]   B．a[a[2]+1]   C．a[a[2]]   D．a [3]+1

17．若有语句"float a[]={1,2,3,4,5};"，则以下叙述中错误的是（　　）。

  A．因所提供的初值都是整数，与定义的数组 a 类型不一致，所以有错误

  B．a 数组在内存中占据 20 个字节

  C．数组中的最后一个元素是 a[4]

  D．元素 a[2]的值是 3.0

18．以下有关数组的说明中，不正确的是（　　）。

  A．数组可以整体引用，如通过数组名对数组进行整体输入或输出

  B．数组中各数组元素依次占据内存中连续的存储空间

  C．同一数组中的元素具有相同的名称和数据类型

  D．在使用数组前必须先对其进行定义

19．以下叙述中，不正确的是（　　）。

  A．数组由一组类型相同的元素组成

  B．数组元素中下标表达式越界时，会产生编译错误

  C．C 语言不自动给所定义的数组元素赋初始值

  D．数组类型决定了数组元素所占内存单元的字节数

20．以下叙述中，不正确的是（　　）。

  A．数组名是用户标识符，应符合用户标识符的命名规则

B．对数组全部元素赋初值，则定义多维数组时可以不指定第一维的长度，但必须指定其他维的长度

C．二维数组中的各元素在内存中以"列主序"的顺序依次排列

D．二维数组中第一个下标称为"行下标"，第二个下标称为"列下标"

二、填空题

1．数组是一组具有_____元素的有序集合，在内存中存放时按数组元素的_____进行存储。二维数组在内存中按_____（行顺序/列顺序）存储。

2．数组是用一个统一的名称来标识数组元素，这个名称为_____，访问和处理数组元素是通过_____实现的。

3．二维数组可以看成一个矩阵，二维数组的第一维决定矩阵的_____，第二维决定矩阵的_____。

4．对于没有定义存储类别的一维数组赋初始化时，如果没有足够的数据赋给数组元素，则对于整型/实型数组未赋值的数组元素值为_____。而对于 static 类别的整型/实型数组元素未赋值的值为_____，对于字符数组为'\0'。

5．字符串用一维字符数组形式进行存储，它以_____结尾。

6．字符数组 ch[10]用于存储一个字符串，它最多可包含_____个字符，另一个用于存放字符串结束标志。

7．'a'与"a"的区别是_____。

8．除了 puts 和 gets 外，大多数字符串处理函数包含在_____文件中。

9．对于字符数组 c[]，scanf("%s",c)语句中 c 不能用取地址符&，即不能写成&c，因为 c 本身就是字符数组 c 的_____。

三、判断题

1．定义了数组 a[100]，则在程序中可以使用数组元素 a[100]。（   ）

2．定义了数组 b[10]，下标 0 不能使用，即只能用数组元素 b[1]～b[10]。（   ）

3．数组是一种由数目固定、类型相同的若干有序变量构成的构造数据类型。（   ）

4．数组定义时一定要给出各维的大小，并且一定要对数组进行初始化。（   ）

5．数组下标可以从 0 开始，也可以从 1 开始。（   ）

7．可以用字符串常量给一维字符数组初始化。（   ）

8．数组名可以和本程序中其他变量同名。（   ）

9．数组长度不能动态定义，即定义数组大小时可以使用变量。（   ）

10．二维数组数据存放排列顺序是按行存放的。（   ）

11．"A"和'A'都表示一个字符常量。（   ）

四、问答题

1．什么是数组，为什么要引入数组？

2．数组的初始化有哪几种方式？

3．设一维数组 a[10]，则下列对数组元素的引用哪些是正确的。

  a[3]，a[2+3]，a[3/1.0]，a[12]，a[5+8]，a[9-9]，a[3.4]

4．阅读以下程序，写出程序运行结果。

  #include <stdio .h>

```
main()
{ int i,a[4]={5,16,7,14};
    for(i=0;i<4;i++) a[i]+=i;
    for(i=3;i>=0;i--)   printf("%d",a[i]);
}
```

5．下面的程序段是采用"冒泡法"对 11 个 float 型数据进行排序（从小到大），请将程序段填写完整。

```
for(i=0;i<10;i++)
    for(j=0; _____;j++)
        if (_____)
            {t=a[j];a[j]=a[j+1];a[j+1]=t;}
```

五、编程题

1．用冒泡排序法对输入的 20 个数进行降序排序并存入数组中。然后输入一个数，查找该数是否在数组中存在，若存在，打印出该数在数组中对应的下标值。

2．求一个 3×3 矩阵对角线元素之和。

3．编写程序，打印杨辉三角形（要求打印 10 行）。

```
1
1   1
1   2   1
1   3   3   1
1   4   6   4   1
1   5   10  10  5   1
......
```

4．将一个数组中的元素逆序存放，如原来数组的元素是 23，59，26，48，14。要求改为：14，48，26，59，23。

5．输入一个字符串，统计数字、空格、字母和其他字符各自出现的次数。

6．编一个 3×5 矩阵的转置程序，利用新的数组存放转置后的矩阵。

7．编写程序求两个 3×5 矩阵相加，相加的结果放到第三个矩阵中。

第 6 章

函数和预处理

本章要点

- 掌握函数的定义和调用
- 掌握形式参数和实际参数之间的传递
- 了解函数递归调用方法
- 掌握局部变量和全局变量
- 了解变量的存储类别和作用域
- 了解内部函数和外部函数
- 了解预处理命令

引导与自修

在其他高级语言中，一般都用过程和函数实现模块功能。C 语言中把过程和函数统称为函数，即用函数来实现模块的功能。

一个较为复杂的 C 语言程序，通常由一个 main 主函数和若干其他函数组成，这些子函数可实现各个模块的功能，在主函数中来调用这些子函数。C 语言不仅提供了极为丰富的库函数，以便用户随时调用，而且用户还可以自己定义函数。用户可把功能模块编成一个个相对独立的函数，使用时可直接调用。一个 C 语言程序可以都放在一个源文件中，也可以划分为若干个函数保存在几个源文件中，每个源文件可单独编译。函数的书写顺序没有特殊的规定，但不允许一个函数驻留在几个文件中，这样做有利于实现程序的模块化。

函数是组成 C 语言程序的基本单位，也是 C 语言程序设计的核心。C 语言使用函数把实现任务的细节封闭起来，通过函数调用来执行其功能。由于采用了函数模块式的结构，C 语言易于实现结构化程序设计。使程序的层次结构清晰，便于程序的编写、阅读、调试。

本章将介绍 C 语言中函数的定义、调用，递归函数及作用域和存储类别等概念。

6.1 函数的定义

精讲与必读

一个 C 语言程序必须且只能包含一个名为 main 的主函数，程序的执行从 main 函数开始，调用其他函数后返回到 main 函数，程序也在 main 函数中结束。函数是一个独立的 C 语言程序段，它能完成一个特定的任务。

函数分为以下两种：

（1）标准函数，即库函数。它由 C 语言编译系统提供，用户只要在程序头部将包含这些库函数的头文件包含进来，就可以直接使用它们。

（2）自定义函数，即用户自己编写的函数，执行一个特定的任务。

【例 6.1】 输出两行星号*，并在两行星号之间输出 "This is Turbo C!"。

程序如下：

```
    main()
    {   print_star();
        print_message();
        print_star();
    }
    print_star()
    {   printf("* * * * * * * * * * * *\n");   }
    print_message()
    {   printf("     This is Turbo C!\n"); }
```

程序运行结果:

```
* * * * * * * * * * * *
     This is Turbo C!
* * * * * * * * * * * *
```

本例中定义了三个函数,其中,函数 print_star 和 print_message 分别完成输出一行星号和输出一行信息的功能,这两个函数都没有参数。

函数定义一般有以下两种形式。

1. 函数定义的第一种格式

```
类型标识符  函数名(形参表)
形参说明
{
    函数体
}
```

说明:

(1) 类型标识符指出函数的类型,也就是函数返回值的类型。它可以是任何一种有效的数据类型,如没有指定函数的类型,C 语言默认是 int。

(2) 函数名由用户自定义,定义时应符合标识符的命名规则。

(3) 函数名后的圆括号中所列出的形参表是以逗号分隔的变量名表,变量称为 "形式参数"(简称 "形参"),它接收函数调用时的实际参数值。函数也可以不带参数,这时,形参表是空的,此时该函数称为 "无参函数"。但即使没有参数,也要求写上括号。另外要注意,圆括号后不能跟分号。

(4) 形参说明部分用来定义形参的类型。若是无参函数,则没有形参说明部分。注意形参说明部分的位置。

(5) 函数体用来完成一个特定的任务。

(6) C 语言中可以有 "空函数",即函数体为空的函数。程序员一般在程序设计初期(程序模块规划时),只是在函数中需要调用其他函数的地方写上一个该函数调用语句,在定义的地方写一个空函数,这样可以迅速地构建程序的结构,而不考虑实现细节。在程序结构正确构造好之后,再详细编写实现细节。这时改变的只是局部,而不影响程序的整体结构。这种编程方法编出的程序更易于阅读、理解和调试,因而也容易保证正确性。

2. 函数定义的第二种格式

ANSI C 语言允许以另一种形式说明形参,即在圆括号中同时给出形参的类型说明,定义格式:

```
类型标识符  函数名(类型  形参,类型  形参,……,类型  形参)
{
    函数体
}
```

实际编程时这种格式最为常用,而且在一些 C 语言编译系统(如 VC)中只允许使用此格式。

【例 6.2】 计算组合 $C_m^n = \dfrac{m!}{n!(m-n)!}$

```
main()
{   int m ,n;
    long y , cmn();        /*定义变量y，说明函数cmn()的函数返回值为long型*/
    printf("请输入整数 m,n : ");
    scanf("%d,%d",&m,&n);
    y=cmn(m) /cmn(n) /cmn(m−n);  /*函数调用，实参分别为m、n、m−n */
    printf("两数的组合是: %ld\n",y);
}
long cmn (int x)           /*函数定义和形参说明*/
{   long   y;
    for (y=1;x>0;--x)   y=y*x ;
    return(y);
}
```

程序运行结果：

  请输入整数 m,n :<u>8,3<CR></u>

  两数的组合是: 56

本例中 cmn() 函数的作用是完成阶乘的运算。

3．函数返回值

有两种方法可以终止函数的执行，并返回主调函数（调用该函数的函数，简称主调函数）。

1）自动返回主调函数

在函数中没有明确的返回语句，当执行到函数的最后一条语句时，函数会自动返回到调用该函数的函数。

【例 6.3】 在屏幕上按反序显示一个字符串。

```
#include "stdio.h"
main()
{   static char s[10];
    printf("请输入字符串:");
    gets(s);
    reverse(s);
}
reverse(c)
char   *c;
{   int t;
    for (t=strlen(c)−1;t>=0;t−−)
        putchar(c[t]);
}
```

程序运行结果:

  请输入字符串:ABCDEF<CR>

  FEDCBA

调用 reverse 函数时,一旦字符串显示完毕,它自动返回到 main()函数。

2)用返回语句 return 返回主调函数

当所定义的函数有返回值时,需要使用 return 语句终止函数的运行,返回到主调函数,并且可以通过 return 带回返回值。return 语句有两种形式:

  return; 或 return (表达式);

如果 return 后没有表达式,则函数返回一个不确定的值。当 return 后带有表达式时,将表达式的值作为函数值带回到调用函数中。另外,return 后的表达式的括号可省略,例如:

  return x; 与 return (x); 等价

虽然括号不是必需的,但使用圆括号将表达式括起来显得更清楚些。

注意:一个函数可以有几个 return 语句,但只有其中一个 return 语句被执行到。

【例 6.4】 编写判断一个整型数据是正整数、负整数还是零的函数。

```
int   sign ( int x )
{   if (x == 0)   return (0);
    else if ( x >0)   return (1);
         else   return (-1);
}
```

4. 函数值

函数值是函数执行结束时返回的结果,函数值类型在定义函数时指定,这个值由 return 语句返回。例如:

  int max(a,b)   /*表示函数 max()的返回值为整型*/
  float min(x,y)   /*表示函数 min()的返回值为实型*/

如果 return 后面表达式的类型与函数类型说明不一致时,则以函数类型说明为准。对数值型数据,系统将自动进行类型转换。

【例 6.5】 编程计算两个实数的和。

```
main()
{   float a ,b;
    int add();
    printf("请输入两个数 x,y:");scanf("%f,%f", &a, &b);
    printf("和是: %f\n", add(a,b));
}
int add(float x, float y)
{   return(x + y);   }
```

程序运行结果:

  2,3<CR>

  sum is 5.000000

注意：如果指定了函数类型，而函数中没有 return 语句，则带回一个不确定的值。为了明确表示"不带回值"，应使用"void"定义无返回值类型函数。例如：

  void print_star( ) /*表示函数 print_star()无返回值*/

这样，系统就保证函数不带回任何值。因此，对所有的函数都明确给出类型是个好习惯，这样可以避免因忘记定义类型而产生的错误。

6.2 函数的调用

6.2.1 函数调用格式

在函数调用时，一般主调函数和被调函数之间有数据的传递关系，参数的作用就是从主调函数向被调函数传递数据。函数定义中使用的参数叫做形式参数，简称"形参"；主调函数中调用一个函数时，函数名后面括号中与形参相对应的参数叫做实际参数，简称"实参"。

函数调用的格式为：

  函数名（实参表）

说明：

（1）如果调用无参函数，则没有实参表，但括号仍要保留；如果有多个实参，它们之间用逗号分隔。

（2）在函数调用中，必须使用具有实际值的量作为实参，实参表中的参数必须与被调函数的形参表中的参数一一对应，即在顺序、个数、类型上要一致。实参可以是常量、变量或表达式。其中，变量必须是已赋值的，而表达式以它的运算结果值作为实参。

（3）函数调用使程序控制从主调函数转移到被调函数，并且从被调函数体的起始位置开始执行该函数的语句。执行完函数体中的所有语句遇到最后一个右花括号，或者遇到 return 语句时，控制就返回到主调函数中原来的断点（调用点）位置继续执行。

【例 6.6】 编程求 n^{n-1} 的值。

```
main()
{   int n, result;
    printf("n=");
    scanf("%d", &n);
    result = pow(n, n–1);
    printf("result=%d\n", result);
}
pow(int x,int m)
{   int t;
    for (t = 1;m>0;--m)    t = t * x;
    return(t);
}
```

程序运行结果如下：

n=4<CR>
result=64

6.2.2 函数调用的方式

按函数在程序中出现的位置来分，有三种函数调用方式：

1．函数语句的形式

被调用的函数作为一个独立的语句出现在源程序中，这种语句称为"函数语句"。这类函数的返回值一般来说对用户无意义，用户只要求函数完成一定的操作，并不关心它的返回值。例如，scanf()和 printf()这两个函数的调用就经常以函数语句的形式出现。实际上 scanf()函数从标准输入设备按格式输入数据给变量，若读入成功，将返回所读入的数据个数；若遇文件结束或出错，则返回 0。printf()函数将输出列表中的值按格式输出到标准输出设备，如果输出成功，将返回输出字符的个数；若出错，则返回负数。

2．函数表达式的形式

被调用的函数出现在一个表达式中，这种表达式也称为"函数表达式"。只要函数没有被说明为 void 类型，这个函数的返回值就可以作为操作数出现在 C 语言的表达式中。一般，这种调用形式只作单纯的计算，sin()和 sqrt()就是这种函数。

对具有返回值的函数调用，可以出现在表达式的任何地方。因而，下面几个表达式都是有效的。

x = power (y);

printf ("%d is greater", max (x , y));

while ((ch = getchar ( ))<>'?') …

3．函数参数的形式

被调用函数作为另一个函数调用的一个实参出现，这种参数称为"函数参数"。例如：

printf ("%d is greater", max (x , y));

其中，函数 max (x , y)的值作为 printf 函数的参数。

6.2.3 函数的说明

函数调用时，必须保证被调用函数已经存在，因此函数调用应具备下列条件：

（1）如果是库函数，一般应在文件开头用#include 命令将调用有关库函数的信息包含到本文件中。如调用库函数 getchar 和 putchar 时，要在文件头部加上：

#include <stdio.h>

（2）如果是用户自定义函数，要求在被调用的函数在调用之前被定义，或在主调函数中对被调函数进行说明。这种对函数进行说明的格式为：

类型标识符　函数名（形参类型说明）；

【例 6.7】 输入三个数，找出其中最大值。

main()
{ float max(float,float);   /*对 max()函数进行说明*/

```
    float a,b,c;
    printf("请输入三个数:");
    scanf("%f,%f,%f",&a,&b,&c);
    printf("最大的数是: % .2f",max(max(a,b),c));      /*函数调用*/
}
float    max(float x, float y)      /*定义max函数,它返回x,y中的较大值*/
{    return((x > y)? x:y);}
```

程序运行结果：

请输入三个数:2,3,5<CR>

最大的数是: 5.00

其中，主函数中的"float max();"是对被调函数 max 说明，它的作用是：告诉系统在本函数中将要调用的 max 函数是 float 型，参数是两个单精度浮点型数据，以便在调用函数中按此类型对函数值作相应的处理。一个程序中对一个函数只能定义一次，却可以在多个函数中对其有多次说明。

C 语言规定，在以下情况下可不必在主调函数中对被调函数作类型说明：

（1）若函数值是 int 型或 char 型，系统将自动对它们按 int 型说明；

（2）若被调函数的定义出现在主调函数之前，可以不必说明；

（3）若在函数的外部已对被调函数做了说明，则在主调函数中不必再说明。编程时习惯在程序最前面对被调函数作说明。

6.2.4 函数参数的传递规则

一般主调函数和被调函数之间有数据传递关系，要实现一个函数的功能，必须由主调函数通过实参向被调函数中形参传递数据。这就需要搞清楚主调函数与被调函数之间的数据传递关系。

先看下面一个例子。

【例 6.8】 打印出 2^i 的值（i=1，2，…，6）。

```
{    int i;
    for ( i=1;i<7;i++ )
    printf ("2^%d = %d\n",i,power(2,i));
}
power(int x, int n)
{    int p;
    for (p=1;n>0;--n)    p=p*x;
    return(p);
}
```

程序运行结果如下：

2^1 = 2

2^2 = 4

2^3 = 8

2^4 = 16

2^5 = 32

2^6 = 64

调用函数 power()时，形参 x 和 n 的初值是 main()函数中的实参 2 和 i 传递给它们的，形参变量 n 值的变化，不会影响到主函数中对于 i 的计数。

C 语言的函数参数的结合性是由右至左，而不是由左至右。例如：

    int x=10;

    int y=x++;

    printf("%d,%d",y,y++);

其输出结果是 11，10，例 6.6 也是如此。

C 语言中，形参和实参之间传递规则如下：

（1）参数采用传值方式向形参传读数据。也就是说，主调函数把实参值传递给形参后，形参的值不管如何变化都不影响到实参，所以，这种传递方式又称为"单向传递"。

（2）除了字符型与整型可以互相通用外，实参与形参应在类型、数目上保持一致，实参与形参要一一对应。如果参数个数不匹配，编译时系统会指出错误。

（3）实参可以是常量、变量、表达式，但要求它们有确定的值；而形参只能是变量。

（4）形参和实参各占据不同的存储单元。仅当发生函数调用时，被调函数中的形参才被分配存储单元，当调用结束后，形参所占的内存单元即被释放。所以，即使形参和实参所用的变量名相同，它们也不占用相同的内存单元，并不是同一变量。

这种处理方式意味着形参的变化不会影响到实参。尽管如此，还是可以通过传递变量的指针（变量的地址）来达到修改实参变量值的目的，这将在指针一章中详细介绍。

【例 6.9】 在函数中修改形参的值对实参的影响。

```
main()
{  int i=5;
   reset(i/2);       printf("%d\n",i);
   workover(i);      printf("%d\n",i);
}
reset(int i)
{  i=i<= 2 ? 5:0;
   return(i);
}
workover(int i)
{  i=(i*i)/(2*i)+4;
   printf("%d\n",i);
   return(i);
}
```

程序运行结果：

5

5

其中，子函数 reset()和 workover()中的形参使用相同的变量名 i，由于它们是形式参数，分别占用不同的内存单元，所以彼此无关。第一次调用 reset 函数时，由于它的形参是 int 型，所以实参 i/2 的值必须转换成整型，调用后的返回值在程序中无用，因此输出 5。第二次调用函数 workover，在函数 workover 中 i 的值为 6，但返回值无作用，主函数中的 i 值仍为 5，因此打印输出 5。

6.2.5 函数的嵌套调用

C 语言中所有的函数只能并列定义，不允许函数嵌套定义。例如：

```
f()
{  ...
   g()
    {  ...  }
   ...
}
```

C 语言不能嵌套定义函数，但可以嵌套调用函数，即在调用一个函数的过程中可以调用另一个函数，如图 6-1 所示。

图 6-1 函数的嵌套调用

图 6-1 中，主函数 main()中调用了 a()函数，属于一级调用；在 a()函数体内又调用了 b()函数，属于二级调用，其执行步骤如下：

（1）执行 main 函数的开头部分；
（2）遇到调用 a 函数时，流程转去 a 函数；
（3）执行 a 函数的开头部分；
（4）遇到调用 b 函数时，流程转去 b 函数；
（5）执行 b 函数，直到 b 函数结束或遇到 return 语句；
（6）返回 a 函数中的调用 b 函数处；
（7）继续执行 a 函数，直到 a 函数结束或遇到 return 语句；
（8）返回到 main 函数中调用 a 函数处；
（9）继续执行 main 函数中剩下的语句。

【例 6.10】 用牛顿迭代法求一个正实数的平方根。

1）算法

牛顿迭代法是用计算机求解平方根近似值的最简单的方法之一。其求值过程如下：

（1）设置猜测值初值
（2）如果|猜测值*猜测值-x|< 一个极小值，则转（4）
（3）置新猜测值为（x/猜测值+猜测值）/2，返回（2）
（4）猜测值就是满足精度要求的 x 的平方根。

2）程序

```
      float sqrt_x(float x),abs_x(float x);      /*函数类型说明*/
      main()
        {  float a;
           printf("Input a=");
           scanf("%f",&a);
           if(a<0)
               printf("Input error!\n");
           else
               printf("sqrt (%f)=%f\n", a, sqrt_x(a));
        }
      float sqrt_x(float x)        /*用牛顿迭代法求 x 的平方根*/
        {  float epsilon=1e-5, guess=1.0;
           while(abs_x(guess * guess-x)>=epsilon)
               guess = (x/guess+guess)/2.0;
           return(guess);
        }
      float abs_x(float x)         /*求 x 的绝对值*/
        {  if (x<0)   x = -x;
           return(x);
        }
```

3）程序运行结果

Input a=2.0<CR>

sqrt(2.000000)=1.414216

本例中，函数 main()调用了求平方根函数 sqrt_x，而 sqrt_x 函数又调用了函数 abs_x。这种函数的嵌套调用使程序形成了一种自顶向下的树形结构。

选学与提高

6.2.6　函数的递归调用

在定义一个函数的过程中直接或间接地调用该函数本身，称为函数的递归调用。C 语言支持函数的递归调用。下面来看递归调用的一个典型的例子。

【例 6.11】 用递归函数计算 n！。

n！可以由下列公式递推计算：

$$n! = \begin{cases} 1 & n = 0 \\ n*(n-1)! & n > 0 \end{cases}$$

按照这个公式,可将求 n！的问题变成求（n–1）！的问题,而求（n–1）！的问题又可以变成求（n–2）！的问题,……直到 n=0。因为 0！=1。因此可以写出如下递归函数：

```
main()
{   long recur();
    int i;
    for (i = 0;i<=3;i++)
        printf("%d!=%ld\n", i, recur(i));
}
long recur(int n)
{   if(n==0)
        return(1);
    else
        return(n*recur(n-1));
}
```

程序运行结果如下：

0!=1

1!=1

2!=2

3!=6

若用这个函数计算 3！,则语句 y=recur(3)的递归调用的执行情况如图 6-2 所示。

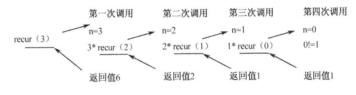

图 6-2　函数的递归调用

在编制递归函数时应注意：每个递归过程都要有一个"出口",函数的变化趋势应不断靠近出口,即必须有一个结束递归过程的条件。当条件成立时终止递归过程,并使程序控制逐层从函数中返回。例如,0!=1,就是使递归结束的条件。

【例 6.12】 编写求 m 与 n 的最大公约数的函数。

求 m 与 n 的最大公约数等价于求 n 与（m mod n）的最大公约数。可以把 n 当做新的 m,（m mod n）当做新的 n,问题又变成了求新的 m 与 n 的最大公约数。它又等价于求新的 n 与（m mod n）的最大公约数……如此继续,直到 n=0,它们最大公约数就是新的 m。

设 m=24,n=16,求它们的最大公约数,等价于求 16 与(24 mod 16)的最大公约数,即求 16 与 8 的最大公约数。它又等价于求 8 与（16 mod 8）的最大公约数,即求 8 与 0 的最大公约数。此时 n=0,最大公约数就是 8。此过程可简单地列表为

m	n
24	16
16	8
8	0

求最大公约数的递推公式如下：

$$\gcd(m,n) = \begin{cases} m & n=0 \\ \gcd(n, m \bmod n) & n>0 \end{cases}$$

其中，gcd(m,n)代表求 m 和 n 的最大公约数。按照此公式可以写出如下递归函数：

```
gcd(int m ,int n)
{   if (n=0)   return(m);
    else   return(gcd(n ,m % n));
}
```

递归算法通常是把规模较大、较难解决的问题变成规模较小、较易解决的问题。规模小的问题又变成规模更小的问题，并且小到直接得到它的解，从而得到原来问题的解。

C 语言的函数的参数是通过堆栈传递的。函数调用时在堆栈中为形参变量和函数体内的局部变量分配存储空间，当每次递归调用返回时，已经存在的局部变量和参数就从堆栈中取出，从函数内此次调用点重新启动运行。

【例 6.13】 汉诺塔游戏。

游戏的装置是三根针 A、B、C，A 针上从小到大放有 64 个盘子，游戏目标是把这 64 个盘子从 A 针移到 C 针，规则是一次只能移动一个盘子，并且在移动过程中在三根针上都保持大盘在下，小盘在上（见图 6-3）。

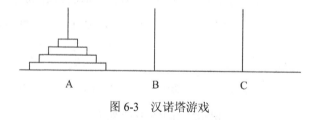

图 6-3 汉诺塔游戏

1）问题求解思路

先考虑一下这个游戏怎么玩？如果只有一个盘子，很简单，直接把盘子拿到 C 上；如果是两个盘子呢？也不难，先把 A 上的小盘子拿到 B，再将 A 上的大盘子放到 C，最后把 B 上的盘子放到 C 上，顺序是

A→B，A→C，B→C

现在考虑一下三个盘子，可以分解为一下三步：

第 1 步：将 A 针上的 2 个盘子借助 C 针移到 B 针上；

第 2 步：将 A 针上的 1 个盘子移到 C 针上（这一步可直接实现）；

第 3 步：将 B 针上的 2 个盘子借助 A 针移到 C 针上。

其中，第 1 步可以用递归方法分解为：

先将 A 上 1 个盘子从 A 移到 C→接着将 A 上 1 个盘子从 A 移到 B→再将 C 上 1 个盘子

从 C 移到 B。

第 3 步可以分解为：

先将 B 上 1 个盘子从 B 移到 A→再将 B 上 1 个盘子从 B 移到 C→最后将 A 上 1 个盘子从 A 移到 C。

现在换一种思路，如果能一次移动 63 个盘子，则移动 64 个盘子的问题就好解决了。

（1）将 63 个盘子从 A 针移到 B 针上，借助 C 针。

（2）将最后一个盘子从 A 针上移到 C 针上。

（3）将 63 个盘子从 B 针移到 C 针上，借助 A 针。

以这种思路，一个求解

    hanoi(n,A,B,C)   /*表示把 A 针上的 n 个盘子通过 B 针移到 C 针上*/

的问题可分解为

  hanoi(n−1,A,C,B)

  move(A,B)

  hanoi(n−1,B,A,C)

虽然当 n<1 时不能分解，而当 n=1 可以直接移动一个盘子。这样，可以得到求解汉诺塔问题的程序。

2）程序代码

```
void move(char from, char to)    /*移动一个盘子*/
{  printf("%c→%c,  ", from, to);}
void hanoi(int n, char a, char b,char c)    /*移动塔*/
{  if(n==1) move(a,c);
else
    {  hanoi(n−1,a,c,b);
       move(a,c);
       hanoi(n−1,b,a,c);
    }
}
main()
{  int n;
   printf("Input the number: ");
   scanf("%d",&n);
   hanoi(n, 'A', 'B', 'C');
}
```

3）程序运行结果

    Input the number:<u>3<CR></u>

    A→C, A→B, C→B, A→C, B→A, B→C, A→C,

精讲与必读

6.2.7 数组作为函数参数

数组作为函数参数有两种情况：一是数组元素作为函数实参，数组元素即下标变量，在数据传递时与普通变量用法一致；二是数组名作为函数参数，此时传递的是数组的首地址。

1. 数组元素作为函数参数

数组元素作为函数的实参与普通变量作实参用法一致，是值传递。

【例 6.14】将数组 a 中的元素经过一定的运算后送入数组 b 中。

```
int tran(int x)
{   return (x*2+3);}
main()
{   static int a[10]={1,2,3,4,5,6,7,8,9,10};
    int b[10], i;
    for (i = 0;i<10; i++)
       {   b[i] = tran(a[i]);
           printf("%5d", b[i]);
       }
}
```

程序运行结果如下：

5　7　9　11　13　15　17　19　21　23

2. 数组名作为函数参数

C 语言规定，数组名代表数组的首地址，即数组的第一个元素的地址。数组名作为函数参数时，实际上函数间传递的是数组的首地址。因此，在被调函数中对形参数组的操作本质上是对实参数组的操作。

在函数间传送一维数组时，实参应为数组名，对应的形参必须说明为与实参类型一致的数组。

【例 6.15】用二分法在有序数组中查找关键值 key。数组中的 n 个元素已按递增次序排列。关键值 key 的查找用函数实现，若找到 key 则返回对应的下标，否则返回–1。

```
int binary(int a[10],int key)
{
    int low, high, mid;
    low = 0;
    high = 9;
    while (low <= high)
    {
        mid = (low + high)/2;
```

```
            if (key < a[mid])
                high = mid−1;
            else if (key > a[mid])
                    low = mid+1;
                else return mid;
    }
    return −1;
}
main()
{
    int b[10], y, key, i;
    printf("输入 10 个从小到大的有序数: ");
    for (i=0;i<10;i++)
        scanf("%d",&b[i]);
    printf("Input key: ");
    scanf("%d",&key);
    y = binary(b, key);
    if (y==−1)
        printf("Didn't find! ");
    else printf("%d",y);
}
```

程序运行结果如下：

  输入 10 个从小到大的有序数:2 4 6 8 10 12 14 16 18 20<CR>

  Input key:<u>6<CR></u>

  2

  本例中，形参数组 a 与实参数组 b 的大小及基类型要相同，但是，因为用数组名作为参数时实际上是传递数组的首地址，数组大小这一信息并不是通过参数传递的，为了使函数更通用化，可以这样定义函数形参：

    int binary(int a[ ],int n,int key)

  其中，int a[]表示类型为整型的数组，其大小不定；int n 表示数组 a 的元素个数。因此在函数 binary 中，可以将"high = 9;"改为"high=n−1;"，再将 main 中的"y = binary(b, key);"改为"y = binary(b,10，key);"。

6.3 局部变量和外部（全局）变量

  变量有数据类型和作用域等属性，变量的作用域是指一个变量的作用范围，在这个范围内的程序都可访问该变量。作用域影响变量的生存期，即影响该变量在内存中保留的时间，或者什么时候变量的存储区将被分配或收回。从变量的作用域角度来分，可以分为局部变量和外部变量。

6.3.1 局部变量

局部变量在一个函数内定义，其作用域在所定义的函数中，也就是说只有在本函数内才能使用它们。所以，不同的函数中可以使用同名变量，它们代表不同的对象。

如果一个局部变量定义时未初始化，其值是不确定的或无意义的，编译时并不将局部变量自动置为 0，所以必须在使用之前给局部变量赋初值。

局部变量除了在函数的首部定义外，还有以下两种形式：
（1）形式参数是局部变量。
（2）函数内部复合语句中定义的变量，只在本复合语句内有效。

【例 6.16】 分析各变量在程序中的作用域。

```
main()
{   int x, y;
    x=1;
    y=5;
    printf("%d,%d\n",x,y);
    {   int x=8;  /*又定义了一个 x*/
        x++;/*内层 x*/
        y++;
        printf("%d,%d\n",x,y);
    }
    x++;/*外层 x*/
    y++;
    printf("%d,%d\n",x,y);
}
```

其中：外层 x 在此范围内有效；内层 x 在此分程序内有效；y 在此范围内有效。

程序运行结果：

```
1,5
9,6
2,7
```

从运行结果中可以看出，内层分程序中定义的 x 只在内层分程序中有效，对外层的 x 没有影响。而在外层中定义的 x，由于在内层分程序中又重新定义了 x，则它在内层分程序中无效。实际上内层的 x 和外层的 x 在内存中占据不同的存储单元，系统把它们看做是不同的变量。

6.3.2 外部（全局）变量

1. 外部变量的定义

外部变量（也称全局变量）是在所有函数、包括 main()函数之外定义的。外部变量的作用域为从定义点开始到本源文件结束。如果外部变量未在定义时初始化，则编译器将其初始化为 0。

当有许多函数都要同一个变量时才定义外部变量。当程序较大或较复杂时，使用过多的外部变量容易出错。例如：

```
float x=1.0,y=2.0;
float f1(float a)
{  int i,j;
   ...
}
main()
{  int m, n;
   ...
}
```

上面程序段中，x、y 是外部变量，它们的作用范围是整个源程序。变量 a、i、j 及 m、n 都是局部变量，它们的作用范围只在定义这些变量的函数内有效。

若在同一个源文件中，外部变量与局部变量同名，则在局部变量的作用范围内，外部变量不起作用。例如：

```
float x=1.0,y=2.0;
float f1(float a)
{  int i,j;
   float x;        /*此局部变量与全局变量同名*/
   ...
}
main()
{  int m, n;
   ...
}
```

在这个程序段中，外部变量 x 在 f1()函数中无效。此外，外部存储类也适用于函数，C 语言规定所有函数都是外部的。

2．外部变量的说明

如果在外部变量定义之前的函数想引用外部变量，则应在该函数中用关键字 extern 作为外部变量说明，声明该变量已被说明为外部变量，本函数中可使用该变量。原则上，所有函数都应对所使用的外部变量用 extern 说明。C 语言为简化起见，允许在外部变量的定义点之后的函数中省略该说明。例如：

```
int c;
main()
{  extern int a, b;
   printf("%d\n",c);
   printf("%d\n",a+b);
}
```

　　　　int a=12, b=-5;
　　上述程序段中，外部变量 a、b 在函数 main()之后定义，因此若在 main()函数中要使用 a、b，应该用 extern 进行外部变量说明，如果不作 extern 说明，编译时将出错，系统会认为 a、b 没有定义。外部变量 c 在函数 main()之前定义，因此不必在 main()函数中对变量 c 做说明。
　　外部变量的定义和说明并不是一回事。它们的区别主要有以下几个方面：
　　（1）外部变量的定义只能有一次；而同一文件中对外部变量的说明可以有多次。
　　（2）位置不同。外部变量的定义在所有函数之外；外部变量的说明在函数之内。
　　（3）作用不同。系统根据外部函数的定义分配存储单元，并可以在定义时对外部变量进行初始化；外部变量说明的作用仅仅是为了使用该变量而作的说明，说明该变量是一个已在外部定义过的变量。

6.4　变量的存储类别和作用域

　　C 语言中的每个变量和函数都有两个属性：数据类型和存储类别。数据类型前面已做过介绍，它们决定了取值范围和可参与的运算。存储类别是指数据在内存中的存储方式，它也确定了变量作用域和生存期。

1. 变量的存储类别

　　从变量的生存期角度来分，C 语言中的存储方式可分为静态存储类和动态存储类两大类。具体分为 4 种：自动（auto）、静态（static）、寄存器（register）和外部（extern）。
　　静态存储方式是指在程序运行期间分配固定存储空间的方式。例如，外部变量就是静态存储变量，在程序开始执行时给外部变量分配存储空间，程序执行完毕才释放。在程序执行过程中它们占据固定的存储单元。所以静态存储变量的生存期是整个程序的执行周期。
　　动态存储方式则是在程序运行期间根据需要动态地分配存储空间的方式。对于未加 static 说明的局部变量，在函数调用开始时分配存储空间，函数调用结束时释放这些空间。这些局部变量的生存期只在被调用函数执行过程中有效。

2. 自动变量及作用域

　　C 语言中自动存储变量用得最多。在前面的例子中，除了第 5 章介绍数组初始化时定义过的带有 static 的数组外，其余都是自动的。C 语言规定，未作专门说明的局部变量称为自动变量。自动变量属于动态存储类别，系统动态地为它们分配存储空间。
　　存储类说明 auto 一般被省略。例如，在函数体中：
　　　　auto int a, b=4;　　⎫
　　　　int 　 a, b=4;　　　⎬　二者等价
自动变量的作用域为定义该变量的函数体或分程序内。

3. 寄存器变量及作用域

　　CPU 中包含多个寄存器，只有寄存器中的数据才能直接参加运算。一般情况下，变量的值存放在内存中，变量参加运算时，CPU 将数据从存储器送到寄存器，处理完毕后，再将数据送回存储器。如果一些变量使用频繁，数据的移入/移出要花大量的时间。如果一开始就将

这个变量保存在一个寄存器中，变量的处理就可以很快地进行。

为了减少内存访问，提高运算速度，C 语言允许编译器将局部变量的值直接放在寄存器中，这种变量称做"寄存器变量"，用关键字 register 说明。

注意：这里说的 register 关键字是"请求"而不是"告诉"计算机将该变量保存在什么地方。根据程序的需要，寄存器也许不可能用于该变量。这时，编译器将它作为一个普通变量。

【例 6.17】 编程计算 y = 10!。

```
mian()
{   register int i;    /*建议编译器将变量 i 保存在寄存器中*/
    int y=1;
    for (i = 1;i<=10;i++)
       { y*=i;}
}
```

寄存器变量只能在函数中定义，并且只能是 int 型或 char 型，一般只有使用最频繁的变量才需要定义为寄存器变量。

需要说明的是，计算机中可供寄存器变量使用的寄存器数量很少，有些机器甚至根本不许变量在寄存器中存储。当系统没有足够的寄存器时，register 类的变量就当做 auto 类对待。

4．静态变量及作用域

静态变量分为局部静态变量和外部静态变量，在函数中用关键字 static 定义的是局部静态变量，在函数外用关键字 static 定义的是外部静态变量。局部静态变量的作用域是它所处的函数（或分程序），外部静态变量的作用域是它所在的文件，即它只能被本文件中的函数引用，而不能被其他文件引用。

在变量名及其类型之前加上关键字 static，就规定该变量的存储类为静态的。这些存储单元在程序整个运行期间都不释放。

【例 6.18】 利用静态变量保留上次调用后的值。注意观察局部静态变量的存储单元在程序整个运行期间是否都不释放？

```
void func1(void)
{   static int x=0;    /* x 为局部静态变量，编译时赋初值为 0 */
    int y=0;           /* y 为自动变量，每调用一次函数赋一次初值 */
    printf("x=%d,y=%d\n", x++,y++);
}
main()
{   int count;
    for (count=0;count<5;count++)
       {   printf("count=%d: ",count);
           func1();
       }
}
```

程序运行结果如下：

count=0: x=0,y=0

count=1: x=1,y=0

count=2: x=2,y=0

count=3: x=3,y=0

count=4: x=4,y=0

程序中静态变量是在编译时赋初值的，并且只赋初值一次。对于局部静态变量，在程序运行时它已有初值，以后每次调用函数不再重新赋初值，而只保留上次函数调用结束时的值。而对自动变量赋初值不是在编译时进行的，是在函数调用时进行的，所以每调用一次函数重新赋一次初值，相当于执行一次赋值语句。

对于静态变量若不赋初值，编译时自动赋值为 0；而对自动变量来说，若不赋初值则它的值是一个不确定的值。

外部变量可在其定义中说明 static 是静态的。普通外部变量与静态外部变量的区别在于变量的作用域。普通外部变量能被其他文件中的函数所用；静态外部变量只能被定义它的文件使用。

5. 存储类别小结

变量的存储类别与变量的作用域（该变量在程序中可出现的范围）和生存期（该变量在存储器中可存放时间）有着密切的关系，见表 6-1。

表 6-1 变量的存储类别与变量的作用域和生存期之间的关系

存储类别	关键字	生存期	定义区域	作用域
自动变量	auto 或默认	临时	函数中	局部
局部静态变量	static	临时	函数中	局部
寄存器变量	register	临时	函数中	局部
外部变量	无	永久	函数外	全局（所有文件）
外部静态变量	static	永久	函数外	全局（只限于本文件）

合理地使用存储类别是结构化程序设计的一个重要方面。保持函数中的大多数变量为局部变量，可增强函数之间的独立性。选择变量的存储类别的原则如下：

（1）一般应给予变量自动存储类别，除非有理由使其成为外部的或静态的。

（2）如果一个变量要频繁使用，定义时需加上 register 关键字。

（3）除了 main() 函数，如果变量要在函数几次调用之间维持其值，则将它定义为静态的。

（4）如果变量被程序中所有的或大多数的函数所用，则将它定义为外部变量。

6.5 内部函数和外部函数

选学与提高

C 语言的所有函数都是相对独立的，即不能在一个函数内定义另外一个函数。函数之间只有调用关系，没有从属关系。一般 C 语言的函数都是全局的，一个函数可以被其他函数调用,但是,也可以指定函数不能被其他文件中的函数调用,根据函数能否被其他源文件调用,可以将函数分为内部函数和外部函数。

1. 内部函数

定义函数时,若在函数名和函数类型标识符前加关键字 static,则表示此函数为"内部函数",又称为"静态函数"。定义内部函数的一般格式为:

  static 类型标识符 函数名(形参表)

内部函数只能在定义它的文件中使用,其他文件不能调用。通常把只被同一文件使用的函数放在一个文件中,并冠以 static 使之局部化,其他文件不能引用。这样不同的人可以分别编写不同的函数,而不必担心所用的函数是否会与其他文件中的函数同名。

2. 外部函数

定义函数时,若在函数名和函数类型标识符前加关键字 extern,则表示此函数为"外部函数",关键字 extern 可以省略。定义外部函数的一般格式为:

  extern 类型标识符 函数名(形参表)

外部函数可以被其他文件中的函数所调用。若在文件中要调用其他文件中的函数,一般要用 extern 说明所用的函数是外部函数。

【例 6.19】 有一个字符串,内有若干字符,现输入一个字符,要将字符串中的该字符删去。要求将读入字符串、删除字符、输出字符串和 main()函数分别放在不同的文件中。

1）file1.c 文件

```
    main()
    {   extern enter_str(),dele_str(),prt_str();
        /*说明本文件中要用到的这 3 个函数都是外部函数*/
        char c;
        static char str[20];
        enter_str(str);
        printf("Input the delete char: ");
        scanf("%c",&c);
        dele_str(str,c);
        prt_str(str);
    }
```

2）file2.c 文件

```
    #include "stdio.h"
    enter_str(char str[20])        /*定义读入字符串函数 enter_str()*/
    {   printf("Input a string: ");
        gets(str);
    }
```

3）file3.c 文件

```
    dele_str(char str[],char ch)   /*定义删除字符函数 dele_str()*/
    {   int i,j;
```

```
            for(i=j=0;str[i]!= '\0';i++)
               if(str[i]!=ch)
                  str[j++]=str[i];
            str[j]= '\0';
      }
```
4）file4.c 文件
```
      prt_str(char str[])            /*定义输出字符串函数 prt_str()*/
      {   printf("%s",str);
      }
```
5）程序运行结果

  Input a string:<u>abcdefc</u><CR>

  Input the delete char:<u>c</u><CR>

  abdef

  本例由 4 个源文件组成，每个文件包含一个函数。程序从主函数 main()开始执行。主函数中调用了 3 个自定义函数，这 3 个函数不在同一个源文件中，所以在 main()函数头部需要用 extern 说明 enter_str、dele_str 和 prt_str 为外部函数。

  6）外部函数的使用

  （1）在进行编译连接时，先对 4 个文件分别进行编译，得到 4 个目标文件（.OBJ 文件），然后在 DOS 下用 link 命令：

    link file1+file2+file3+file4

把 4 个目标文件连接起来。得到一个可执行文件 file1.exe。

  （2）用#include 命令将 file2.c、file3.c 和 file4.c 包含到 file1.c 中。即在 file1.c 的开头加上下述语句：

    #include "file2.c"

    #include "file3.c"

    #include "file4.c"

  于是，在编译时，系统自动将这 3 个文件加到 main()函数的前面，作为一个整体来编译。这时，这些函数被认为是在同一个文件中，所以 main()函数中的 extern 说明可以省略。

6.6 预处理命令

  所谓预处理是指在进行编译的第一遍扫描之前所做的工作，它由预处理程序负责完成。当对一个源文件进行编译时，系统将自动引用预处理程序对源程序中的预处理部分进行处理，处理完毕自动进行对源程序的编译。例如，包含命令# include，符号常量定义命令# define 等。在源程序中这些命令都放在函数之外，而且一般都放在源文件的前面，所以称它们为预处理部分。

  C 语言提供了多种预处理功能，如宏定义、文件包含、条件编译等。合理地使用预处理命令编写的程序便于阅读、修改、移植和调试，也有利于模块化程序设计。

6.6.1 宏定义

C 语言源程序允许用一个标识符来表示一个字符串,称为"宏"。被定义为"宏"的标识符称为"宏名"。在编译预处理时,对程序中出现的所有"宏名",都用宏定义中的字符串去代换,这称为"宏代换"或"宏展开"。

宏定义由源程序中的宏定义命令完成。宏代换由预处理程序自动完成。在 C 语言中,"宏"分为有参数宏和无参数宏两种。

1. 无参宏定义

无参宏的宏名后不带参数。其定义的一般格式为:

#define 标识符 字符串

说明:

(1)"标识符"为所定义的宏名。"字符串"可以是常数、表达式、格式串等,在标识符和字符串之间可以有任意个空格。宏定义语句结尾没有分号,以回车换行结束。例如,若希望 TRUE 取值为 1,FALSE 取值为 0,可进行如下宏定义:

```
#define TRUE   1
#define FALSE  0
```

这样在每次遇到 TRUE 或 FALSE 时就用 0 或 1 代替。例如,在屏幕上打印"0 1 2":

```
printf("%d  %d  %d", FALSE, TRUE, TRUE+1);
```

(2)宏名定义后,可以作为其他宏名定义中的一部分。例如:

```
#define ONE     1
#define TWO     ONE+ONE
#define THREE   ONE+TWO
```

(3)如果在一个字符串中含有标识符,则不进行替换。例如:

```
#define XYZ  "this is a test"
printf("XYZ");
```

执行后并不打印"this is a test",而是打印"XYZ"。如果字符串长超过一行,可以在该行末尾用"\"续行,例如:

```
# define LONG_STRING   "this is a very long\
string that is used as an example"
```

(4)宏定义必须写在函数之外,其作用域为宏定义命令起到源程序结束。如要中止其作用域可使用#undef 命令,例如:

```
# define PI 3.14159
main()
{
  ……
}
#undef    /*表示 PI 只在 main()函数中有效,在 f1 中无效*/
f1()
```

……

（5）习惯上使用大写字母定义宏名。这样做便于阅读程序。因此最好将所有的#define 放到文件的开始或独立的文件中（用# include 包含），而不是将它们分散到整个程序中。

（6）宏替换经常用于定义常量名和动态数组。例如，某一程序定义了一个数组，其他几个函数要访问该数组时，使用宏定义规定数组的大小，当需要调整数组大小时，只需修改宏定义即可。例如：

```
#define MAX_SIZE 100
float balance [MAX_SIZE];
```

2. 带参宏定义

C 语言允许宏带有参数。在宏定义中的参数称为形式参数，在宏调用中的参数称为实际参数。对带参数的宏，在调用中，不仅要宏展开，而且要用实参去代换形参。

1）带参宏定义的一般格式

#define 宏名(形参表) 字符串

在字符串中含有各个形参。带参宏调用的一般格式为：

宏名(实参表)

例如：

```
#define M(y) y*y+3*y /*宏定义*/
……
k=M(5); /*宏调用*/
……
```

在宏调用时，用实参 5 去代替形参 y，经预处理宏展开后的语句为： k=5*5+3*5

【例 6.20】 用参数宏实现求两个数中较大者。

```
#define MAX(a,b) (a>b)?a:b
main(){
    int x,y,max;
    printf("input two numbers: ");
    scanf("%d%d",&x,&y);
    max=MAX(x,y);
    printf("max=%d\n",max);
}
```

2）说明

（1）带参宏定义中，宏名和形参表之间不能有空格出现。

例如，把 "#define MAX(a,b) (a>b)?a:b" 写为 "#define MAX (a,b) (a>b)?a:b " 将被认为是无参宏定义，宏名 MAX 代表字符串 (a,b)(a>b)?a:b。

（2）在带参宏定义中，形式参数是标识符不分配内存单元，因此不必作类型定义。而宏调用中的实参应有具体的值，可是常量、变量或表达式。

（3）在参数宏进行替换时，实参原样传递给形参，如果实参是表达式，先不计算表达式的值，而是用实参表达式直接代换宏中的形参，所以在宏定义中，不仅应在参数两侧加括号,也应在整个字符串外加括号,以避免出错。

【例 6.21】 用宏计算一个数的平方。

```
#define SQ(y) ((y) * (y))
main(){
    int a,sq;
    printf("Input a number: ");
    scanf("%d",&a);
    sq=160/SQ(a+1);
    printf("sq=%d\n",sq);
}
```

程序执行结果:

  input a number: 3<CR>

  10

如把宏定义中字符外的括号去掉,程序格式为:

  #define SQ(y) y*y 或 #define SQ(y) (y) * (y)

程序计算结果都会出现错误,如输入 3,会得到结果 57 或 160,主要是在宏替换时,把第 6 行语句"sq=160/SQ(a+1);"替换为:

  sq=160/a+1*a+1; 或 sq=160/(a+1) * (a+1);

由于 C 语言运算符优先级和结合性,使计算结果违背了原则。

(4)宏定义也可用来定义多个语句,在宏调用时,把这些语句都代换到源程序内。

6.6.2 文件包含

文件包含命令#include 指示编译程序将另一源文件嵌入带有#include 命令的源文件中。C 语言中典型的嵌入文件是以 h 为后缀的头文件。

1. 文件包含命令行的一般格式

(1)#include "文件名"

(2)#include <文件名>

例如:

  #include"stdio.h"

  #include<math.h>

2. 功能

文件包含命令的功能是把指定的文件插入该命令行位置取代该命令行,从而把指定的文件和当前的源程序文件连成一个源文件。在程序设计中,文件包含是很有用的。

3. 说明

(1)包含命令中的文件名可以用双引号括起来,也可以用尖括号括起来。两种形式区别为:使用尖括号表示在包含文件目录中去查找(包含目录是在设置环境时设置的),而不在源文件目录去查找;使用双引号则表示首先在当前的源文件目录中查找,若未找到才到包含目录中去查找。用户编程时可根据自己文件所在的目录来选择某一种命令形式。

（2）一个 include 命令只能指定一个被包含文件，若有多个文件要包含，则需用多个 include 命令。

（3）文件包含允许嵌套，即在一个被包含的文件中又可以包含另一个文件。

（4）被包含文件与其所在的文件编译后成为同一个文件，而不是两个文件。因此，如果被包含文件中有全局静态变量，在包含它的文件中也有效。

6.6.3 条件编译

一般源程序的所有内容都参加编译，但有时根据需要，对其中的一部分内容根据条件决定是否编译，这就是所谓的"条件编译"。条件编译有以下几种形式。

1. 第一种形式

```
#ifdef 标识符
程序段 1
#else
程序段 2
#endif
```

它的功能为，如果标识符已被 #define 命令定义过则对程序段 1 进行编译；否则对程序段 2 进行编译。如果没有程序段 2（为空），本格式中的#else 可以没有，即可以写为：

```
#ifdef 标识符
程序段 #endif
```

【例 6.22】 利用条件编译选择输出学生的学号、分数或姓名、性别信息。

```
#define NUM ok
main(){
  struct stu
    {
      int num;
      char *name;
      char sex;
      float score;
    } *ps;
  ps=(struct stu*)malloc(sizeof(struct stu));
  ps->num=102;
  ps->name="Zhang Ping";
  ps->sex='M';
  ps->score=62.5;
  #ifdef NUM
    printf("Number=%d\nScore=%f\n",ps->num,ps->score);
  #else
```

```
            printf("Name=%s\nSex=%c\n",ps->name,ps->sex);
        #endif
            free(ps);
        }
```

由于在程序的第 16 行插入了条件编译预处理命令，因此要根据 NUM 是否被定义过来决定编译哪一个 printf 语句。而在程序的第一行已对 NUM 做过宏定义，因此应对第一个 printf 语句进行编译，运行结果是输出了学号和成绩。在程序的第一行宏定义中，定义 NUM 表示字符串 ok，其实也可以为任何字符串，甚至不给出任何字符串，写为：#define NUM 也具有同样的意义。只有取消程序的第一行才会去编译第二个 printf 语句。

2．第二种形式

```
#ifndef 标识符
    程序段 1
#else
    程序段 2
#endif
```

与第一种形式的区别是将"ifdef"改为"ifndef"。它的功能是，如果标识符未被 #define 命令定义过，则对程序段 1 进行编译，否则对程序段 2 进行编译。这与第一种形式的功能正好相反。

3．第三种形式

```
#if 常量表达式
    程序段 1
#else
    程序段 2
#endif
```

这种条件编译的功能是，如常量表达式的值为真（非 0），则对程序段 1 进行编译，否则对程序段 2 进行编译。因此可以使程序在不同条件下，完成不同的功能。

【例 6.23】 利用条件编译计算圆或正方形的面积。

```
#define R 1
main(){
    float c,r,s;
    printf ("input a number: ");
    scanf("%f",&c);
#if R
    r=3.14159*c*c;
    printf("area of round is: %f\n",r);
#else
    s=c*c;
    printf("area of square is: %f\n",s);
```

```
            #endif
      }
```

本例中采用了第三种形式的条件编译。在程序第一行宏定义中，定义 R 为 1，因此在条件编译时，常量表达式的值为真，故计算并输出圆面积。上面介绍的条件编译当然也可以用条件语句来实现。但是用条件语句将会对整个源程序进行编译，生成的目标代码程序很长，而采用条件编译，则根据条件只编译其中的程序段 1 或程序段 2，生成的目标程序较短。

6.6.4 其他预处理命令

1. #error

处理器命令#error 强迫编译程序停止编译。它主要用于程序调试。

2. #undef

宏定义的默认作用范围是模块内自宏定义命令以后的部分。命令#undef 可以取消前面已定义过的宏名定义。一般格式为：

```
      #undef macro-name
```

例如：

```
      #define LEN 100
      #define WIDTH 100
          char array[LEN][WIDTH];
      #undef LEN
      #undef WIDTH
      /* 此处 LEN 和 WIDTH 的宏定义均被取消 */
```

遇到#undef 语句之前，LEN 与 WIDTH 已有定义。

#undef 的主要目的是将宏名局限在仅需要它们的代码段中。

3. #line

#line 命令的一般格式如下：

```
      #line   number["filename"]
```

其中的数字为任何正整数，可选的文件名为任意有效文件标识符。行号为源程序中行号，文件名为源文件名。命令#line 主要用于调试及其他特殊应用。

例如：

```
      # line 100                  /* reset the line counter */
      main()                      /* line 100 */
      {                           /* line 101 */
          printf("%d\n",_LINE_);  /* line 102 */
      }
```

行计数从 100 开始；printf()语句输出结果为 102，因为该行是语句#line 100 后的第 3 行。

小　　结

函数是 C 语言程序最主要的结构，使用函数可以实现"自顶向下、逐步求精"的结构化设计思想，把一个大的问题分解成若干个小的容易解决的问题，由于函数互相独立、互相平行，从而实现了对复杂问题的描述和编程。

函数定义时不能违反规定的格式，也不能嵌套。调用时，程序控制从主调函数转移到被调函数，被调函数执行完毕，或遇到 return 语句，程序控制返回主调函数原来的断点继续执行。

函数间数据传递方式是按值传递方式，值传递方式不影响主调函数中实参的值，因为实参和形参占有不同的内存单元。当用数组名作为函数参数时，由于数组名的值是数组在内存中的首地址，此时实参向形参传递的还是值传递，但传递的是数组的首地址，此时形参的修改会影响实参。

程序在执行期间，被调函数在执行期间可以调用其他函数，称为函数的嵌套调用。函数也可以调用自己，称为递归调用。递归调用通常包含一个易求解的特殊情况及解决问题的一般情况，这样才能保证递归调用一定能终止。递归程序精练简洁，但容易出现错误，在设计时要细心。

对变量或数组的定义需要指定两者属性，即数据类型和存储类别。按其作用域又可分为全局变量和局部变量。

本章还介绍了预处理，它是 C 语言特有的功能，它是在对源程序正式编译前由预处理程序完成的。预处理主要有宏定义、文件包含、条件编译三种功能。使用预处理便于程序的修改、阅读、移植和调试，也便于实现模块化程序设计。

习　　题

一、选择题

1. 以下描述中正确的是（　　　）。
    A．函数定义可以嵌套，函数调用也可以嵌套
    B．函数定义不可以嵌套，函数调用可以嵌套
    C．函数定义不可以嵌套，函数调用也不可以嵌套
    D．函数定义可以嵌套，函数调用不可以嵌套
2. 以下描述正确的是（　　　）。
    A．函数中，return 语句后面一定要有表达式
    B．函数中，不可以有多个 return 语句
    C．函数返回值一定要通过 return 语句返回
    D．return 语句是函数中不可缺少的语句
3. 若函数的形参为没有指定大小的一维数组，实参是一维数组名，则实参传递给形参的是（　　　）。
    A．实参数组的大小　　　　　　　B．形参数组的大小
    C．实参数组的首地址　　　　　　D．实参数组各元素的值

4. C 语言中，函数返回值类型的定义可以默认，此时函数返回值的隐含类型是（   ）。
   A．void   B．int   C．float   D．double
5. 函数中未指定存储类型的变量，其隐含的存储类型是（   ）。
   A．static   B．auto   C．extern   D．register
6. 下列描述不正确的是（   ）。
   A．变量说明语句的位置决定了变量的作用域
   B．全局变量可以在函数外任意位置定义
   C．全局变量只限于本次函数调用，它的值无法保留给下一次函数调用时使用
   D．函数的隐含存储类型是 extern
7. 有函数定义 f(int a,float b){}，则以下对函数 f()的函数原型说明不正确的是（   ）。
   A．f(int a,float b);   B．f(int,float);
   C．f(int s,float y);   D．f(int s,float);
8. C 语言中函数返回值的类型由（   ）决定。
   A．return 语句中表达式的类型   B．定义函数时所制定的返回值类型
   C．实参类型   D．调用函数类型
9. 若定义的函数有返回值，则以下关于该函数调用的叙述错误的是（   ）。
   A．函数调用可以作为独立的语句存在
   B．函数调用可以作为一个函数的实参
   C．函数调用可以出现在表达式中
   D．函数调用可以作为一个函数的形参
10. 以下只有在使用时才为该变量分配内存的存储类型是（   ）。
    A．auto 和 static   B．auto 和 register
    C．register 和 static   D．extern 和 register
11. 下面说法不正确的是（   ）。
    A．预处理命令必须定义在程序的头部
    B．include 包含的文件一定要以.h 为扩展名
    C．预处理命令都必须以#开头
    D．C 语言的预处理命令只能实现宏定义
12. 下列预处理命令正确的是（   ）。
    A．#include<stdio.h>;   B．#define m(int x) x+3
    C．#include<stdio.h>,<math.h>   D．#define M 3
13. 以下叙述中不正确的是
    A．在 C 语言中，函数中的自动变量可以赋初值，每调用一次，赋一次初值
    B．在 C 语言中，在调用函数时，实在参数和对应形参在类型上只需赋值兼容
    C．在 C 语言中，外部变量的隐含类别是自动存储类别
    D．在 C 语言中，函数形参可以说明为 register 变量

14．有如下函数调用语句：

func(rec1,rec2+rec3,(rec4,rec5));

该函数调用语句中含有的实参个数为（　　　）。

A．3　　　　　　B．4　　　　　　C．5　　　　　　D．有语法错误

二、填空题

1．参数采用传值调用方式时，若实参与形参不同类型，C 语言的处理是＿＿＿＿＿＿。

2．函数的参数为 int 类型时，形参与实参结合的传递为＿＿＿＿＿＿。

3．在程序最前面函数外定义的变量的作用范围属于＿＿＿＿＿＿。

4．设在主函数中有如下定义和函数调用语句，且 fun 函数为 void 类型，请写出 fun 函数的首部＿＿＿＿＿＿，要求形参名为 b。

```
main()
{ double s[10][22];
  int n;
  …
  fun(s);
  …
}
```

5．有以下程序

```
int sub(int n) { return (n/10+n%10); }
main()
{ int x,y;
  scanf("%d",&x);
  y=sub(sub(sub(x)));
  printf("%d\n",y);
}
```

若运行时输入：1234<CR>，程序的输出结果是＿＿＿＿＿＿。

6．以下程序的功能是调用函数 fun 计算：m=1-2+3-4+…+9-10，并输出结果。请填空。

```
int fun(int n)
{ int n=0,f=1, i;
  for (i=1; i<=n; i++)
  { m+=i*f;
    f=＿＿＿＿＿＿;
  }
  return m;
}
main()
{ printf("m=%d\n",＿＿＿＿＿＿);}
```

7．以下程序运行后的结果是＿＿＿＿＿＿。

```
fun(int x)
{
 if(x/2>0) fun(x/2);
 printf("%d",x);
}
main()
{ fun(6);}
```

8. 以下程序的输出结果是_____。
```
void fun()
{
 static int a=0;
 a+=2;printf("%d",a);
}
main()
{
 int cc;
 for(cc=1;cc<4;cc++)fun();
 printf("\n");
}
```

9. 下列程序的输出结果是_____。
```
#define M(x,y) x+y*3
main()
{
 int z,a=5,b=10;
 z=M(b,a);
 printf("%d\n",z);
}
```

10. 以下程序的运行结果是_____。
```
#define N 3
#define Y(n) (N+1*n)
main ()
{
 int z;
 z=Y(2*4);
 printf("%d\n",z);
}
```

11. 使用双引号和尖括号进行文件包含的区别是：_____
_____。

12．对宏定义语句"#define f(x,y) printf(x,y)"的引用 f("%d\n",m);置换展开后为_____。

三、判断题

1．C 语言程序总是从第一个函数开始执行。（   ）
2．在 C 语言中，调用函数时，只能把实参的值传送给形参，形参的值不能传送给实参。（   ）
3．函数必须有返回值，否则不能使用函数。（   ）
4．C 程序中有调用关系的所有函数必须放在同一个源程序文件中。（   ）
5．C 函数既可以嵌套定义又可以递归调用。（   ）
6．一个 C 源程序必须包含一个 main()函数。（   ）
7．在标准 C 语言中，所有函数在调用之前都要进行声明。（   ）
8．在不同的函数中可以使用相同名字的变量。（   ）
9．在一个函数的复合语句中定义的变量在本函数范围内有效。（   ）
10．预处理语句都是以"#"开头，并以";"结尾。（   ）
11．文件包含#include 预处理只能用于标准库文件。（   ）
12．条件编译预处理和 if 语句一样，使程序在执行时根据不同条件执行不同的程序代码。（   ）

四、编程题

1．求方程 $ax^2+bx+c=0$ 的根，用三个函数分别求当 b^2-4ac 大于 0、等于 0 和小于 0 时的根，并输出结果。从主函数输入 a、b、c 的值。
2．编写一个判素数的函数，在主函数中输入一个整数，输出是否是素数的信息。
3．用二维数组存储矩阵，编写一个函数实现矩阵的转置（行列互换），在主函数中输入矩阵，调用函数进行转置，然后输出。
4．编写一个函数，求一数组中的最大元素及其下标，在主函数中输入数组元素。
5．编写一个函数，模拟字符串 strcpy 函数实现字符串的复制功能。
6．用递归法求 2^n，递归公式如下：

$$2^n = \begin{cases} 1 & (n=0) \\ 2^{n-1}*2 & (n>0) \end{cases}$$

7．用递归法将一个任意位整数 n 转换成字符串。例如，若输入 1234，应输出字符串"1234"。
8．试定义一个带参数的宏 SWAP(x, y)，对 x，y 值进行交换，并写出程序，输入两个数作为使用宏时的实参，输出已交换的两个值。

第 7 章 指 针

本章要点

- 了解指针和指针变量的基本概念
- 掌握指针变量的定义和引用方法
- 掌握数组的指针和指向数组的指针变量
- 掌握函数的指针和指向函数的指针变量
- 掌握指针数组和指向指针的指针概念

引导与自修

指针是一种重要的数据类型，运用指针编程是 C 语言重要的风格之一。利用指针变量可以表示各种数据结构，它能很方便地使用数组和字符串；能像汇编语言一样处理内存地址，从而编出精练而高效的程序。指针极大地丰富了 C 语言的功能。指针是学习 C 语言中最重要的一环也是 C 语言中最为困难的一部分，在学习中除了要正确理解基本概念外，还必须多编程，上机调试。

7.1 指针的概念

精讲与必读

在计算机中，所有的数据都存放在存储器中。不同的数据类型所占用的内存单元数不等，为了正确地访问这些内存单元，必须为每个内存单元编号。根据一个内存单元的编号即可准确地找到该内存单元，内存单元的编号称为地址。

说明一个变量后，编译器将划分出若干存储器单元来存储该变量。编译器将这个存储单元地址与变量名联系起来，程序引用这个变量名时，系统就访问相应的存储单元。例如，定义了名为 value 的变量并初始化为 100，编译器为该变量分配了 1002 存储区域，并将名字 value 与地址 1002 联系起来，如图 7-1（a）所示。

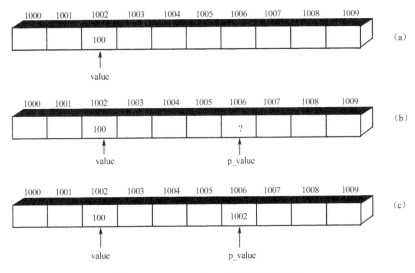

图 7-1 value 变量、存储地址与指针

内存单元的编号或地址称为指针。对于一个内存单元来说，单元的地址即为指针，其中存放的数据才是该单元的内容。C 语言中允许用一个变量来存放指针，这种变量称为指针变量。因此，一个指针变量的值就是某个内存单元的地址或者称为某内存单元的指针。

例如，定义 p_value 用来存放 value 的地址，如图 7-1（b）所示。因为 p_value 包含变量

value 的地址,所以它指向 value 在存储器中的存储单元,也就是说,p_value 是指向 value 的,一般把它称做 value 的一个指针,如图 7-1(c)所示。

变量的"指针"就是该变量的地址。当用一个变量存储另一个变量的地址(即指针)时,该变量被称为指针变量。指针和指针变量是两个不同的概念,指针是不可改变的,如变量 value 的指针是 1002,而指针变量则是可以改变的。如指针变量 p 指向变量 a,可以改变它使其指向另一个变量 b。在不致产生混淆的情况下,常将"指针变量"简称为"指针",在其他书籍中有这种现象,读者在阅读时应加以区别。

7.2 指针变量

7.2.1 指针变量的定义及赋值

1. 指针变量的定义

指针变量像其他变量一样,必须在使用前说明,指针变量的命名遵循标识符命名规则。

1)指针变量的定义格式

  类型说明符 *变量名;

其中,类型名说明指针变量所指向变量的类型;星号(*)说明所定义的变量是一个指针变量。指针变量可与非指针变量一起说明,例如:

  char *p_char;

  float * p_value, percent;

2)注意

*p_char 说明了 p_char 是一个指针变量,指针变量名为 p_char,而不是*p_char。

2. 指针变量的赋值

指针变量同普通变量一样,使用之前不仅要定义说明,而且必须赋予具体的值。指针变量的赋值只能赋予地址,而不能赋予任何其他数据,否则将引起错误。未经赋值的指针变量不能使用,否则将造成系统混乱,甚至死机。

1)指针变量初始化

在定义指针变量的同时,可以把另一变量的地址赋值给指针变量,即指针变量的初始化。例如:

  int a;

  int *p=&a;

2)用赋值语句给指针变量赋值

在定义好一指针变量后,可以用赋值语句把一变量的地址赋值给指针变量。例如:

  int a, *p;

  p=&a;

3)说明

(1)在上例赋值语句中右边的符号"&"为取地址运算符,当取地址运算符"&"放在一个变量名之前时,它就会返回该变量在内存中的首地址。

（2）不允许把一个数赋予指针变量，故下面的赋值是错误的：

　　　　p_value=1002;

应该使用取地址运算符（即符号"&"）把一个地址赋给指针变量。例如：

　　　　p_value=&value;

p_value 经初始化之后才指向 value，而在初始化之前不特别指向某一变量。

（3）使用未初始化的指针变量虽不会引起编译出错，但可能导致无法预料的后果。指针变量在保存一个变量的地址之前是不起作用的。

（4）一个指针变量只能指向同一个类型的变量，必须在定义时规定指针变量所指向变量的类型。

（5）不能将一个整型量赋给一个未初始化的指针变量所指的内存单元。例如：

　　　　*ptr=12;

它将 12 赋给 ptr 所指的地址（可以是存储器的任何位置，如操作系统存储的位置或程序代码存储的某个位置）。这样做会导致原先存储在该位置上的数据将被覆盖。

7.2.2　指针变量的引用

在说明并初始化指针变量之后，便可在程序中引用该指针变量了，指向运算符（*）也因此显示出它的重要性，将它放在指针变量名之前时，表示引用指针变量所指向的变量，如图 7-2 所示。

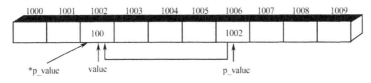

图 7-2　指向运算符用于指针变量

例如，将指针变量 p_value 指向变量 value，则可以用*p_value 来引用变量 value。即*p_value 与 value 具有同样的意义，如果想打印 value 的值，可以写成下面的形式：

　　　　printf("%d",value);

或

　　　　printf("%d",*p_value);

这两个语句是等价的。一般用变量名来访问变量的内容称为直接访问，而用指针变量来访问变量的内容称为间接访问。

> **注意**：当指针变量 ptr 指向变量 var 时，下面的说法是正确的：
> *ptr 和 var 都引用 var 的内容；
> ptr 和&var 都引用 var 的地址。

【例 7.1】　指针基本使用方法。

　　　　#include<stdio.h>
　　　　main()
　　　　{　int var=100;

```
    int *ptr;
    ptr=&var;
    /*直接和间接访问变量 var*/
    printf("\nDirect access,var=%d",var);
    printf("\nIndirect access,var=%d",*ptr);
    /*用两种方法显示变量 var 的地址  */
    printf("\n\nThe address of var=%ld",(long)&var);
    printf("\nThe address of var=%ld",(long)ptr);
}
```

程序运行结果：

```
Direct access,var=100
Indirect access,var=100

The address of var=1569325022
The address of var=1569325022
```

在其他的编译系统中，输出 var 的地址可能不是 1569325022。本例中 var 初始化为 100，并说明了指针变量 ptr，用地址运算符 "&" 将 var 的地址赋给指针变量 ptr。var 的值与指针变量 ptr 所指单元中存储的值是一样的。语句 printf("\n\nThe address of var=%d", &var); 输出 var 的地址，它与指针变量 ptr 的值是相同的。

在一般计算机系统中，char 类型占一字节，int 类型占二字节，float 类型占四字节，等等。存储器中的每个字节都有其地址，因此多字节变量实际上占用了多个地址。在用指针变量处理某个多字节变量地址时，该变量的地址实际上是它所占用的最低字节的地址，例如：

```
    int vint=12345;
    char vchar=96;
    float vflaot=1234.056789;
```

如图 7-3 所示，vint 型变量占两字节，vchar 型变量占一字节，vfloat 型变量占四字节。可以再定义三个指针变量指向它们：

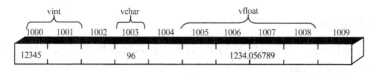

图 7-3 不同类型的指针变量占用不同容量的存储器空间

```
    int *p_vint;
    char *p_vchar;
    float *p_vflaot;
    p_vint=&vint;
    p_vchar=&vchar;
    p_vflaot=&vflaot;
```

指针变量等于所指变量的第一个字节的地址，如图 7-4 所示。p_vint 等于 1000，p_vchar 等于 1003，p_vfloat 等于 1005。编译器"知道"指向 int 型的指针变量指向的是两个字节地址中的第一个，指向 float 型的指针变量指向的是四个字节地址中的第一个。

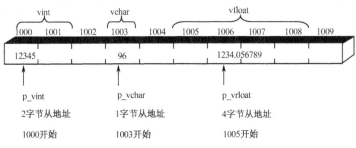

图 7-4　编译器处理指针所指变量的大小

在图 7-3 和图 7-4 中，变量之间有一些空闲的存储单元。实际存储时，编译器以连续的存储单元存储这 3 个变量。

7.2.3　指针变量做函数参数

在第 6 章中，函数参数是普通变量，函数和被调用函数之间是以值传递的方式进行参数的信息传递的，被调用函数不能直接改变主调函数中变量的值。引入指针概念后，可以用指针作为函数的参数，使在被调用函数中可以改变主调函数中变量的值。一般在主调函数中将变量的地址（指针）作为参数传递给函数，被调用函数执行时，按这个地址去存取主调函数中变量的值。

【例 7.2】 对输入的两个整数按大小顺序输出。

1）用指针方法实现

```
        swap(int *p1, int *p2)
        {   int val;
            val=*p1;
            *p1=*p2;
            *p2=val;
        }
        main()
        {   int a,b;
            int *pointer1, *pointer2;
            scanf("%d,%d",&a,&b);
            pointer1=&a; pointer2=&b;
            if(a<b)swap(pointer1,pointer2);
            printf("\n%d,%d\n",a,b);
        }
```

程序运行结果为：

3,7<CR>

7,3

swap 的两个形参 p1 和 p2 都是指针变量。程序开始时，首先输入 a 和 b 的值（3 和 7），然后将 a 和 b 的地址分别赋给指针变量 pointer1 和 pionter2，执行 if 语句时，由于 a<b，调用函数 swap。实参 pointer1 和 pointer2 是指针变量，并且分别指向变量 a 和 b，实参变量将它的值即 a 和 b 的地址"按值传递"给形参 p1 和 p2。*p1 和*p2（即 a 和 b 的值）进行互换。main()函数中输出的 a 和 b 的值已是经过交换的值：a=7，b=3。

2）不用指针实现数据交换

如果将 swap 中的形参定义为整型变量，并作如下修改：

```
swap(int x, int y)
{   int k;
    t=x;
    x=y;
    y=t;
}
```

将 main()函数中的"if(a<b)swap(pointer1,pointer2);"修改为"if(a<b)swap(a,b);"，程序运行结果为(3,7)。

3）用交换指针的方法

是否可以通过改变指针形参的值而使指针实参的值也改变呢？将上例修改如下：

```
swap(int *p1, int *p2)
{   int *p;
    p=p1;
    p1=p2;
    p2=p;
}
main()
{   int a,b;
    int *pointer1, *pointer2;
    scanf("%d,%d",&a,&b);
    pointer1=&a; pointer2=&b;
    if(a<b)swap(pointer1,pointer2);
    printf("\n%d,%d\n",*pointer1, *pointer2);
}
```

修改程序的原意是通过指针的交换，达到两个值交换的目的，实际上这是办不到的。C 语言中实参变量和形参变量之间的数据传递是单向的"值传递"，指针变量做函数参数也遵循这一规则。造成错误的原因是：在调用函数时，实参 pointer1 和 pointer2 将地址传给形参 p1、p2，调用 swap 函数后，形参 p1、p2 不能将地址传回实参 pointer1 和 pointer2，pointer1 和 pointer2 仍然分别指向 a 和 b。调用函数不能改变实参指针变量的值，但可以利用实参指针变量改变其所指向变量的值。

【例 7.3】 输入 a1，a2，a3 三个整数，并按大小顺序输出。

```
swap(int *p1, int *p2)
```

```
    {  int p;
       p=*p1;
       *p1=*p2;
       *p2=p;
    }
    exchange(int *point1, int *point2, int *point3)
    {  if(*point1<*point2)swap(point1,point2);
       if(*point1<*point3)swap(point1,point3);
       if(*point2<*point3)swap(point2,point3);
    }
    main()
    {  int a1,a2,a3, *p1, *p2, *p3;
       scanf("%d,%d,%d",&a1,&a2,&a3);
       p1=&a1;p2=&a2;p3=&a3;
       exchange(p1,p2,p3);
       printf("\n%d,%d,%d\n",a1,a2,a3);
    }
```

程序运行结果为：

121,45,211<CR>

211,121,45

7.3 指针与数组

指针与数组之间存在特殊的关系。实际上，在使用数组下标时，就是在不明白指针情况下使用了指针。

指针变量可以像指向简单变量一样指向数组和数组元素，即把数组元素的起始地址或某一元素的地址放到一个指针变量中。数组元素的指针指向该元素的地址，数组的指针则是指向数组首元素的地址，即数组的起始地址。

7.3.1 指向数组元素的指针变量

一个数组是由连续的一块内存单元组成的。数组名就是这块连续内存单元的首地址。数组的元素按顺序存储在存储器单元中，它的第一个元素位于第一位，其后的数组元素（下标大于 0）存储在后续地址。每个数组元素按其类型不同占有几个连续的内存单元。

如果程序定义了一个数组 data[ ]，则 data 是第一个数组元素的地址，且等价于表达式 &data[0]。

指向数组的指针变量称为数组指针变量。可以定义一个指针变量，并初始化为指向数组。例如，下面的程序段用 array[ ]第一个元素的地址来初始化指针变量 p_array：

```
    int aray[100], *p_array;
    p_array=array;
```

因为 p_array 是一个指针变量，可使其指向其他存储单元。这一点与数组名不同，p_array 不局限于指向 array[ ]的第一个元素，它可以指向 array[ ]的其他元素。

一个 int 类型变量要占存储器的两个字节，因此，每个数组元素的位置要比前一元素高出两个字节。一个 float 类型变量要占四个字节，因此，每个数组元素的位置要比前一元素高出四字节，如图 7-5 所示。

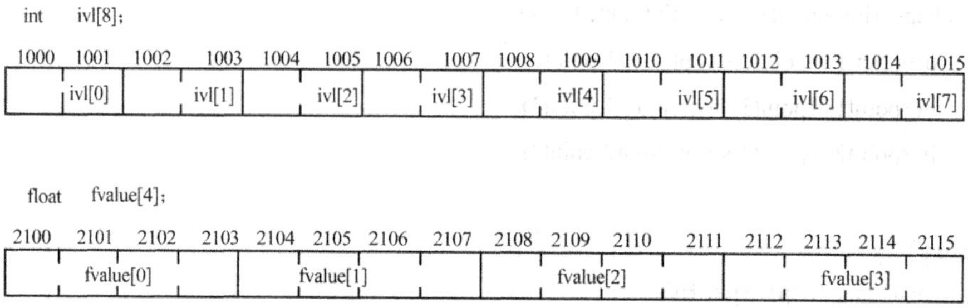

int ivl[8];

1000	1001	1002	1003	1004	1005	1006	1007	1008	1009	1010	1011	1012	1013	1014	1015
ivl[0]		ivl[1]		ivl[2]		ivl[3]		ivl[4]		ivl[5]		ivl[6]		ivl[7]	

float fvalue[4];

2100	2101	2102	2103	2104	2105	2106	2107	2108	2109	2110	2111	2112	2113	2114	2115
fvalue[0]				fvalue[1]				fvalue[2]				fvalue[3]			

图 7-5　不同类型数组的存储

【例 7.4】 输入 10 个整数存放在数组中，利用指针变量访问此数组元素，求出其中的最大值。

```
#include<stdio.h>
main ()
{   int x[10], *p,i,n, max,min;
    p=x;
    printf("请输入 10 个整数:");
    for(i=0;i<10;i++)
       scanf("%d",p+i);
    max=*p;   min=*p;
    for (i=1; i<10; i++)
    {
       if (*(p+i)>max) max=*(p+i);
       if (*(p+i)<min) min=*(p+i);
    }
    printf("\nmax=%d:   min=%d\n",max,min);
}
```

程序运行结果：

请输入 10 个整数:21 45 78 70 46 89 21 55 66 99<CR>

max=99:min=21

假定 array[ ]是一个已说明的数组，则表达式*array 是数组的第一个元素，*(array+1)是数组的第二个元素，以此类推。一般有如下关系式：

*(array)==array[0]

*(array+1)==array[1]

*(array+2)==array[2]

```
...
*(array+n)= =array[n]
```

这表明了数组下标记法与数组指针记法是等效的,两种记法都可以在程序中使用,C 语言将它们作为引用数组元素的两种不同方法。

7.3.2 指针运算

1. 指针加减一个整数

指针运算一般是指针变量的增值和减值。当对指针变量进行增 1 或减 1 时,将使指针指向下一个或上一个数组元素,并按数据类型将保存在指针变量中的地址增值或减值。例如,ptr_to_int 是指向某 int 型数组第一个数组元素的指针变量,当执行 ptr_to_int++后,则 ptr_to_int 的值按 int 型的大小增值(一般为二字节),从而使 ptr_to_int 指向下一个数组元素。相应地,如果 ptr_to_float 指向一个 float 型数组,则语句 ptr_to_float++按 float 型的大小(一般为四字节)给 ptr_to_float 增值,使之指向下一个元素。

【例 7.5】 利用指针运算与指针方法来存取数组元素。

```
#include <stdio.h>
#define MAX 10
main ()
{   int i_array[MAX]={0,1,2,3,4,5,6,7,8,9,};
    int * i_ptr,count;
    float f_array [MAX]={0.0,0.1,0.2,0.3,0.4,0.5,0.6,0.7,0.8,0.9};
    float *f_ptr;
    i_ptr =i_array;
    f_ptr=f_array;
    for (count =0;count<MAX;count++)
        printf ("\n%d\t%f", *i_ptr++,*f_ptr++);
}
```

程序运行结果:

```
0    0.000000
1    0.100000
2    0.200000
3    0.300000
4    0.400000
5    0.500000
6    0.600000
7    0.700000
8    0.800000
9    0.900000
```

注意:不能对数组名执行增值和减值运算。当用指针变量对数组元素操作时,编译器不跟踪数组的头和尾,如果不注意的话,可能会因指针变量增值或减值而指向数组之外的元素，一旦如此，可能会出现意想不到的结果，这也是初学者经常出现的问题。

2. 两个指针相减

当两个指针变量指向同一数组的不同元素时，两指针变量相减所得之差是两个指针所指数组元素之间相差的元素个数。实际上是两个指针值（地址）相减之差再除以该数组元素的长度（字节数）。例如，pf1 和 pf2 是指向同一浮点数组的两个指针变量，设 pf1 的值为 2010H，pf2 的值为 2000H，而浮点数组每个元素占 4 个字节，所以 pf1-pf2 的结果为 (2010H-2000H)/4=4，表示 pf1 和 pf2 之间相差 4 个元素。

两个指针变量不能进行加法运算。例如，pf1+pf2 毫无实际意义。

3. 两个指针关系运算

指向同一数组的两个指针变量进行关系运算可表示它们所指数组元素之间的关系。例如：
pf1==pf2 表示 pf1 和 pf2 指向同一数组元素；
pf1>pf2 表示 pf1 处于高地址位置；
pf1<pf2 表示 pf1 处于低地址位置。

指针变量还可以与 0 比较。设 p 为指针变量，则 p==0 表明 p 是空指针，它不指向任何变量；p!=0 表示 p 不是空指针。空指针是由对指针变量赋予 0 值而得到的。例如：

  #define NULL 0
  int *p=NULL;

对指针变量赋 0 值和不赋值是不同的。指针变量未赋值时，可以是任意值，是不能使用的，否则将造成意外错误。而指针变量赋 0 值后，则可以使用，只是它不指向具体的变量而已。

指针的其他运算，如乘法、除法等，对指针是没有意义的。例如，ptr*=2; 将产生一个错误信息。共有 6 种运算可用于指针，见表 7-1。

表 7-1 指针运算

运算	运算符	说 明
赋值	=	可给指针变量赋一个值。该值应是一个地址，利用地址运算符"&"或从指针常量（数组名）得到
指向	*	指向运算符"&"给出存储在所指单元的值
地址	&	可以用地址运算符来寻找指针的地址，因而可使用指向指针的指针
增值	+	可以给指针变量加一个整数指向不同存储器单元
求差	-	可以给指针变量减一个整数指向不同存储器单元
比较	>、<等	仅对指向同一数组的两个指针变量才有效

7.3.3 数组名作为函数参数

C 语言中，函数的参数可以是数组，此时实参与形参都应是数组名，当数组作为函数参数时，传递的是数组的首地址，函数"知道"了数组的地址后就可以访问数组元素。

【例 7.6】 将数组传送到函数。

```
#include<stdio.h>
#define MAX 6
main()
{   int array[MAX],count;
    int largest(int x[ ],int);
    for(count=0;count<MAX;count++)
    {   printf("输入一个整数: ")
        scanf("%d",&array[count]);
    }
    printf("\n 最大值=%d",larges(array,MAX));
}
int largest(int x[ ],int y)
{   int count,biggest=-12000;
    for(count=0;count<y;count++)
    {   if (x[count]>biggest)   biggest=x[count]; }
    return biggest;
}
```

程序运行结果：

输入一个整数:1<CR>

输入一个整数:2<CR>

输入一个整数:3<CR>

输入一个整数:10<CR>

输入一个整数:5<CR>

输入一个整数:6<CR>

最大值=10

在 largest()函数中，数组元素是采用下标法来存取的，也可以用指针法重写 for 循环。例如：

```
for(count=0;count<y;count++)
{   if(*(x+count)>biggest)   biggest=*(x+count); }
```

注意：

（1）当把一个简单变量传送到函数时，只是传送了一个复制的变量值，函数可以使用这个值，但不能改变这个原始变量。将一个数组传送到函数时，函数接受的并不是复制的数组的值而是数组的地址，函数处理实际的数组元素并能修改保存，而作为参数传递到函数中的数组地址不会被改变。

（2）形参数组和实参数组的类型必须一致，否则将引起错误。

（3）形参数组和实参数组的长度可以不相同，因为在调用时，只传送首地址而不检查形参数组的长度。

（4）在函数形参表中，允许不给出形参数组的长度。

数组名作为函数参数时，只把数组的首地址传递给函数，并没有把数组中元素个数传递给函数，要处理不同大小的数组，一般将数组中元素个数也作为参数传送给函数，如例 7.7 所示。

【例 7.7】 用键盘输入若干个整数，在函数中用冒泡法实现数据的由小到大排序。

```
#include<stdio.h>
void sort(int arry[],int n);
main()
{   int x[100],i,n;
    printf("请输入数据(数据个数<100):");
    scanf("%d",&n);
    for(i=0;i<n;i++)
    scanf("%d",&x[i]);
    sort(x,n);
    for(i=0;i<n;i++)
    printf("%d\t",x[i]);
}
void sort(int *arry,int n)
{   int i,j,t;
    for(i=0;i<n-1;i++)
    for(j=0;j<n-1-i;j++)
    if(*(arry+j+1)<*(arry+j))
    {
        t=*(arry+j); *(arry+j)= *(arry+j+1); *(arry+j+1)=t;
    }
}
```

7.4　指针与函数

1. 指向函数的指针变量

指向函数的指针提供了调用函数的另一种方法。当程序运行时，每一个函数被装到某个地址开始的内存中，这个起始地址是函数的入口地址，称为函数的指针。可以把此地址赋值给一个指针变量，然后通过该指针变量调用此函数。它提供了一种灵活的调用函数的方法，能使程序在几个函数中"挑选"，并选择符合当前情况的一个。

指向函数的指针一般说明格式如下：

　　type (*ptr_to_func)(parameter_list);

其中，ptr_to_func 为一个指向函数的指针变量，该函数返回值为 type 类型，parameter_list 是函数传递的实参列表。下面是指向函数指针变量的几种简单说明。

例如：
  int (*func1)(int x);
  void (*func2)(double y,double z);
  char (*func3)(char *p[ ]);
  void (*func4)();

第一行将 func1 说明为一个指向带有一个整型实参且返回整型值的函数的指针变量；第二行将 func2 说明为一个指向带有两个双精度型实参且返回 void 类型值（无返回值）的函数的指针变量；第三行将 func3 说明为一个指向函数的指针变量，该函数带有一个指向字符型的指针数组作为实参且返回值为字符型；最后一行将 func4 说明为一个指向不带任何参数且返回 void 类型值的函数的指针变量。

> **注意**：指针名需要用括号括起来，因为指向运算符（*）比圆括号优先级低，如果没有给出第一对圆括号，则将 func1 说明为返回一个指向整型指针值的函数。

2. 用函数指针实现函数的调用

C 语言中，说明了一个指向函数的指针变量后，可以将该指针变量指向某个函数。

【例 7.8】 使用指向函数的指针调用函数。

```
#include<stdio.h>
void main ()
{   float square (float);
    float (*p) (float);
    p=square;
    printf   ("%f %f",square (6.9),p(6.9));
}
float square (float x )
{    return x*x; }
```

程序运行结果：
  47.610001 47.610001

【例 7.9】 使用指向函数的指针调用不同的函数。

```
#include<stdio.h>
void func1 (int);
void one (void);
void two (void);
void other (void);
void main ();
{ int a;
  for (;;)
  {  puts ("\nEnter an integer between1 and 10, 0 to exit: ");
     scanf ("%d",&a);
     if (a==0);
```

```
            break;
        func1(a);
        }
    }
    void func1 (int x)
    { void (*ptr )(void);
      if (x==1)
          ptr=one ;
      else if (x==2)
          ptr=two;
      else
          ptr=other;
      ptr();
    }
    void one (void)
    {   puts("You entered 1. ");}
    void two (void)
    {   puts("You entered 2. ");}
    void other (void)
    {   puts("You entered something other than 1 or 2. ");}
```

程序运行结果：

Enter an integer between 1 and 10, 0 to exit

2<CR>

You entered 2.

Enter an integer between 1 and 10, 0 to exit

11<CR>

You entered something other than 1 or 2

Enter an integer between 1 and 10, 0 to exit.

0<CR>

程序使用一个不确定的循环控制程序的执行，直到输入一个 0 值为止。当输入一个非 0 值时，该值传递给 func1()函数。

注意： func1()包含一个指针说明，该指针是一个指向函数的指针变量 ptr（ptr 说明为 func1()的局部变量是合适的，因为程序其他部分不需要访问这个指针）。而后，函数 func1() 用输入值设置 ptr 等于适当的函数，程序发出调用 ptr() 的信号，调用该函数。不使用指向函数的指针也能完成同样的功能。

使用指针调用不同函数，另一种方法就是将指针作为参数传递给函数。

【例 7.10】 改写例 7.9，用指向函数的指针作为参数传递给函数，实现调用不同的函数。

```c
#include<stdio.h>
void func1 (void (*p)(void));
void one (void);
void two (void);
void other (void);
void main()
{   void (*ptr)(void);
    int a;
    for (;;)
    {   puts("\nEnter an integer between 1 and   10, 0 to exit: ");
        scanf("%d",&a);
        if (a==0)
            break;
        else if (a==1)
            ptr=one;
        else if (a==2 )
            ptr=two;
        else
            ptr = other;
        func1 (ptr);
    }
}
void func1 (void(*p)(void) )
{    (*p) () }
void one (void)
{   puts ("You entered 1. "); }
void two (void )
{   puts ("You entered 2. "); }
void other (void)
{   puts ("You entered something other than 1 or 2 . "); }
```

程序运行结果：

Enter an integer between 1 and 10,0 to exit:

2<CR>

You entered 2.

Enter an integer between 1 and 10,0 to exit:

11<CR>

You entered something other than 1 or 2.

Enter an integer between 1 and 10,0 to exit:

0<CR>

使用指向函数的指针变量应注意：

（1）当说明指向函数的指针时不要忘记使用圆括号。

（2）使用格式 char (*func)();，说明一个指向不带参数且返回字符值的函数的指针。

（3）指针使用前必须初始化。

（4）不能使用与所需类型不同的返回值或实参的函数指针。

7.5　返回指针值的函数

函数可以返回一个整数、字符或实数，也可以返回指针，即地址。返回指针的函数的定义格式为：

  type *func(parameter_list);

例如：

  double *func1 (parameter_list);

  struct address *func2 (parameter_list);

其中，第一行说明了返回一个指向 double 类型指针的函数 func1；第二行说明了返回一个指向 address 结构类型指针的函数。不能混淆返回指针的函数和指向函数的指针，例如：

  double (*func)();　　　　/*指向一个返回值为 double 型函数的指针*/

  double　*func();　　　　/*返回一个指向 double 指针的函数*/

【例 7.11】 从函数返回指针与简单值。

```
#include<stdio.h>
int larger1(int x,int y);
int *larger2(int *x,int *y);
void main()
{   int (a,b),bigger1, *bigger2;
    printf("Enter two integer values: ");
    scanf("%d %d",&a,&b);
    bigger1=larger1(a,b);
    printf("\nThe larger value is %d. ",bigger1);
    bigger2=larger2(&a,&b);
    printf("\nThe larger value is %d. ",*bigger2);
}
int larger1(int x,int y)
{   if(y>x)
        return y;
    else
        return x;
```

```
    }
    int *larger2(int *x,int *y)
    {   if(*y>*x)
            return y;
        else
            return x;
    }
```

程序运行结果：

    Enter two integer values:<u>111 3333</u><CR>

    The larger value is 3333.

    The larger value is 3333.

程序中函数 larger1()接受两个 int 变量并返回一个整型值；函数 larger2()接受两个指向 int 型变量的指针并返回一个指向 int 的指针。main()函数说明了 4 个变量：其中 a 和 b 用来保存比较的两个变量值，bigger1 和 bigger2 分别用来保存 larger1()和 larger2()函数的返回值。

> **注意**：bigger2 是指向一个 int 型的指针，而 bigger1 正好是一个 int 值。接着，程序用两个整型变量 a 和 b 调用函数 larger1()，该函数将返回值赋予 bigger1，并输出，这两个整型变量的地址调用函数为 larger2()。larger2()函数的返回值是一个指针，赋予 bigger2，它也是一个指针，间接引用这个值并将结果输出到下一行。

两个比较函数在比较两个值和返回较大值两个方面是非常相似的。两个函数之间的区别是在 larger2()中，比较的是指针所指向的变量值，返回的是最大值变量的指针。

选学与提高

7.6 指针数组和指向指针数据的指针

7.6.1 指针数组

数组的全部元素均为指针类型数据，称为指针数组。指针数组的定义格式为：

    类型标识　*数组名[数组长度说明];

例如：

    int　*p[10];

指针数组经常在字符串处理中使用。一个字符串是存储在内存中的字符序列，因此用指向第一个字符的指针（指向 char 类型的指针）指示串的开始，用一个空字符标记串的结束。通过说明和初始化指向 char 类型的指针数组，就可以访问并处理大量的使用指针数组的字符串了。例如：

    char message[ ]= "This is the message.";

或

    char *message="This is the message.";

【例 7.12】 初始化并使用指向 char 类型的指针数组。

```
#include<stdio.h>
void main ()
{   char *message[8]= {"Four"," score"," and"," seven"," years"," ago",
                      " our", " forefathers"};
    int count;
    for (count=0; count< 8; count++)
    printf ("%s",message[count]);
}
```

程序运行结果：

Four score and seven years ago our forefathers

在此例中，message 是一个指向字符串开始的指针。指针数组与字符串的关系如图 7-6 所示。

注意：数组元素 message[3]～message[9]没有初始化以指向图中任何对象。处理指针数组比处理字符串本身容易，这种优点在复杂程序中更为明显。

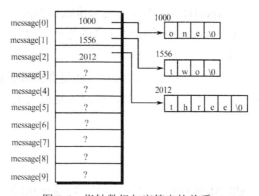

图 7-6 指针数组与字符串的关系

【例 7.13】 给函数传递指针数组。

```
#include<stdio.h>
void print_strings(char *p[ ],int n);
void main()
{   char *message[8]={ "Four"," score "," and"," seven",
                      " years"," ago"," our"," forefathers"};
    print_strings(message,8);
}
void print_strings(char *p[ ],int n)
{   int count;
    for(count=0;count<n;count++)
      printf("%s",p[count]);
}
```

程序运行结果：

Four score and seven years ago our forefathers

本例说明一个指针数组,而且数组名是指向它的第一个元素的指针,当数组传递给函数时,程序传递的是一个指向指针数组(第一个数组元素)的指针(数组名)。

【例 7.14】 从键盘读取文本行,依字母顺序排序,并显示排序表。

1)程序完成的功能

(1)一次从键盘中接收一个输入行,直到输入一个空行为止。

(2)按字母次序对行排序。

(3)在屏幕上显示排序结果。

2)get_lines 函数完成功能

(1)记住输入的行数,一旦所有行输入完后将该值返回到调用程序。

(2)有允许输入超过预定的最大的行数。

(3)为每行分配存储空间。

(4)用指针数组记住所有的行,该数组中的每个指针指向一个字符串。

(5)当输入一个空行时,返回到调用程序。

按字母次序对行排序,可通过调用 sort() 函数对输入行进行排序。排序采用比较相邻串方法,当第二个串小于第一个串时则进行交换。具体地说,比较指针数组中相邻的两个指针指向的字符串,如果需要则交换两个指针。比较时应遍历整个数组,对 n 个元素的数组,将遍历数组 n-1 次。

3)程序

```c
#include<stdlib.h>
#include<stdio.h>
#include<string.h>
#define MAXLINES 25
int get_lines(char *lines[ ]);
void print_strings (char *p[ ],int n);
void sort(char *p[ ],int n);
void main ()
{   char *lines [MAXLINES];
    int number_of_lines;
    number_of_lines=get_lines (lines);
    if (number_of_lines<0)
    { puts ("Memory allocation error");
       exit (-1);
    }
    sort (lines,number_of_lines);
    print_strings (lines,number_of_lines);
}
int get_lines (char *lines[ ])
{   int n=0;
    char buffer[80];
```

```
   puts ("Enter one line at time; enter a blank when done. ");
   while((n<MAXLINES)&&(gets (buffer)!=0)&&(buffer [0]!= '\0'))
   { if ((lines[n] =(char *) malloc (strlen (buffer) + 1))==NULL)
       return –1;
     strcpy (lines[n++],buffer);
   }
  return n;
}
void sort(char *p[ ],int n)
{   int a,b;
    char *x;
    for (a=1;a<n;a++)
    {   for (b=0;b<n-1;b++)
        {   if (strcmp (p[b],p[b+1])>0)
            {    x=p[b];
                 p[b]=p[b+1];
                 p[b+1]=x;
            }
        }
    }
}
void print_strings (char *p[ ],int n)
{   int count;
    for (count=0;count<n;count++)
    printf ("\n%s", p[count]);
}
```

4）程序运行结果

Enter one line at time;enter a blank when done.

<u>dog<CR></u>

<u>apple<CR></u>

<u>zoo<CR></u>

<u>program<CR></u>

<u>merry<CR></u>

<u><CR></u>

apple

dog

merry

program

zoo

5）说明

本例中，get_lines()函数中的 while 语句用于控制输入。while 循环测试的条件有 3 个部分。第一部分，n<MAXLINES，确保输入的行数不超过 20 行；第二部分，gets(buffer)!=0，调用库函数 gets()，从键盘读取一行到缓冲区中，并校验文件结束或出现的其他错误；第三部分，buffer[0]!='\0'，判断第一个字符不是空字符，如是空字符输入为空行，作为输入结束标志。如果三个条件的任何一个不满足，while 循环停止且执行返回到调用程序，用输入的行数作为返回值。如果三个条件都满足，则执行下面的 if 语句：

        if((lines[n]=(char*)malloc(strlen(buffer)+1))==NULL)

malloc()函数为输入的字符串分配空间。strlen()函数返回作为实参传递的字符串的长度，长度加 1 后使 malloc()为字符串和它的终止空字符分配空间。

一旦从 get_lines()函数返回到 main()，下面的任务将被完成：

（1）从键盘读取若干文本行并依空字符结束的字符串存储在内存中。

（2）数组 lines[ ]包含指向每个字符串的指针。数组中指针的次序是输入字符串的次序。

（3）变量 number_of_lines 保存输入的行数。

排序时字符串实际不移动，只是数组 lines[ ]中指针次序发生变化。函数 sort()中包含一个嵌套的 for 循环，外层循环每执行一次，内层循环逐步对指针数组比较从 n=0 到 n=number_of_lines 次，由库函数 strcmp()执行比较。函数 strcmp()返回如下值之一：

（1）大于零的值：如果第一个字符串大于第二个字符串。

（2）零值：如果两个字符串相等。

（3）小于零的值：如果第二个字符串大于第一个字符串。

strcmp()返回值大于零，意味着第一个字符串"大于"第二个字符串，则交换那个字符串（交换 lines[ ]中它们的指针）。

当程序执行从 sort()中返回时，数组 lines[ ]中的指针已完全排序：指向"最小"字符串的指针是在 lines[0]中，倒数第二个"最小"的字符串是在 lines[1]中，依次类推。假定下列单词按指定的次序输入到程序中：

        dog

        apple

        zoo

        program

        merry

调用 sort()前和调用 sort()后的情况如图 7-7 和图 7-8 所示。

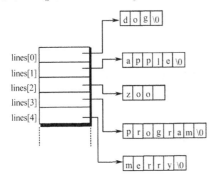 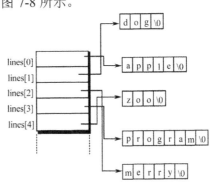

图 7-7 排序前，指针与输入字符串次序相同　　图 7-8 排序后，指针按字符串次序重新排序

7.6.2 指向指针数据的指针

在 C 语言中，可以建立指向指针数据的指针，即具有一个指针地址值的变量。例如：

    int x=12;   /* x 是一个整形变量 */

    int *ptr=&x;   /*ptr 是一个指向 x 的指针 */

    int **ptr_to_ptr=&ptr;   /* ptr_to_ptr 是一个指向 int 类型指针的指针*/

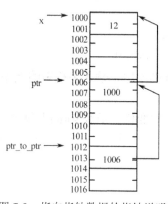

图 7-9　指向指针数据的指针说明

> **说明**：定义指向指针的指针变量时需使用双重指向运算符**，当用指向指针的指针访问所指的变量时也使用这种运算符。语句**ptr_to_ptr=12;将 12 赋给变量 x，而语句 printf ("%d", **ptr_to_ptr);将在屏幕上显示 x 的值。如果少用了一个指向运算符，将会出现错误，如将 12 赋给指针 ptr 写成语句*ptr_to_ptr=12;，这是错误的。

当说明和使用一个指向指针的指针时，称为"双重间接"。超过双重的称为多重间接，对于多重间接的级数没有限制，但超过两级，对于编程和阅读程序来说都较为困难，一般不使用。变量、指针及指向指针的指针间的关系如图 7-9 所示。对于多重间接没有限制——可以建立一个指向指针的指针，以至无穷。最常用的指向指针的指针包括指针数组，在本章中已经进行了介绍。

7.6.3　指针数组为 main 函数的形参

前面使用的 main 函数都没有参数，实际上，main 函数可以带参数。C 语言规定 main 函数的参数只能有两个，习惯上这两个参数写为 argc 和 argv，而且 argc（第一个形参）必须是整型变量，argv（第二个形参）必须是指向字符串的指针数组。加上形参说明后，main 函数的函数头应写为：

    main (argc,argv)

       int argv;

       char *argv[];

或写成：

    main (int argc,char *argv[])

main 函数的参数值是从操作系统命令行上获得的。当要运行一个可执行文件时，在 DOS 提示符下输入文件名，再输入实际参数即可把这些实参传送到 main 的形参中去。DOS 提示符下命令行的一般格式为：

    命令名 参数 1　参数 2　…　参数 n

argc 参数表示了命令行中参数的个数（注意：文件名本身也算一个参数），argc 的值是在输入命令行时由系统按实际参数的个数自动赋予的。argv 参数是字符串指针数组，其各元素值为命令行中各字符串（参数均按字符串处理）的首地址。指针数组的长度即为参数个数，数组元素初值由系统自动赋予。

例如，下面给出的命令行：

　　proc1　Good　Morning

其中，proc1、Good、Morning 都是字符串，这些字符串的首地址构成一个指针数组，如图 7-10 所示，即指针数组 argv 中的元素 argv[0]指向字符串"proc1"（或者说 argv[0]的值是字符串"proc1"的首地址），argv[1]指向字符串"Good"，argv[2]指向字符串"Morning"。

如果有以下一个 main()函数，它所在的文件名为 proc1。

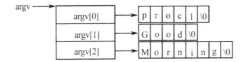

图 7-10　指针数组 argv[ ]各元素的值

【例 7.15】　指针数组作函数参数。

　　main(argc,argv)
　　int argc;
　　char *argv[ ];
　　{　while (argc>1)
　　　{　++argv;
　　　　printf("%s\n",*argv);
　　　　--argc;
　　　}
　　}

当在 DOS 提示符下输入如下命令：

　　proc1 Good Morning<CR>

程序运行结果为：

　　Good

　　Morning

在开始时，argv 指向字符串"proc1"，++argv 使之指向"Good"，所以第一次输出的是"Good"，第二次输出"Morning"。

由于可以把命令行参数传给程序，因而使用 C 程序可以方便接受命令行参数。

【例 7.16】　由命令行参数输入两个数据，在程序中计算这两个数的和。C 源程序文件名为 ad.c。

　　#include<stdlib.h>
　　#include<stdio.h>
　　main(argc,argv)
　　int argc;
　　char *argv[ ];
　　{　double x,y;
　　　if (argc<3)
　　　{　printf("命令格式错误！使用格式为：add　数值1　数值2");

```
            exit(0);
        }
        x=atof(argv[1]);
        y=atof(argv[2]);
        printf("%f+%f=%f\n",x,y,x+y);
    }
```

编译链接此程序，生成 add.exe 可执行文件，在 DOS 命令行提示符下输入：

  add 35.5 10.7<CR>

程序运行结果为：

  35.500000+10.700000=46.200000

main 函数中的形参名不一定都为 argc 和 argv，它可以是任意的名字，只是习惯用 argc 和 argv 而已。

利用指针数组做 main 函数的形参，可以向程序传送命令行参数（这些参数是字符串），这些字符串的长度事先并不知道，而且各参数字符串的长度一般都不相同，命令行参数的数目是任意的，用指针数组能够较好地满足上述要求。

小 结

指针是变量的地址，它是 C 程序的核心部分。指针运算需要两个运算符：取地址运算符"&"和指向运算符"*"。当取地址运算符放在变量之前时，返回变量的地址。当指向运算符放在指针名之前时，返回所指变量的值。

在函数调用时，如要求被调函数能够修改参数的值，可以把被调函数的形参说明为指针，在调用函数时把参数的地址传递给被调函数的形参，在被调函数中通过间接引用运算符（*）来修改实参的值。

指针和数组有特殊的关系。不带括号的数组名是该数组第一个元素的指针，指针算术运算的特殊性使得用指针来访问数组元素变得容易。事实上，数组下标法是指针法的一种特殊形式。在函数调用时，可以通过传送数组的指针而把数组作为实参传送给函数。当函数"知道"数组的长度和地址时，它既可以用指针法也可以用下标法来访问数组元素。

本章还介绍了指针的一些高级用法。如函数指针、指针数组、指向指针数据的指针等内容。其中，如何使用指向指针的指针，以及当处理字符串时如何使用指针数组，是本章的难点，在学习中需要多思考、多联系，来充分理解指针。

本章最后介绍了 C 语言主函数 main 的形参，通过 main 函数的形参可以接收 DOS 命令行传递给程序的参数。

习 题

一、选择题

1. 若有语句 int a, *p=&a;，则其中的运算符&的含义是（   ）。
  A．逻辑与运算 B．位与运算 C．取变量地址 D．取变量值

2. 若有语句 int a, *p=&a;，则以下输出语句正确的是（　　）。
   A．scanf("%d",*p);   B．scanf("%d",a);
   C．scanf("%d",p);   D．scanf("%d",&p);
3. 若已定义：int a[9], *p=a；并在以后的语句中未改变 p 的值，不能表示 a[1]地址的表达式是（　　）。
   A．p1   B．a1   C．a   D．p
4. 若有以下定义和语句：
   double r=99, *p=&r;
   *p=r;
则以下正确的叙述是（　　）。
   A．以下两处的*p 含义相同，都说明给指针变量 p 赋值
   B．在"double r=99, *p=&r;"中，把 r 的地址赋值给了 p 所指的存储单元
   C．语句"*p=r;"把变量 r 的值赋给指针变量 p
   D．语句"*p=r;"取变量 r 的值放回 r 中
5. 若有说明：int i,j=7, *p=&i;，则与 i=j;等价的语句是（　　）。
   A．i=*p;   B．*p=*&j;   C．i=&j;   D．i=**p;
6. 有以下程序段：
   main()
   {int t[3][2], *pt[3],k;
   fpr(k=0;k<3;k)pt[k]=t[k];
   }
则以下选项中能正确表示 t 数组元素地址的表达式是（　　）。
   A．&t[3][2]   B．*pt[0]   C．*{pt1}   D．&pt[2]
7. 若有语句 int *point,a=4;和 point=&a;则下面均代表地址的一组是（　　）。
   A．a, point, *&A
   B．&*a, *point, &a
   C．&a, *&point, *point
   D．&a, &*point, point
8. 下面判断正确的是（　　）。
   A．char *a="china"; 等价于 char *a; *a="china";
   B．char str[10]={"china"}; 等价于 char str[10];str[]={"china"};
   C．char *s="china"; 等价于 char *s;s="china";
   D．char *s="china"; 等价于 char s[10]; *s="china";
9. 设 p1 和 p2 是指向同一个字符串的指针变量，c 为字符变量，则以下不能正确执行赋值语句的是（　　）。
   A．c=*p1+*p2   B．p2=c   C．p1=p2   D．c=*p1*(*p2)
10. 下列语句定义 p 为指向 float 类型变量 d 的指针，其中哪一个是正确的（　　）。
    A．float d, *p=d;   B．float d, *p=&d;
    C．float *p=&d,d;   D．float d,p=d;
11. 对语句"int a[10], *p=a;"，下列表述中哪一个是正确的（　　）。
    A．*p 被赋初值为 a 数组的首地址

B．*p 被赋初值为数组元素 a[0]的地址

C．p 被赋初值为数组元素 a[1]的地址

D．p 被赋初值为数组元素 a[0]的地址

12．p1 指向某个整型变量，要使指针 p2 也指向同一变量,哪一个语句是正确的（　　）。

A．p2=*&p1;　　B．p2=**p1;　　C．p2=&p1;　　D．p2=*p1;

13．假如指针 p 已经指向变量 x，则&*p 相当于（　　）。

A．x　　　　　B．*p　　　　　C．&x　　　　　D．**p

14．假如指针 p 已经指向某个整型变量 x，则(*p)++相当于（　　）。

A．p++　　　　B．x++　　　　C．*(p++)　　　D．&x++

二、填空题

1．声明 float 类型变量 x 和指向 x 的指针变量 px 的语句是_____。

2．数组声明为"int a[6];"，表达式"*a+i"是指_____、"*(a+i)"是指_____。

3．开辟一个存储 n 个 int 数据的内存区，并将内存区首地址送入 p（指向 int 类型的指针变量）的语句为_____。释放由 p 所指向的内存区的语句为_____。

4．若有以下定义：int a[]={2,4,6,8,10,12}, *p=a;，则*(p+1)值是_____，*(a+5)的值是_____。

5．若有以下定义和语句:

　　inta[4]={0,1,2,3},*p;

　　p=&a[1];

则++(*p)的值是_____，*(p++)的值是_____。

6．以下程序执行后的输出结果是_____。

　　main()

　　{ int *s;

　　　int x[8]={8,7,6,5,4,3,2,1};

　　　s=x+3;

　　　printf("%d\n",s[2]);

　　}

7．下列程序的运行结果是_____。

　　mian()

　　{

　　　char *s="hello";

　　　s++;

　　　printf("%s",s);

　　}

8．若有定义"int w[10]={23,45,12,34,11,54,80,98,72,61},*p;p=w;"，则不移动指针 p，且通过指针 p 引用值为 98 的数组元素的表达式是_____。

9．以下函数用于求出两个整数之和，并通过形参将结果传回，请填空。
```
moid func(int x,int y, _____z)
{
    *z=x+y;
}
```
10．如果有下面形式主函数，则形参 argc 的值表示_____。
```
main (int argc, char *argv[])
```

三、判断题

1．如有数组声明为"int a[6];"，在程序中要访问数组元素 a[1]时，可以写作"*(a++)"。（ ）

2．内存单元的地址与内存单元中的内容是两个相同的内容。（   ）

3．指针变量保存的地址是长整型数据，所以可以进行各种数学运算。（   ）

4．定义好未经初始化或赋值的指针变量指向地址为 0 的内存区域。（   ）

5．如已定义好一个指针变量 p，其内容为地址 1000，执行 p++; 操作后，其内容变为地址 1001。（   ）

6．由于数组名代表数组的首地址，所以可以数组名进行自增（++）运算。（   ）

7．当一个指针指向一个数组后，用此指针可以像数组名一样来访问数组元素。（   ）

8．指针变量可以指向变量，指针也可以指向函数。（   ）

9．在 C 语言中，函数返回值不能是指针类型。（   ）

10．C 语言主函数 main 的两个形参只能是 argc 和 argv。（   ）

四、编程题

1．定义两个整型变量 a、b，再定义两个整型指针变量 p 和 q，使指针 p 和 q 指向变量 a 和 b，用指针 p 和 q 计算 a 与 b 的和。

2．用指向数组的指针编写冒泡法排序程序。

3．写一函数 slength 用来求出字符串的长度，并用 main 函数调用此函数。

4．编写一个计算两个矩阵和的函数，在 main 函数中输入两个矩阵数据，调用此函数，然后输出结果。要求用指针作为函数参数。

5．编写将 BASIC 赋予*p 后逐个取出字符进行纵向显示 BASIC 的程序。

6．设二维数组 x[4][5]，试用数组指针的方法求每行元素的和。

7．通过用 main 函数的参数接收命令行参数，编写两个数的简单计算程序。假设程序文件名为 math.c，在命令行下输入"math 10 * 2"，执行结果输出 20。

第 8 章

结构体、共用体与位运算

本章要点

- 了解结构体的基本概念和作用
- 掌握结构体类型变量的定义和引用方法
- 掌握结构体数组和指向结构体类型数据的指针概念
- 掌握使用指针处理链表的方法
- 掌握共用体的概念、作用和特点
- 了解枚举类型定义方法和使用
- 了解位运算符及位运算方法

第 8 章 结构体、共用体与位运算

引导与自修

在现实生活中,一个事物有多方面的特征。比如,一个人有姓名、年龄、性别、身高、学历、职业等多项特征;一台计算机有主频、主板型号、硬盘容量、软驱尺寸、光驱倍速等多项参数。因此,需要多种数据类型来描述这些数据项,而这些数据是相互联系、不可分割的整体,采用过去介绍的简单类型是无法描述的。为此,C 语言提供了结构体类型,专门用来描述一个事物对象的多项数据。在其他高级语言中,这种数据类型也称为记录。

例如,一个学生档案的记录为:

| 学号 | 姓名 | 性别 | 出生时间 | 入学时间 | 平均成绩 |

学生档案记录的结构见表 8-1。

表 8-1 学生档案记录描述

数据项名称	数据项变量	数据项类型	数据项宽度
学号	Num	int	2
姓名	Name	char	8
性别	Sex	char	2
出生时间	Birthday	char	10
入学时间	matriculate_date	char	10
平均成绩	Score	int	2

C 语言还在结构体类型基础上发展了一种特殊的构造类型——共用体类型。共用体类型是这样一种数据类型,它可以在程序运行的不同阶段在同一内存单元存放不同类型和不同长度的数据。本章重点介绍结构体和共用体类型的定义及使用,同时还简要介绍共同体、枚举类型和位运算。

8.1 结 构 体

精讲与必读

8.1.1 结构体类型

结构体类型与简单类型不同,在定义结构体类型变量时,必须先定义结构体类型,然后再定义结构体类型变量。

1. 定义结构体类型

```
struct  结构体名
    {成员列表};
```

其中成员列表的格式为:

            类型　　成员名;
　　例如：关于学生记录的结构体可定义为:
        struct student_type
        {
            int　　num;
            char　　name[9];
            char　　sex[3];
            char　　birthday[11];
            char　　matriculate_date[11];
            int score;
        };

在上例中，struct 是定义结构体类型的关键字，不能省略。student_type 是结构体类型的名称，在定义之后，它可以和其他简单类型一样，用来定义结构体类型变量。另外，如果结构体成员的类型是字符数组类型，其长度一般要大于该字符数据规定的宽度，因为还要存放字符串的结束标志。

在定义了结构体类型后，就可以用此类型名定义结构体类型变量。

2．定义结构体类型变量

结构体类型变量的定义有两种方法。

1）先定义结构体类型后定义结构体变量

当定义好一个结构体类型后，可以像普通类型名一样，在程序的其他地方用此结构体类型名来定义结构体变量。其格式为：

        struct 结构体类型名　　结构体变量名列表;

例如：

        struct student_type　　student1,student2;

这里要注意区别结构体类型和结构体类型变量，结构体类型和整型、实型一样，只是一种数据类型，在程序语句中不能直接引用结构体类型，而结构体类型变量可以直接引用。

2）在定义结构体类型的同时，也可定义结构体类型变量

在定义结构体类型的同时可以定义结构体类型变量，格式是：

        struct 结构体名
        {成员列表 变量名列表;}

例如：

        struct student_type
        {
            int　　num;
            char　　name[9];
            char　　sex[3];
            char　　birthday[11];
            char　　matriculate_date[11];

　　　　int score;
　　} student1,student2;

两种定义的方法效果相同。但使用第二种方法时，如果定义的结构体类型只使用一次，结构体类型名可以省略。其格式为：

　　struct
　　{ 成员列表} 变量列表;

3. 结构体类型的嵌套定义

结构体类型中成员的类型除了可以是一般数据类型外，还可以是一个结构体类型，这就构成了结构体类型的嵌套。例如：

　　struct date
　　{　int month;
　　　int day;
　　　int year;
　　};
　　struct student_type1
　　{　int　 num;
　　　char　name[9];
　　　char　sex[3];
　　　struct date　birthday;
　　　struct date　matriculate_date;
　　　int score;
　　};

本例中，先定义了一个 date 结构体类型，在 student_type1 结构体类型中的 birthday 和 matriculate_date 成员的类型定义为结构体类型 date。类型结构体的嵌套定义使结构体类型描述现实世界中的事物各种属性的能力更强。

8.1.2 结构体类型变量的初始化及引用

1. 结构体类型变量的初始化

在定义结构体变量时可以对结构体变量中各成员进行初始化，其格式为：

　　struct 结构体类型名　变量名={初值表};

例如：

　　struct student_type student1={9901,"张海","男","11/09/1980", "09/01/1999",85};
　　struct student_type student2={9902,"汪洋","男",4,8,1981,9,1,1999,85};

2. 结构体类型变量的引用

对结构体变量的引用，通常是对结构体中成员的引用。引用时在结构体变量和成员之间用"."隔开，其格式是：

　　结构体类型变量名.成员

例如，student1.name 表示 student1 结构体变量中的 name 成员，即 student1 的姓名。例如要显示 student1 的学号、姓名、出生时间、平均成绩，可以用如下语句来描述：

  printf("学号：%d,姓名：%s, 出生时间：%s,平均成绩：%2d", student1.num, student1.name, student1.birthday, student1.score);

如果是结构体嵌套定义，应是对结构体最低级成员的引用。例如，显示 student2 的学号、姓名、出生时间、平均成绩，printf 语句应为：

  printf("学号: %d,姓名: %s,出生时间：%2d//%2d//%4d,平均成绩: %2d", student2.num, student2.name, student2.birthday.month, student2.birthday.day, student2.birthday.year, student2.score);

说明：

（1）结构体最低级成员与其他简单变量一样，可以进行各种运算和操作。

（2）结构体变量不能作为整体输入/输出，因而不能用 printf("学生记录为: ", student1);显示学生 1 的记录。

（3）在引用结构体变量时，如果是两个结构体变量相互赋值，结构体变量可作为一个整体引用。如定义 struct student_type student1, student2 后，在程序中，下列语句是合法的：

   sutdent1=student2;

或 student2=student1;

【例 8.1】 定义一个描述日期的结构体，输入一个人的出生日期，并计算其年龄。

```c
#include <dos.h>
main()
{
    struct
    {   int month;
        int day;
        int year;
    } birthday;
    struct date today;
    int age;
    printf("输入出生日期(mm/dd/yyyy)：");
    scanf("%d/%d/%d",&birthday.month,&birthday.day,&birthday.year);
    getdate(&today);   /*取系统日期，定义在<dos.h>头文件中*/
    if ((today.da_mon>birthday.month)||
       ((today.da_mon==birthday.month)&&(today.da_day
          >=birthday.day)))
        age=today.da_year-birthday.year;
    else age= today.da_year-birthday.year-1;
    if (age<0) printf("输入的出生日期无效!\n");
    else printf("年龄为：%d\n",age);
}
```

假如系统日期为"03/10/2007",程序运行结果如下:
　　输入出生日期(mm/dd/yyyy): 8/12/1980<CR>
　　年龄: 26

本例中,date 是一结构体类型,TC 中在<dos.h>头文件中定义,date 的结构定义如下:

```
struct date {
    int    da_year;        /* Year – 1980 */
    char   da_day;         /* Day of the month */
    char   da_mon;         /* Month (1 = Jan) */
};
```

注意: 结构体 date 定义时,da_day 和 da_mon 都被定义为字符类型,目的是为了节省内存空间。因为 day 和 month 的值都不会大于 255,都只需占用一个字节。如果它们都定义为整型,两个变量共需占用 4 个字节,其中两个字节将会被浪费掉。另外,如果在程序中用户重新定义 date,系统将按用户定义的 date 去使用。

8.1.3 结构体数组

一个结构体的变量只能对一个事物的特征进行描述,如果是对多个相同事物的描述,则需要使用多个结构体变量。为了便于对多个结构体变量进行访问,通常采用结构体数组。结构体数组和其他类型的数组相类似,都是存放多个同一类型的数据,不同的是结构体数组元素的类型是结构体,一个元素又由多个成员项组成。

1. 结构体数组的定义及初始化

1)结构体数组定义格式

　　struct 结构体类型名　数组名[常量表达式];

例如:

　　struct student_type student[50];

也可以定义成多维数组:

　　struct student_type student[20][50];

这里第一维下标的含义可理解为班级序号。

2)结构体数组的初始化

　　struct 结构体类型名　数组名[常量表达式]={初值列表};

初值列表中,由于一个元素由多项数据项组成,所以每一个元素的初值之间最好用大括号分开,以免混淆或遗漏。例如:

　　struct student_type student[50]={{…},{…},……};

2. 结构体数组的引用

引用数组时,使用下标来访问数组的每一个元素,引用结构体数组也不例外,只是在访问数组元素时要遵循引用结构体变量的有关规则。

【例 8.2】 从键盘输入数据,建立一个学生数据库,并计算所有学生的平均成绩。

　　main()

```c
    {
        struct date
        {   int month;
            int day;
            int year;
        };
        struct student_type1
        {   int    num;
            char   name[9];
            char   sex[3];
            struct date    birthday;
            struct date    matriculate_date;
            int score;
        }student[50];
        int i,n; float sum=0.0,average;
        printf("请输入学生记录数：");
        scanf("%d",&n);
        printf("学号  姓名   性别   出生时间   入学时间   成绩\n");
        for(i=0;i<n;i++)
        {
            scanf("%d %s %s %d/%d/%d %d/%d/%d %d",
               &student[i].num, &student[i].name, &student[i].sex,
               &student[i].birthday.month, &student[i].birthday.day,
               &student[i].birthday.year, &student[i].matriculate_date.month,
               &student[i].matriculate_date.day,&student[i].matriculate_date.year,
               &student[i].score);
            sum=sum+student[i].score;
        };
        average=sum/n;
        printf("全班学生的平均成绩为：%5.2f\n",average);
    }
```

程序运行结果：

请输入学生记录数：<u>4<CR></u>

学号 姓名   性别   出生时间   入学时间   平均成绩

<u>9901 张海   男   11/09/1980 09/01/1999   80<CR></u>

<u>9902 汪洋   男   04/08/1981 09/01/1999   85<CR></u>

<u>9903 李丽   女   01/23/1982 09/01/1999   91<CR></u>

<u>9904 李和民 男   07/06/1981 09/01/1999   74<CR></u>

全班学生的平均成绩：82.50

8.1.4 指向结构体类型数据的指针

结构体类型变量可以使用指针，指向结构体变量的指针，其值是该变量所占据的内存段的起始地址。

1．指向结构体变量的指针的定义

定义指向结构体变量指针的格式：

  struct 结构体类型名 *指针变量名;

例如

  struct student_type *p;

在第 7 章已介绍了，指针变量在编译时并不给它分配内存单元，而是在程序运行时，通过内存分配语句或赋值语句把某个单元的地址赋给它。例如：

  struct student_type *p,student1,student[50];
  p=&student1; /* ① */
  p=&student[0]; /* ② */
  p=student;   /* ③ */
  p=(struct student_type *)malloc(size of(struct student_type)); /* ④ */

语句①把结构体变量 student1 的地址赋给指针 p，语句②把结构体数组第 0 单元的地址赋给指针 p，语句③把结构体数组的首地址赋给指针 p。语句②和语句③功能相同，但要注意它们之间语法的差异。语句④的作用是分配能存放一个 student_type 结构体类型数据的内存单元给指针 p，由于 malloc()函数返回值的默认数据类型是字符型，为了使指针 p 为结构体类型，必须在 malloc()函数前进行强制类型转换，把类型转换成结构体指针类型。

2．指向结构体变量的指针的引用

结构体变量指针一般也不能整体引用，只有结构体变量的最低级成员才能进行输入/输出及运算操作。指针变量引用的格式为：

  (*指针变量名).成员名

例如 printf("学号：%d,姓名：%s,平均成绩：2d", (*p).num, (*p).name, (*p).score); 语句中(*p).num 中的括号不能省略，因为*(p).num 与* (p.num)等价。

C 语言中为了使用方便，可以把(*p).num 改成 p->num；其中 "->" 称为指向运算符。对于这一运算符，其优先级高于其他运算符，比如 p->num++相当于(p->num)++，++p->num 相当于++(p->num)。

如果 p 指向结构体数组元素，(++p)->num 的含义是 p 首先自增，指向数组的下一个元素，然后引用该元素的 num 项，(p++)->num 的含义是先引用 p 所指元素的 num 项，然后 p 自增，指向数组的下一个元素。

【例 8.3】 用软件延时器显示时间。

  #include <stdio.h>
  #include <conio.h>
  struct time_type

```c
{   int hours,minutes,seconds;
};
main()
{   struct time_type time;
    printf("请输入当前时间(hh:mm:ss)：");
    scanf("%d:%d:%d",&time.hours,&time.minutes,&time.seconds);
    time.minutes=time.minutes+time.seconds/60;
    time.hours=time.hours+time.minutes/60;
    time.hours=time.hours%12;
    time.minutes=time.minutes%60;
    time.seconds=time.seconds%60;
    while(1)
    {
        display(&time);/*显示当前时间*/
        update(&time); /*时间自增*/
    }
}
update(struct time_type *t)
{
    t->seconds++;
    if (t->seconds == 60)
    {
        t->minutes++;
        t->seconds=0;
    }
    if (t->minutes ==  60)
    {
        t->hours++ ;
        t->minutes=0;
    }
    if (t->hours==12)
        t->hours=0;
    one_second_delay();
}
display(struct time_type *t)
{   gotoxy(60,24);
    printf("%02d:%02d:%02d",t->hours,t->minutes,t->seconds);
}
```

```
one_second_delay()
{    long int i;
     for(i=1;i<90000000;i++);
}   /*循环的次数可根据使用的机器自行调整*/
```

程序运行时，根据要求输入当前时间，然后屏幕动态显示时间变化。例 8.3 中，itoa()函数定义在 <stdlib.h> 头文件中，它的功能是将 n 进制整数转换为字符串，通常 n 取 10。

8.2 共 用 体

共用体也称为联合体，它指不同类型的数据成员占用同一存储区。例如，学生食堂主要是学生吃饭的场所，但有时也可以用来开会，或用来开展文娱活动等。在共用体中，各成员共享一段内存空间，由于不同类型数据成员占用内存的长度可能不同，共用体的长度等于各成员中最长的长度，它们所占内存单元的首地址都是相同的。对于共用体变量，可以被赋予任何一成员值，但每次只能赋一种值。

8.2.1 共用体的定义

1）共用体类型定义格式

```
union  共用体名
{
    成员列表;
};
```

例如：

```
union public_data
{    int a;
     char b;
     long int c;
};
```

2）定义共用体类型变量方法

（1）在定义共用体类型后，再定义共用体类型变量。例如：

```
union public_data x,y,z;
```

（2）在定义共用体类型的同时,定义共用体类型变量。例如：

```
union public_data
{   char a;
    int b;
    long int c;
} x,y,z;
```

如果定义的共用体类型只使用一次，共用体类型名可以省略。

8.2.2 共用体类型变量的引用

1）引用共用体类型变量的格式

共用体变量名.成员名

例如：

scanf("%d",&x.b);

x.a='a';

2）注意

（1）共用体变量起作用的成员是最后一次被赋值的成员，其他成员的值会受最后一次被赋值的成员影响而发生变化。

例如，对前面定义的 x 共用体变量进行如下赋值：

x.c=65536;

x.a='a';

执行上面两个语句后，printf("%ld",x.c)的结果为 65633。因为对 x.a 赋值时，影响了 x.c 的低 8 位。

（2）共用体变量名不能被赋值，也不能作为函数参数，函数的返回值也不能为共用体类型，但可以使用指向共用体变量的指针。

【例 8.4】 将例 8.3 中的结构体类型修改成共用体类型，重新编写软件延时器。

```c
#include <stdio.h>
#include <conio.h>
union  public_data
{   char a;
    int b;
    long int c;
} x;
main()
{ int hours,minutes,seconds;
  printf("请输入当前时间(hh:mm:ss)：");
  scanf("%d:%d:%d",&hours,&minutes,&seconds);
  minutes=minutes+ seconds/60;
  hours=hours+ minutes/60;
  hours=hours%12;
  minutes=minutes%60;
  seconds=seconds%60;
  x.c=hours*65536L+minutes*256+seconds;
  while(1)
  {
     display();/*显示当前时间*/
```

```
              update();  /*时间自增*/
    }
}

    update()
    {    x.a++;
         if (x.a==60)
         {
              x.b=x.b+256;
              x.a=0;
         }
         if(x.b/256==60)
         {
              x.c=x.c+65536L;
              x.b=0;
         }
         if(x.c/65536L==12)
              x.c=x.c-12*65536L;
         a_second_delay();
    }

    display()
    {    int h,m,s;
         gotoxy(60,24);
         h=x.c/65536L;
         m=x.b/256;
         s=x.a;
         printf("%2d:%2d:%2d",h,m,s);
    }
    a_second_delay()
    {    long int i;
         for(i=1;i<90000000;i++);
    }
```

说明：
在共用体中，a 中放的是秒数，b 中低位字节放的是秒数，高位字节放的是分数，c 中高双位字节放的是小时数，低双位字节放的是分数和秒数。请注意它们之间的关系。

8.3 枚举类型

在实际问题中，有些变量的取值被限定在一个有限的范围内。例如，一个星期只有 7 天，一年只有 12 个月等。如果把这些量说明为整型、字符型或其他类型都不妥当。为此，C 语言提供了一种"枚举"的类型。

枚举类型是由若干整型常量标识符组成的集合，它包含了该类型变量的所有合法值，枚举类型变量的值不能超出定义值范围。枚举类型适用于一个变量的值只指若干个值的情况，枚举类型的使用可增加程序的可读性。

1. 枚举类型的定义及初始化

1) 枚举类型定义的一般格式

  enum 枚举类型名
    {枚举值表};

在枚举值表中应列出所有可能用到的值，这些值被称为"枚举元素"。

例如，定义一个表示等级制成绩的枚举类型：

  enum grade{Fail,Pass,Middle,Fine,Excellent};

2) 枚举类型变量的定义

（1）在定义枚举类型后，再定义枚举类型变量。例如：

  enum grade g1,g2,g3;

（2）在定义枚举类型的同时，定义枚举类型变量。例如：

  enum grade{Fail,Pass,Middle,Fine,Excellent}g1,g2,g3;

如果定义的枚举类型只使用一次，枚举类型名可以省略。

注意：在枚举类型的定义中，大括号内只能是整型常量标识符，而不能是整型常数。整型常量标识符不需要预先定义，在程序编译时，按枚举类型定义的顺序会自动给它们赋值。在上例中，Fail 为 0，Pass 为 1，Middle 为 3，Fine 为 4，Excellent 为 5。也可以在定义枚举类型时，给它们赋值。如 enum grade{Fail=5, Pass, Middle, Fine, Excellent}，Fail 为 5，Pass 为 6，Middle 为 7，Fine 为 8，Excellent 为 9。但不能通过赋值语句给它们赋值，比如 Fail=5 是非法的。

2. 枚举变量的引用

枚举变量，实际是一个整型变量，可以像一般整型变量一样进行输入/输出、赋值、运算。枚举变量在使用中要注意以下规定。

（1）枚举值是符号常量，不能在程序中用赋值语句再对它赋值。

如对上面枚举型 grade 的元素再作以下赋值：

  Fail=7;
  Pass=8;

都是错误的。

（2）枚举变量在输出时，只能输出对应的枚举元素的值。例如：

```
enum grade{Fail=5, Pass, Middle, Fine, Excellent}g1,g2;
g1=Pass; printf("%d",g1);
```
输出结果为 6。

（3）枚举变量也可以用于比较语句，是用枚举元素的值进行比较。例如：

(g1>Fail)　　　(g1<=g2)　　　(g1>=5)

都是正确的。

（4）给枚举变量赋值时，既可以把类型定义时的整型常量标识符赋给枚举变量，也可以直接赋整数。如 {g1=Fail;g2=Fine;}是合法的，{g1=1;g2=7;}也是合法的。

（5）枚举变量的取值范围为–32768～32767 之间的整数，不局限于枚举类型所定义的数值范围。

【例 8.5】 输入一个学生成绩，并由百分制转换成等级制。

```
main()
{   enum grade{Fail=5,Pass,Middle,Fine,Excellent}g;
    int score;
    printf("请输入学生的分数：");
    scanf("%d",&score);
    g=score/10;
    if (g<5) g=5;
    if (g>9) g=9;
    printf("\n 该学生的等级分为：  ");
    switch (g)
    {
        case Fail : printf("不及格");break;
        case Pass : printf("及格");break;
        case Middle : printf("中等");break;
        case Fine : printf("良好");break;
        case Excellent : printf("优秀");break;
    }
    printf("\n");
}
```
程序运行结果：

请输入学生的分数：75<CR>

该学生的等级分：中等

选学与提高

8.4 链　　表

链表是一种常见的线性数据结构，它有两个特点：一是不需占用连续的存储单元；二是在链表的插入删除等操作上比较方便。因此，链表结构被广泛运用于数据文件的管理之中。链表由若干个节点组成，每个节点又由两部分构成：一部分是数据域，存放若干项数据；另一部分是指针域，使指针指向另一个同类型节点。图 8-1 为最简单的链表。

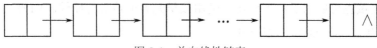

图 8-1　单向线性链表

访问一个链表，必须从第一个节点开始访问，所以必须记住链表第一个节点的地址。

指向链表第一个节点的指针称为"头指针"，不同的头指针代表不同的链表。链表的最后一个节点称表尾节点，它的指针域为空指针，其值为 0。

8.4.1　链表的建立

1．链表节点的定义

建立链表，需先定义节点的类型。由于一个节点由数据域和指针域组成，因此节点的类型应该是一个结构体类型，结构体中的指针变量是指向该结构体的指针类型。例如，定义一个学生档案节点的类型如下：

```
struct date
{   int month;
    int day;
    int year;
};
struct student_node_type
{   int num;
    char   name[9];
    char   sex[3];
    struct date   birthday;
    struct date   matriculate_date;
    int score;
    struct student_node_type *next;
}
```

定义了节点的类型后，还需定义指向节点的指针变量：

```
struct student_node_type *head, *p, *q;
```

其中指针变量 head 用来存放链表的首节点，p 和 q 用来从链表的首节点开始顺序访问链表的其他节点。

2．动态申请内存操作

定义指针后并没有给节点分配内存地址，在程序中需要动态地分配内存空间作为链表节点，当删除链表节点时把不再使用的空间回收，为有效地利用内存资源 C 语言，在头文件"stdlib.h"中提供了内存管理函数来实现。

1）申请内存空间函数 malloc()
（1）调用格式： (类型说明符*) malloc (size)
（2）功能：在内存的动态存储区中分配一块长度为"size"字节的连续区域。
（3）返回值：为该区域的首地址。
（4）说明：(类型说明符*)表示把返回值强制转换为该类型指针，指定该区域用于存储此类型数据。"size"是一个无符号数。例如： pc=(char *) malloc (100); 表示分配 100 个字节的内存空间，并强制转换为字符数组类型，函数的返回值为指向该字符数组的指针，把该指针赋予指针变量 pc。

2）释放内存空间函数 free()
（1）调用格式： free(void*ptr);
（2）功能：释放 ptr 所指向的一块内存空间，ptr 是一个任意类型的指针变量，它指向被释放区域的首地址。被释放区域应是由 malloc()函数或 calloc()函数所分配的区域。

3．链表的建立

下面结合例子介绍链表建立的方法。

【例 8.6】 从键盘输入数据，建立一个学生档案数据链表。

```
#define NULL 0
#include <stdlib.h>
struct date
{   int month;
    int day;
    int year;
};
struct student_node_type
{   int num;
    char   name[9];
    char   sex[3];
    struct date     birthday;
    struct date     matriculate_date;
    int score;
    struct student_node_type *next;
};

struct student_node_type *create_link_table()
{   int i,n;
    struct student_node_type   *head, *p, *q;
    printf("请输入学生记录数：");
    scanf("%d",&n);
    printf("学号     姓名     性别     出生时间     入学时间     平均成绩\n");
```

```
         for(i=0;i<n;i++)
         {
             p=(struct student_node_type *)malloc(sizeof(struct
                student_node_type));
             p->next=NULL;
             if(head==NULL) head=p;
             if (q==NULL) q=p;
             else  {
                  q->next=p;
                  q=p;
             }
             scanf("%d%s%s%d/%d/%d%d/%d/%d%d", &p->num,  &p->name, &p->sex,
                &p->birthday.month,  &p-> birthday.day, &p->birthday.year,
                &p->matriculate_date.month,  &p->matriculate_date.day,
                &p->matriculate_date.year, &p->score);
         }
         return(head); /*返回头指针*/
     }

     main()
     {   struct student_node_type *student_link_head;
         student_link_head=create_link_table();
     }
```

输入数据为：

请输入学生记录数：<u>4\<CR></u>

学号	姓名	性别	出生时间	入学时间	成绩
<u>9901</u>	<u>张海</u>	<u>男</u>	<u>11/09/1980</u>	<u>09/01/1999</u>	<u>80\<CR></u>
<u>9902</u>	<u>汪洋</u>	<u>男</u>	<u>04/08/1981</u>	<u>09/01/1999</u>	<u>85\<CR></u>
<u>9904</u>	<u>李丽</u>	<u>女</u>	<u>01/23/1982</u>	<u>09/01/1999</u>	<u>91\<CR></u>
<u>9905</u>	<u>李和民</u>	<u>男</u>	<u>07/06/1981</u>	<u>09/01/1999</u>	<u>74\<CR></u>

4．链表的输出

【例 8.7】 学生档案链表的输出。

```
#define NULL 0
#include <stdio.h>
#include <stdlib.h>
struct date
{   int month;
    int day;
```

```
        int year;
    };
    struct student_node_type
    {   int num;
        char   name[9];
        char   sex[3];
        struct date    birthday;
        struct date    matriculate_date;
        int score;
        struct student_node_type *next;
    };

    print_link_table(head)
    struct student_node_type *head;
    {
        struct student_node_type *p;
        p=head;
        printf("学号    姓名    性别    出生时间     入学时间    平均成绩\n");
        while (p!=NULL)
        {
            printf("%d%7s%6s%8d/%d/%d%6d/%d/%d%7d\n",
            p->num,  p->name, p->sex, p->birthday.month, p->birthday.day,
            p->birthday.year, p->matriculate_date.month,  p->
            matriculate_date.day, p->matriculate_date.year, p->score);
            p=p->next;
        }
    }


    main()
    {   struct student_node_type *student_link_head;
        student_link_head=create_link_table();
        /* create_link_table()函数的定义见例 10-7*/
        print_link_table(student_link_head);
    }
```

输入数据为:

请输入学生记录数：<u>4<CR></u>

学号	姓名	性别	出生时间	入学时间	平均成绩
<u>9901</u>	张海	男	11/09/1980	09/01/1999	80<CR>
<u>9902</u>	汪洋	男	04/08/1981	09/01/1999	85<CR>

	9904	李丽	女	01/23/1982	09/01/1999	91<CR>
	9905	李和民	男	07/06/1981	09/01/1999	74<CR>

输出数据为：

学号	姓名	性别	出生时间	入学时间	平均成绩
9901	张海	男	11/09/1980	09/01/1999	80
9902	汪洋	男	04/08/1981	09/01/1999	85
9904	李丽	女	01/23/1982	09/01/1999	91
9905	李和民	男	07/06/1981	09/01/1999	74

说明：在程序的主函数 main 中调用了链表创建 create_link_table() 函数，在上机调试程序时请把上一节程序中的 create_link_table() 函数在主函数前面输入。

8.4.2 链表的插入与删除

链表建立以后，有时还需要对链表进行修改。修改链表主要有链表插入和删除两个操作。在链表中插入或删除一个节点，与数组所构成的线性表相比，要方便得多，只需修改指针。图 8-2 和图 8-3 分别是插入和删除一个节点 p 的示意图。

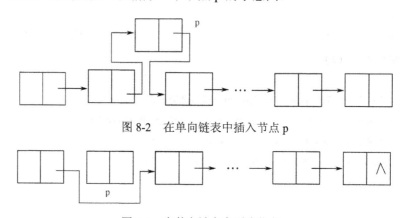

图 8-2　在单向链表中插入节点 p

图 8-3　在单向链表中删除节点 p

【例 8.8】 在学生档案链表的"汪洋"记录后，插入一个学生记录，新学生的记录为："9903　杜英　女　12/23/1980　09/01/1999　83"。

```
#define NULL 0
#include <string.h>
#include <stdlib.h>
struct date
{   int month;
    int day;
    int year;
};
struct student_node_type
{   int num;
```

```
    char    name[9];
    char    sex[3];
    struct date    birthday;
    struct date    matriculate_date;
    int score;
    struct student_node_type *next;
};

insert(struct student_node_type *head)
{
    struct student_node_type *p, *q;
    p=head;
    while (p!=NULL)
    {
        if (strcmp(p->name,"汪洋"))
            p=p->next;
        else break;
    }
    if (p!=NULL)
    {
        q=(struct student_node_type *)malloc(sizeof(struct
            student_node_type));
        q->num=9903;
        strcpy(q->name,"杜英");
        strcpy(q->sex,"女");
        q->birthday.month=12; q->birthday.day=23;
        q->birthday.year=1980;
        q->matriculate_date.month=9;
        q->matriculate_date.day=1;
        q->matriculate_date.year=1999; q->score=83;
        q->next=p->next;
        p->next=q;
    }
}

main()
{
    struct student_node_type *student_link_head;
    student_link_head=create_link_table();
```

```
        /*student_node_type()函数的定义见例 10.7*/
        insert(student_link_head);
        print_link_table(student_link_head);
        /* print_link_table()函数的定义见例 10.8*/
}
```

输入数据为：

请输入学生记录数：4<CR>

学号	姓名	性别	出生时间	入学时间	平均成绩
9901	张海	男	11/09/1980	09/01/1999	80<CR>
9902	汪洋	男	04/08/1981	09/01/1999	85<CR>
9904	李丽	女	01/23/1982	09/01/1999	91<CR>
9905	李和民	男	07/06/1981	09/01/1999	74<CR>

输出数据为：

学号	姓名	性别	出生时间	入学时间	平均成绩
9901	张海	男	11/09/1980	09/01/1999	80
9902	汪洋	男	04/08/1981	09/01/1999	85
9903	杜英	女	12/23/1980	09/01/1999	83
9904	李丽	女	01/23/1982	09/01/1999	91
9905	李和民	男	07/06/1981	09/01/1999	74

【例 8.9】 在学生档案链表中，删除 1981 年出生的学生。

```
#define  NULL  0
#include <string.h>
#include <stdlib.h>
struct date
{   int month;
    int day;
    int year;
};
struct student_node_type
{   int num;
    char   name[9];
    char   sex[3];
    struct date    birthday;
    struct date    matriculate_date;
    int score;
    struct student_node_type *next;
};
```

```
struct student_node_type    *delete(struct student_node_type *head)
{
    struct student_node_type *p, *q;
    p=head;
    q=p;
    while (p!=NULL)
    {
      if (p->birthday.year!=1981)
         q=p;
      else
         {
            if (head==p)
            head=p->next;
             q->next=p->next;
         }
      p=p->next;
    }
     return(head);
}

main()
{
    struct student_node_type *student_link_head;
    student_link_head=create_link_table();
    /*student_node_type()函数的定义见例10.7*/
    student_link_head=delete(student_link_head);
    print_link_table(student_link_head);
    /* print_link_table()函数的定义见例10.8*/
}
```

输入数据为：

请输入学生记录数：<u>5\<CR></u>

学号	姓名	性别	出生时间	入学时间	平均成绩
<u>9901</u>	<u>张海</u>	<u>男</u>	<u>11/09/1980</u>	<u>09/01/1999</u>	<u>80\<CR></u>
<u>9902</u>	<u>汪洋</u>	<u>男</u>	<u>04/08/1981</u>	<u>09/01/1999</u>	<u>85\<CR></u>
<u>9903</u>	<u>杜英</u>	<u>女</u>	<u>12/23/1980</u>	<u>09/01/1999</u>	<u>83\<CR></u>
<u>9904</u>	<u>李丽</u>	<u>女</u>	<u>01/23/1982</u>	<u>09/01/1999</u>	<u>91\<CR></u>
<u>9905</u>	<u>李和民</u>	<u>男</u>	<u>07/06/1981</u>	<u>09/01/1999</u>	<u>74\<CR></u>

输出数据为：

学号	姓名	性别	出生时间	入学时间	平均成绩
9901	张海	男	11/09/1980	09/01/1999	80
9903	杜英	女	12/23/1980	09/01/1999	83
9904	李丽	女	01/23/1982	09/01/1999	91

8.5 位 运 算

在数据处理中，有时需要对数据按二进制位进行处理。例如，将一个数据按二进制位进行左移 2 位，或者将两个数据按二进制位进行与运算等。为此，C 语言提供了位运算符，实现对数据按二进制位运算的多种处理。

C 语言提供的位运算符见表 8-2。

表 8-2 位运算符

位 运 算 符	含 义
&	按位与
|	按位或
∧	按位异或
~	取反
《	左移
》	右移

说明：
（1）位运算符中除～以外，均为二目（元）运算符。
（2）运算量只能是整型或字符型的数据，不能为实型数据。

下面对各运算符分别进行介绍。

8.5.1 按位与运算符（&）

按位与运算符 "&" 是双目运算符。其功能是参与运算的两数以计算机内部补码二进制形式按位进行与运算，当两个相应的位都为 1，则该位的结果值为 1，否则为 0。即

    0&0=0; 0&1=0; 1&0=0; 1&1=1;

例如：3&5，先把 3 和 5 以补码表示，再进行按位与运算。

       3 的补码：00000011
    & 5 的补码：00000101
                  00000001

它是 1 的补码。因此，3＆5 的值得 1。

按位与运算通常用来对某些位清 0 或保留某些位。

（1）取一个数中某些指定位。如一个整数 a（2 个字节），想把 a 的高八位清 0，低八位保持不变，即取其中的低字节，只需将 a 与 255 按位与即可。

       0010110010101100   （a）
    & 0000000011111111   （b）
       0000000010101100   （c）

c=a & b, b 为 255，c 只取 a 的低字节，高字节为 0。

如果想取两个字节中的高字节，只需：c=a & 0xFF00。

```
    0010110010101100        （A）
&   1111111100000000        （B）
    0010110000000000        （C）
```

（2）要想保留下来数据中的某些位，就与一个数进行&运算，此数在该位取 1，例如：有一个数 01010100，想把其中左面第 3、4、5、7、8 位保留下来，可以这样

```
    01010100        （十进制数 84）
&   00111011        （十进制数 59）
    00010000        （十进制数 16）
```

即 a=84, b=59, c=a & b=16。

8.5.2 按位或运算符（|）

按位或运算符"|"是双目运算符。其功能是参与运算的两数各对应的二进制位相或。两个相应位中只要有一个为 1，该位的结果值为 1。即：0|0=0 , 0|1=1 , 1|0=1 , 1|1=1。例如：

060|017

将八进制数 60 与八进制数 17 进行按位或运算。

```
        00110000
 (|)    00001111
        00111111
```

把低 4 位全置 1。如果想使一个数 a 的低 4 位改为 1，只需将 a 与（017）$_8$ 进行按位或运算即可。

按位或运算常用来对一个数据的某些位定值为 1，例如：a 是一个整数（16 位），有表达式

`   a|0377

则运算结果低 8 位全置为 1，高 8 位保留原样。

8.5.3 异或运算符（∧）

异或也称为 XOR 运算，其运算的规则是：如参加运算的两个数相应位相同，则结果为 0；相异则为 1。即

0∧0=0;   0∧1=1;   1∧0=1;   1∧1=0;

例如：

```
        00111001
 ∧      00101010
        00010011
```

即 071∧052，结果为 023（八进制数）。

"异或"的意思是：判断两个相应的位值是否为"异"，为"异"（值不同）就取真（值为 1），否则为假（值为 0）。

下面举例说明异或运算符的应用。

（1）使特定位翻转

假设有 01111010，想使其低 4 位翻转，即 1 变为 0，0 变为 1。可以将它与 00001111 进行∧运算，即

```
    01111010
 ∧  00001111
    ─────────
    01110101
```

结果值的低 4 位正好是原数低 4 位翻转。要使哪几位翻转就使与其进行异或运算的数中该几位置为 1 即可。这是因为原数中值为 1 的位与 1 进行异或运算得 0，原数中的位值 0 与 1 进行异或运算的结果得 1。

（2）与 0 相异或，保留原值

012∧00=012

因为原数中的 1 与 0 进行异或运算得 1，0∧0 得 0，故保留原数。

```
    00001010
 ∧  00000000
    ─────────
    00001010
```

（3）交换两个值，不用临时变量

假如 a=3，b=4。想将 a 和 b 值交换，可以用以下赋值语句来实现：

a=a∧b;
b=b∧a;
a=a∧b;

8.5.4 取反运算符（~）

取反运算符"~"是一个单目（元）运算符，用来对一个二进制数按位取反，即将 0 变 1，1 变 0。例如，~025 是对八进制数 25（即二进制数 0000000000010101），按位求反。

~0000000000010101

1111111111101010

即八进制数 177752。因此，~025 的值为 177752。不要错认为~025 的值是-025。

如在程序中要使一个整型变量 a 的最低一位为 0，可以用

a= a & ~1

注意："~"运算符的优先级别比算术运算符、关系运算符、逻辑运算符和其他位运算符都高，例如，"~a & b",先进行"~a"运算，然后进行 & 运算。

8.5.5 左移运算符（<<）

左移运算符用来将一个数的二进位全部左移若干位。例如：

a=a<<2

将 a 的二进制数左移 2 位，右补 0。若 a=15，即二进制数 00001111，左移两位得 00 11 11 00，即十进制数 60。

注意：高位左移后溢出，被舍弃不用。

左移 1 位相当于该数乘以 2，左移 2 位相当于该数乘以 $2^2=4$，但此结论只适用于该数左移时溢出，舍弃的高位中不包含 1 的情况。例如，a 为字符类型变量，当 a 的值为 64 或 127 时，左移一位和左移一位后的情况如下：

a 的值	a 的补码形式	a<<1	a<<2
64	01000000	0：10000000	01：00000000
127	01111111	0：11111110	01：11111100

可以看出，a=64 左移 1 位时相当于乘 2，左移 2 位后，值等于 0。

左移比乘法运算快得多，有些 C 编译程序自动将乘 2 的运算用左移一位来实现，将乘 2^n 的幂运算处理为左移 n 位。

8.5.6 右移运算符（>>）

a>>2 表示将 a 的各二进位右移 2 位。移到右端的低位被舍弃，对无符号数，高位补 0。如 a=017 时：

  a 为 00001111，a>>2 为 00000011：11
              ↑
             此二位舍弃

右移一位相当于除以 2，右移 n 位相当于除以 2^n。

右移运算时，需要注意符号位问题。对无符号数，右移时左边高位移入 0。而对于有符号的值，如果原来符号位为 0（该数为正）则左边也是移入 0，如同上例符号没发生变化。如果符号位原来为 1（即负数），则左边移入的是 0 还是 1，要取决于所用的计算机系统。有的系统移入 0，有的移入 1。移入 0 的称为"逻辑右移"，即简单右移。移入 1 的称为"算术右移"。例如，a 的值为八进制数 113755。

  a：   1001011111101101
  a>>1： 0100101111110110 （逻辑右移时）
  a>>1： 1100101111110110 （算术右移时）

在有些系统上，a>>1 的八进制数为 045766，而在另一些系统上可能得到的是 145766。Turbo C 和其他一些 C 语言编译采用的算术位移，即对有符号数右移时，左面移入高位的是 1。

8.5.7 位运算

1. 赋值运算

位运算符与赋值运算符可以组成复合赋值运算符。
例如：&=，|=，>>=，<<=，∧=
例如：a & =b 相当于 a= a & b。a<<=2 相当于 a= a<<2

2. 不同长度的数据进行位运算

如果两个数据长度不同（如 long 型和 int 型）进行位运算时（如 a & b，而 a 为 long 型，b 为 int 型），系统会将二者按右端对齐。如果 b 为正数，则右侧面 6 位补满为 0。若 b 为负数，左端应补满 1。如果 b 为无符号整数型，则左侧添满 0。

小 结

　　结构体和共同体是 C 语言两种构造类型数据，是程序员自己定义的新数据类型。结构体和共同体有很多相似之处，它们都是由成员组成，成员可以具有不同的数据类型，成员的表示方法相同，通过成员运算符"."来访问成员；不同之处在于在结构体变量中成员都占有自己的存储空间，而在共同体变量中，所以成员共用相同的存储空间。

　　枚举类型是一种由程序员定义的数据类型，用来表示取值被限定在一个有限的范围内的数据，使用枚举类型可使某些数据的表示更加直观。

　　链表是一种重要的数据结构，它便于实现动态的存储分配，在实际应用中比较广泛。本章介绍的是单向链表，还可组成双向链表、循环链表等，在数据结构中对链表有详细的介绍，同学们可以参考。

　　位运算是以一个基本二进制位作为最基本单位进行运算的，位运算符只有逻辑运算和移位运算两类。利用位运算可以完成汇编语言的某些功能，如置位、位清零、移位等；还可进行数据的压缩存储和并行运算。

习 题

一、选择题

1. 说明一个结构体时，系统分配给它的内存是（　　）。
   A．各成员所需内存数之和　　　　B．成员中占内存最大所需内存数
   C．结构体第一个成员所需内存数　D．以上说法都不对
2. 设有以下说明语句：

   struct ex

   { int x; float y; char z;} example;

   下面的叙述中不正确的是（　　）。
   A．struct 是结构体类型关键字　　B．example 是结构体类型名
   C．x,y,z 都是结构体成员名　　　　D．ex 是结构体类型
3. 下列运算符中优先级最高的是（　　）。
   A．~　　　　B．&&　　　　C．|　　　　D．&
4. 设 char 类型变量 x 中的值为$(10100111)_2$，则表达式$(2+x) \wedge (\sim 3)$的值是（　　）。
   A．$(10101001)_2$　B．$(10101000)_2$　C．$(11111101)_2$　D．$(01010101)_2$
5. 在位运算符中，操作数右移一位，相当为（　　）。
   A．操作数乘以 2　　　　　　　　B．操作数除以 2
   C．操作数乘以 4　　　　　　　　D．操作数除以 4
6. 链表不具备的特点是（　　）。
   A．可随机访问任何一个元素　　　B．插入、删除操作不需要移动元素
   C．无需事先估计存储空间大小　　D．所需存储空间与线性表长度成正比

7. 若有以下说明和语句：
   ```
   struct   student
   {   int   age ;
       int   num ;
   } std , *p ;
   ```
   则以下对结构体变量 std 中成员 age 的引用方式不正确的是（　　　）。
   A．std.age　　　　B．p->age　　　　C．(*p).age　　　　D．*p.age

8. 设有如下定义：
   ```
   struct sk
   {int a;float b;}data, *p;
   ```
   若有 p=&data;，则对 data 中的 a 域的正确引用是（　　　）。
   A．(*p).data.a　　B．(*p).a　　C．p->data.a　　D．p.data.a

9. 以下对枚举类型名的定义中正确的是（　　　）。
   A．enum a={one,two,three};　　　　B．enum a{one=9,two=-1,three};
   C．enum a={"one","two","three"};　　D．enum a{"one","two","three"};

10. 共用体定义为 "union data {char ch;int x;} a;"，下列哪一个赋值语句是正确的（　　　）。
    A．a=10;　　　　　　　　　　B．a='x',10;
    C．a.x=10;a.ch='x';　　　　　　D．a='x';

11. 整型变量 x 和 y 的值相等，且为非 0 值，则在以下的运算中，结果为 0 的表达式是（　　　）。
    A．x ‖ y　　　　B．x｜y　　　　C．x & y　　　　D．x∧y

二、填空题
1. 引用结构体成员的一般格式为_____。
2. 结构体变量所占内存空间的长度为_____。共用体变量所占内存空间的长度为_____。
3. 共用体变量起作用的成员是_____。
4. 以下程序运行的结果是_____。
   ```
   #include"stdio.h"
   main()
   { struct date
     { int year , month , day ;
     } today ;
     printf("%d\n",sizeof(struct date));
   }
   ```
5. 执行以下程序的输出结果是_____。
   ```
   struct stru
   {  int x;
      char *y;
   ```

```
        } *p;
    main()
    {   struct stu k[3]={55, "abc",48, "de",5, "fg"};
        p=k;p++;
        printf("%s",p->y);
    }
```

6. 有如下结构体类型：

   typedef union
   　　{   long i;int k[5];char c;}date;
   struct date
   　　{   int cat;date cow;double dog;}too;
   date max;

   则下列语句的执行结果是_____。

   printf("%d",sizeof(struct date)+sizeof(max));

7. 有如下定义，则符号常量"thu"的值为_____。

   　　Enum weekday {mon,tue,wed,thu,fri,sat,sun};

8. 链表数据结构的主要特点是_____。
9. 在链表中删除一个节点的操作过程是_____
_____。
10. 表达式 3&5、3|5、3||5 的值分别为_____、_____、_____。
11. 设 int x=0707，表达式~x&&x、!x&&x、x>>3&~0 的值分别为____、____、____。

三、判断题

1. 在 C 语言中，定义结构体变量时可以省略关键字 struct。(　　)
2. 系统不为定义的结构体类型分配内存。(　　)
3. 在输入/输出语句中，可以用结构体变量名来输入/输出整个结构体变量中的各成员的数据。(　　)
4. 结构体类型和整型、字符型数据类型一样是基本数据类型。(　　)
5. 由于结构体类型是复合数据类型，所以函数参数不能是结构体类型。(　　)
6. 在共同体中，共同体成员共用同一内存区域。(　　)
7. 要访问链表中某一节点的数据时，必须从链表头开始访问链表，直到访问到所需的节点为止。(　　)
8. 当需要从链表中删除一个节点或向链表中插入一个节点时，不需要移动此节点后面的节点。(　　)
9. 枚举类型中的枚举值是字符串数据。(　　)
10. 如没有明确说明枚举类型中枚举值的数值，C 语言默认第一个枚举值等于 1。(　　)
11. 在进行位运算时，参与运算的数据以二进制源码形式进行按位运算。(　　)
12. 当用按位左移运算符对一个数向左移动 2 位，相当于此数乘以 4。(　　)

四、编程题

1．定义一个表示复数的数据结构，然后编写两个负数的加法程序。

2．定义一个描述日期的结构体，输入两个日期，并计算两日期之间的天数。

3．建立一个职工档案，它包括职工的工作证号、姓名、性别、出生时间、参加工作时间、文化程度、工资等内容，最后输出：

（1）职工的平均年龄和平均工资；

（2）各文化程度职工人数的分布情况。

4．使用结构体编写班级同学通讯录，包括同学的姓名、家庭住址、联系电话和邮政编码等。

5．编写一个对候选人得票的统计程序。候选人姓名和得票数定义成结构体。

6．一个口袋有红、黄、绿、白、蓝 5 种颜色的球若干，每次从口袋中取出 3 个球，问得到 3 种不同颜色球的可能取法，并输出每种组合的 3 种颜色名称（用枚举类型表示颜色）。

7．在链表中查找数据域的值为整数 a 的节点，并在该节点前插入一个新节点，新节点的值为 b，若为空链，则建立链表，若未找到值为 a 的节点，则将新节点插在链尾。

第9章

文 件

 本章要点

- 理解文件的概念
- 理解文件指针的概念
- 掌握文件的打开、关闭、读/写操作
- 了解文件指针变量的定位
- 了解文件操作出错检测函数

引导与自修

9.1 文件的概念

文件是指存储在存储设备上一组信息的集合。例如，程序文件存放程序代码，数据文件存放数据。这些文件称为"磁盘文件"，它们存放在外存储设备磁盘上。C语言中，文件的概念具有更广泛的意义，它把所有的外部设备都作为文件对待，这种文件称为"设备文件"，从而把实际的物理设备抽象化，形成了逻辑文件的概念。例如，终端键盘是输入文件，显示器和打印机是输出文件。这样可以对磁盘文件和设备文件的输入/输出采用相同的处理方法。这种逻辑上的统一为程序设计提供了便利，使 C 标准函数库中的输入/输出函数既可以用来读/写磁盘文件，也可以从外部设备输入/输出。

在编写大型复杂程序时，很多数据都要保存下来，以备以后使用，这就要涉及到文件操作，通过文件操作进行数据的输入/输出处理，因此，文件操作构成了程序的重要部分。

1. 文件（ASCII）和二进制文件

C 语言把文件看成是一个字节序列，文件是由一个个的字节组成的。对文件的存取也以字节为单位，输入/输出数据流只受程序控制而不受文件中物理符号（如回车换行符）控制。这种文件称为"流式文件"。

根据文件中数据的组织形式，C 语言有两种类型的流式文件：文本文件（又称 ASCII 文件）和二进制文件。文本文件中每一个字节存放一个 ASCII 码，代表一个字符。二进制文件中的数据是按其在内存中的存储形式存放的，即按数据的二进制形式存放。例如，有一整数 10000，在内存中占 2 个字节，若在 ASCII 文件中，它占 5 个字节；若在二进制文件中，则占 2 个字节，如图 9-1 所示。

图 9-1 ASCII 文件和二进制文件中数据的存放形式

2. 缓冲文件系统和非缓冲文件系统

C 语言对文件的处理是通过调用输入/输出函数实现的。输入/输出函数有两种：一种称为缓冲文件系统；另一种称为非缓冲文件系统。

所谓缓冲文件系统是指：系统自动在内存中为每个正在使用的文件开辟一个缓冲区，向文件输出数据必须先送到内存中的缓冲区，装满缓冲区后才一起写入文件中；若从文件读入数据，则一次从文件中将一批数据读入缓冲区（充满缓冲区），然后再从缓冲区逐个将数据送到程序数据区。缓冲区的大小由 C 语言版本确定，一般为 512 字节。

所谓非缓冲文件系统是指：系统不自动为文件开辟内存缓冲区，而由程序自己为所需的文件开辟缓冲区。

由于这两种文件系统中有许多功能是重叠的，因此 ANSIC 标准没有定义非缓冲文件系统，只对缓冲系统进行了扩充，使缓冲文件系统既可以处理文本文件，又可以处理二进制文件。本章主要介绍缓冲文件系统的操作。

3．文件指针

文件指针是缓冲文件系统中的一个重要概念。系统为每个正在使用的文件都在内存中开辟一个区域，用来存放有关文件信息（如文件名、文件操作模式、文件读/写的当前位置、文件缓冲区位置等）。这些信息保存在一个结构体类型的变量中，该结构体类型是由系统预定义的，取名为 FILE。Turbo C 的头文件 stdio.h 中有以下的类型定义：

```
typedef struct {
    short         level;      /* fill/empty level of buffer */
    unsigned      flags;      /* File status flags */
    char          fd;         /* File descriptor */
    unsigned char hold;       /* Ungetc char if no buffer */
    short         bsize;      /* Buffer size */
    unsigned char *buffer;    /* Data transfer buffer */
    unsigned char *curp;      /* Current active pointer */
    unsigned      istemp;     /* Temporary file indicator */
    short         token;      /* Used for validity checking */
} FILE;                       /* This is the FILE object */
```

文件型指针是指向数据类型为 FILE 的文件控制结构的指针，简称文件指针。在缓冲文件系统中，对已打开的文件进行 I/O 操作都是通过文件指针进行的。为此，用户需要在程序中说明文件指针。文件指针说明的一般格式如下：

  FILE *文件型指针变量名；

例如：

  FILE *fp；

表示 fp 是一个指向 FILE 类型的文件指针变量。可以说 fp 指向在内存中为某个文件开辟的用来保存文件信息的内存区域的首地址，通过该内存中文件信息来访问该文件。一般来说，如果有 n 个文件，应定义 n 个指针变量分别指向这 n 个文件。

9.2　文件的打开与关闭

在 C 语言中，文件操作都是由库函数来完成的，有关文件操作函数的定义都包含在文件"stdio.h"中。

标准输入/输出设备的打开与关闭是由系统控制的，用户不能控制它们。常用的标准设备文件名、文件指针由系统命名，见表 9-1。这些文件指针不需要用户说明，可以在程序中直接使用它们。

表 9-1 常用标准设备文件名、文件指针

默认设备	文件名	文件指针
键盘	KYBD（标准输入文件）	stdin
显示器	SCRN（标准输出文件）	stdout
	ERR（标准错误输出文件）	stderr
打印机	PRN（标准输出文件）	stdprn

在对磁盘文件进行输入/输出之前，必须先打开文件，使用完后要关闭文件。所谓打开文件就是在内存中建立文件的各种有关信息，并使文件指针指向该内存区域，以便进行各种操作。关闭文件则是释放打开文件时分配的内存区域，断开文件指针与文件之间的联系。

9.2.1 打开文件函数（fopen）

1）fopen 函数调用的格式

文件指针变量名 = fopen("文件名","文件读/写方式")

2）功能

打开由文件名所指定的文件，建立此文件的文件指针。

3）返回值

文件结构体数据在内存中的首地址，即文件指针；出错时返回一个 NULL。

4）说明

（1）文件名是要打开文件的文件名，此文件名应为文件的全称，包括文件所在的文件夹、文件名、扩展名，其形式可以是用双引号括起来的字符常量，如"C:\\TC\\TEST.C"，也可以是字符串指针变量（或字符数组名）。

（2）文件读/写方式为文件打开的方式，在 ANSIC 标准中，文件打开方式的有效值见表 9-2。

表 9-2 文件的打开方式有效值

文件使用方式 mode		含义
"r"	（只读）	以只读方式打开一个文本文件；若文件不存在，函数返回 NULL
"w"	（只写）	以只写方式建立一个文本文件；若文件存在，则删除原文件数据
"a"	（追加）	向文本文件尾增加数据；若文件不存在，则创建该文件
"rb"	（只读）	以只读方式打开一个二进制文件
"wb"	（只写）	以只写方式建立一个二进制文件
"ab"	（追加）	向二进制文件尾增加数据
"r+"	（读/写）	若文件不存在，则创建；若文件存在，则覆盖原文件
"w+"	（读/写）	若文件不存在，则创建；若文件存在，则覆盖原文件
"a+"	（读/写）	若文件不存在，则创建；若文件存在，则在文件尾添加数据
"rb+"	（读/写）	为读/写打开一个二进制文件
"wb+"	（读/写）	为读/写建立一个新的二进制文件
"ab+"	（读/写）	为读/写打开一个二进制文件

由表 9-2 可知，文件既可以用文本方式打开，也可以用二进制方式打开。在文本方式

下，输入的回车符转换为换行符，而输出时换行符转换为回车符。但在二进制方式下不发生这种转换。

（3）fopen()函数按照指定的方式打开文件。若文件正常打开，则建立该文件的文件控制结构，然后返回它的地址；当文件不能打开时，则返回 NULL（零）。在程序中必须用文件指针变量接收 fopen()函数的返回值。例如，程序中要打开名为 test.txt 的文件，并且要读取文件内容时，程序为：

```
FILE  *fp;
fp=fopen("test.txt", "r");    /*表示用只读方式打开 test.txt 文件*/
```

（4）在程序中，用 fopen()函数打开某文件时，一般要对函数返回值进行检查，判断文件是否正常打开，常见的程序段格式为：

```
if((fp=fopen("filename", mode))==NULL)
{   printf("file can not open.\n");
    exit(0);/ *关闭所有文件，并返回操作系统状态*/
}
```

执行这个程序段时，先检查 fopen()函数的返回值，当返回值为 NULL 时，就在终端上输出"file can not open."的出错信息，然后用 exit()函数结束程序执行。

（5）当用 fopen()以写方式打开一文件时，如果磁盘中已存在该文件，则该文件被删除，并重新建立一个新文件；若没有相同名字的文件存在，则直接建立一个新文件。

（6）若想在文件中追加数据，则必须以"a"或"ab"方式打开文件。以追加方式和以"读"方式打开文件时，若文件不存在，则返回一个错误信息。

（7）当以读/写方式打开某文件时，即使该文件已存在也不删除它；但如果它以前不存在，则建立一个新文件。

9.2.2 关闭文件函数（fclose）

文件一旦使用完毕，应及时将该文件关闭，以避免文件的数据丢失、误用等错误。关闭文件通过 fclose 函数完成。

1）fclose 函数的调用格式

    fclose(文件指针变量);

2）功能

关闭文件指针变量所指向的文件。

3）返回值

文件正常关闭后返回 0；出错时返回一个非零值。

例如：

    fclose(fp);

在 C 语言中，程序结束之前必须使用 fclose()函数关闭所有打开的文件。用 fclose 函数关闭文件时，先把缓冲区中的数据输出到磁盘文件，然后释放文件指针变量，使文件指针变量不再指向该文件。

当文件关闭出错时，可以用 ferror()函数进行测试。

9.3 文件的读/写

文件打开之后，就可以进行读/写了。在介绍读/写函数前，先介绍一个测试文件是否结束的函数 feof()。

在处理文本文件时，系统提供了一个文件结束标志 EOF，EOF 在 stdio.h 中定义为–1。由于字符的 ASCII 码不可能为–1，因此当读入的字符值为–1（即 EOF）时，表示读入的已不是正常的字符，而是文件结束符。但对于二进制文件，读入某个字节的二进制值可能是–1，所以不能用 EOF 来判断二进制文件是否结束。为了解决这个问题，ANSIC 标准提供了一个 feof()函数来判断文件是否结束。

1）feof()的定义格式

  int feof (FILE *fp)

2）功能

判断 fp 指向的文件是否结束，该文件可以是文本文件，也可以是二进制文件。

3）返回值

当未遇文件结束时，返回值为 0；当文件结束时，返回值为 1。

例如：从一个文件读入字符，直到文件结尾的程序段为：

  while (!feof(fp))
   ch=fgetc(fp);

9.3.1 字符读/写函数

1. 字符输入函数 fgetc()

1）fgetc()函数的定义格式

  int fgetc(FILE *fp)

2）功能

从文件指针 fp 所指向的文件中读取一个字符，该文件必须以读或读/写方式打开。

3）返回值

正常情况下返回读到的字符；读到文件结束或出错时返回文件结束标志 EOF，EOF 在 stdio.h 中定义为–1。

【例 9.1】 读取文本文件中的内容并显示在屏幕上。

```
#include <stdio.h>
main()
{   char ch,filename[10];
    FILE *fp;
    scanf("%s",filename);
    if ((fp = fopen(filename, "r"))==NULL)
    {   printf("Can't open file\n");
        exit(0);
```

```
        }
    while((ch=fgetc(fp))!=EOF)
        putchar(ch);
    fclose(fp);
}
```

2. 字符输出函数 fputc()

1）fputc()函数的定义格式

```
int fputc (char ch, FILE *fp);
```

2）功能

将 ch 的值输出到 fp 所指的文件中，该文件必须是以写或读/写方式打开。

3）返回值

若输出成功，则返回字符 ch；若输出失败，则返回 EOF。

4）说明

其中 ch 为要输出的字符，它可以是一个字符常量，也可以是一个字符变量。

【例 9.2】 从键盘输入一系列字符,，并逐个写到磁盘文件 outfile.txt 中，直到输入一个问号为止。

```
#include <stdio.h>
main()
{   FILE *fp;
    char ch;
    if ((fp = fopen("outfile.txt", "w"))==NULL)
    {   printf("Can't open file\n");
        exit(0);
    }
    while ((ch =getchar())!='?')
        fputc(ch,fp);
    fclose(fp);
}
```

3. getc()函数及 putc()函数

在 stdio.h 中，把 fputc()和 fgetc()定义为宏名 putc 和 getc，因此，putc()与 fputc()、getc()与 fgetc()是等价的，一般把它们作为相同的函数对待。

【例 9.3】 文本文件的复制。

```
#include "stdio.h"
main()
{   FILE *infp, *outfp;
    char ch,infile[10],outfile[10];
    puts("Please input the infile name:\n");
    scanf("%s",infile);
```

```
        puts("Please input the outfile name:\n");
        scanf("%s",outfile);
        if ((infp=fopen(infile,"r"))==NULL)
        {   printf("File %s cant't open.\n",infile);
            exit(0);
        }
        if((outfp=fopen(outfile, "w"))==NULL)
        {   printf("File %s cant't open.\n",outfile);
            exit(0);
        }
        while(!feof(infp))
            putc(getc(infp),outfp);
        fclose(infp);
        fclose(outfp);
    }
```

9.3.2 字符串读/写函数

1. 字符串输入函数 fgets()

1）fgets()函数的定义格式

    char *fgets(char *buf,int n,FILE *fp)

2）功能

从 fp 指向的文件读取一个长度为 (n–1) 的字符串，存入起始地址为 buf 的内存缓冲区，并在读入数据尾部写入字符串结束标志'\0'。

3）返回值

返回地址 buf；若遇文件结束或出错时，则返回 NULL。

4）说明

该函数从文件中读取字符时，达到下列条件之一时，读取结束。

（1）已经读取了 (n–1) 个字符；

（2）读取到回车符；

（3）检测到文件尾。

例如：

    char str[10];

    fgets(str,n,fp);

该语句从 fp 指向的文件读取 (n–1) 个字符，并把它们放到字符数组 str 中。

2. 字符串输出函数 fputs()

1）fputs()函数的定义格式

    int fputs(char *str,FILE *fp)

2）功能

将 str 指向的字符串输出到 fp 所指向的文件。

3）返回值

输出成功则返回 0；否则返回非 0 整数。

例如：

   fputs("Good!",fp);

该语句将字符串"Good!"输出到 fp 指向的文件。

9.3.3 数据块读/写函数

用 getc 和 putc 函数可以读/写文件中的一个字符。但在实际操作中常要求一次读取或输出一组数据，ANSIC 规定 fread()函数和 fwrite()函数用来读/写一组数据。但由于 fread()函数和 fwrite()函数是按数据块的长度来处理输入/输出的，所以一般用它们处理二进制文件的输入/输出。只要文件是以二进制方式打开的，用 fread()函数和 fwrite()函数可以读/写任何类型的数据（字符型、整型、浮点型、结构体等）。

1. 读数据块函数 fread()

1）fread()函数的定义格式

   int fread(char *buffer, unsigned size, unsigned count, FILE *fp)

2）功能

从文件指针 fp 指向的文件中读入 count 个大小为 size 个字节的数据项，并把它们存入由 buffer 所指的内存缓冲区中。

3）返回值

返回实际所读的数据项个数，若遇文件结束或出错则返回 0。

4）说明

buffer 是一指针，它指向一个接收数据的存储区的首地址，size 为读入的每个数据项的字节数，count 指出要读入多少个数据项，fp 指向一个已打开的文件。

2. 写数据块函数 fwrite()

1）fwrite()函数的定义格式

   int fwrite(char *buffer, unsigned size, unsigned count, FILE *fp);

2）功能

从 buffer 指向的内存缓冲区中写 count 个长度为 size 的数据到由 fp 指向的文件中。

3）返回值

实际写到 fp 文件中的数据项个数。若返回值比 count 小，则说明出错。

4）说明

buffer 指向一个内存缓冲区，size 为写入的数据项的字节数，count 指出要写入多少个数据项，fp 指向一个已打开的文件。

例如，文件以二进制形式打开，将一个浮点型变量 x 的值写到磁盘文件中，可用下面语句实现：

   fwrite(&x,sizeof(float),1,fp);

sizeof 是 C 语言的关键字，是一个长度运算符。它的一般格式为：

    sizeof(类型标识符或变量名)

其运算结果为此类型的一个数据或此变量在内存中占用的字节数。

【例 9.4】 从键盘输入 10 个学生的信息，写入一个文件 student.dat 中，再从文件读出这 10 个学生的数据显示在屏幕上。

```c
#include<stdio.h>
struct student {
    char xm[10];
    int age;
    char addr[20];
}
main()
{   FILE *fp;
    int i;
    struct student stu;
    if((fp=fopen("d:\\test\\student.dat", "wb"))==NULL)
    {   printf("Can't open file.\n");
        getch();
        exit(0);
    }
    for(i=0;i<10;i++){
        printf("请输入第%d 个学生的信息：",i);
        scanf("%s %d %s",stu.xm,&stu.age,stu.addr);
        fwrite(&stu,sizeof(stu),1,fp);
    }
    fclose(fp);
    fp=fopen("student.dat", "rb");
    while(fread(&stu,sizeof(stu),1,fp)){
        printf("%s\t%d\t%s\n",stu.xm,stu.age,stu.addr);
    }
    fclose(fp);
}
```

9.3.4 格式化读/写函数

fscanf()函数和 fprintf()函数是格式化读/写函数。作用基本与 scanf()函数和 printf()函数相同。两者的区别在于 fscanf()函数和 fprintf()函数的读/写对象不是键盘和显示器，而是磁盘文件，在对文件进行读/写时，按 ASCII 文件形式输入/输出。

1. 格式输入函数 fscanf()

1）fscanf()函数的定义格式

    int fscanf(fp, "输入格式", 输入项表)

2）功能

从文件指针 fp 指定的文件中，按格式将输入数据送到输入项表所指向的内存单元中。

3）返回值

已输入数据的个数。

例如：

    fscanf(fp, "%d",&b);

该语句从 fp 指向的文件中读取一个十进制整数赋值给变量 b。

2. 格式输出函数 fprintf()

1）fprintf()函数的定义格式

    int fprintf(fp, "输出格式", 输出项表)

2）功能

把输出项表的值按指定格式输出到 fp 所指定的文件中。

3）返回值

实际输出的字符数。

例如：

    fprintf(fp, "%d,%6.2f",10,23.5);

该语句将表达式的值 10 和 23.5 按%d 和%6.2f 的格式输出到 fp 指向的文件中。

【例 9.5】 从键盘输入 10 个学生的信息，按一定格式写入一个文件 student.dat 中。

```c
#include<stdio.h>
struct student {
    char xm[10];
    int age;
    char addr[20];
}
main()
{   FILE *fp;
    int i;
    struct student stu;
    if((fp=fopen("d:\\test\\student.dat", "w"))==NULL)
    {   printf("Can't open file.\n");
        getch();
        exit(0);
    }
    for(i=0;i<10;i++){
        printf("请输入第%d 个学生的信息：",i);
```

```
            scanf("%s %d %s",stu.xm,&stu.age,stu.addr);
            fprintf(fp,"%10s %3d %s",stu.xm,stu.age,stu.addr);
    }
    fclose(fp);
}
```

9.4 文件定位函数

在文件读/写过程中，系统为每个打开的文件设置了一个文件位置指针，指向当前读/写数据的位置。文件刚打开时，文件位置指针位于文件头部，随着数据的读/写，文件位置指针会向后移动。文件位置指针是一个无符号长整型数据，它的最小值为 0，最大值为文件的长度。在 C 语言中允许使用有关函数改变位置指针所指定的位置。

1. 重定位函数 rewind()

1）rewind()函数的定义格式

  void rewind(FILE *fp)

2）功能

使 fp 指向文件中的位置指针指向文件开头，并清除文件结束标志和错误标志。

2. 文件定位函数 fseek()

对流式文件可以进行顺序读/写或随机读/写。如果位置指针是按字节位置顺序移动的，就是顺序读/写。如果能将位置指针按需要移动到任意位置，即为随机读/写。

要随即存取文件，可使用能指定文件内存任意位置的函数 fseek()。

1）fseek()函数的定义格式

  int fseek(FILE *fp,long offset,int base)

2）功能

将 fp 指向的文件的位置指针移到以 base 为起始位置，以 offset 为位移量的位置。

3）返回值

成功返回 0；否则返回非 0 值。

4）说明

其中，offset 为位移量，表示文件的指针移动的字节数，为负数表示向文件头移动，为整数表示向文件尾移动。base 用来制定起始点，可用值是 0、1 或 2（0 表示文件头，1 表示文件指针当前位置，2 表示文件尾）。ANSIC 标准中为 base 的这些值定义了名字，见表 9-3。

表 9-3 移动起点值

起 始 点	base 值	对应符号常量
文件开头	0	SEEK_SET
文件当前位置	1	SEEK_CUR
文件最末	2	SEEK_END

fseek()函数一般用于二进制文件,因为文本文件要发生字符转换,计算位置时往往会发生混乱。

例如:

  fseek(fp,100L,0);

该语句将位置指针移到离文件头 100 个字节处。

【例 9.6】 在磁盘文件 student.dat 中存有 10 个学生的数据,要求将第 1、3、5、7、9 个学生的数据读出,并在屏幕上显示出来。

程序如下:

```c
#include <stdio.h>
struct student_type
{   char name[10];
    int num,age;
    char sex;
}stu[10];
main()
{   int i;
    FILE *fp;
    if ((fp=fopen("student.dat", "rb"))==NULL)
    {   printf("can't open file.\n");
        exit(0);
    }
    for(i=0;i<10;i+=2)
    {   fseek(fp,i*sizeof(struct student_type),0);
        fread(&stu[i],sizeof(struct student_type),1,fp);
        printf("%s %d %d %c\n",stu[i].name,stu[i].num,stu[i].age,
               stu[i].sex);
    }
    fclose(fp);
}
```

3. 文件位置函数 ftell()

1)ftell()函数的定义格式

  long ftell(FILE *fp)

2)功能

获取文件中位置指针当前位置值。

3)返回值

返回 fp 所指向的文件中位置指针的当前位置。用相对于文件开头的位移量来表示。如果返回值为-1L,表示出错。

9.5 文件操作出错检测函数

在对文件进行操作时，程序中常常需要对操作的正确性做出判断，除了可以利用文件操作函数的返回值判断操作是否成功，C 语言还提供以下几个文件操作检测函数。

1．ferror()函数

1）ferror()函数的定义格式

  int ferror(FILE *fp)

2）功能

用来确定文件操作是否出错。

3）返回值

在文件读/写期间，若出错则此函数返回非零值；否则返回 0。

2．clearer()函数

1）clearer()函数的定义格式

  void clearer(FILE *fp)

2）功能

清除 fp 指定的文件的错误标志和文件结束标志。

3）说明

每个文件的错误标志通过成功调用 fopen()函数而初始化为 0。文件操作一旦产生错误，错误标志就一直保留到调用 clearer()函数或 rewind()函数。

小　　结

C 语言系统把文件当做一个"流"，按字节进行处理。文件按编码方式分为 ASCII 文件和二进制文件。在程序中用文件类型（FILE）指针指向文件，当打开一个文件时，可获得该文件的指针。文件在操作前必须用 fopen()函数打开，操作结束后必须用 fclose()函数关闭。文件可用"r"、"w"、"a"、"+"组合所需要的操作方式打开，同时还必须制定文件的类型是二进制文件（"b"）还是文本文件（默认）。

文件打开后，可以按字节（fgetc、fputc）、字符串（fgets、fputs）、数据块（fread、fwrite）为单位读取，也可以按照指定的格式（fprintf、fsacnf）进行读/写。

文件内部的位置指针可以指示当前读/写位置，移动该指针可以实现对文件的随机读/写。

习　　题

一、选择题

1．C 语言中，使用文件的一般步骤是（　　　）。
  A．打开文件操作文件　　　　　　　B．操作文件关闭文件
  C．打开文件操作文件关闭文件　　　D．直接操作文件

2. 若要将"test.txt"文件打开用于追加信息，则以下格式正确的是（   ）。
   A．fp=fopen("test.txt","r");   B．fp=fopen("test.txt","r+");
   C．fp=fopen("test.txt","a+");   D．fp=fopen("test.txt","w");
3. 下列代表打印机的标准设备文件名是（   ）。
   A．CON   B．PRN   C．COM1   D．NUL
4. 当使用 fopen()不能正确打开指定文件时，函数返回值是（   ）。
   A．空指针   B．FALSE   C．非 0 值   D．不定值
5. fseek()函数可以实现的操作是（   ）。
   A．文件的随机读操作   B．文件的随机写操作
   C．改变文件指针的位置   D．改变文件位置指针的位置
6. 以下叙述中错误的是（   ）。
   A．二进制文件不可以用记事本打开，正确查看文件内容
   B．在程序结束时，应当用 fclose()函数关闭已打开的文件
   C．利用 fread()函数从二进制文件读数据，可以用数组名给数组中所有元素读入数据
   D．不可以用 FILE 定义指向二进制文件的文件指针
7. 以"只读"方式打开文本文件 a:\aa.dat，下列语句中哪一个是正确的（   ）。
   A．fp=fopen("a:\\aa.dat","ab");   B．fp=fopen("a:\\aa.dat","a");
   C．fp=fopen("a:\\aa.dat","wb");   D．fp=fopen("a:\\aa.dat","r");
8. 以"追加"方式打开二进制文件 a:\aa.dat，下列语句中哪一个是正确的（   ）。
   A．fp=fopen("a:\\aa.dat","ab");   B．fp=fopen("a:\\aa.dat","a");
   C．fp=fopen("a:\\aa.dat","r+");   D．fp=fopen("a:\\aa.dat","w");
9. 在 C 语言中，可以把整型数据以二进制形式存放到文件中的函数是（   ）。
   A．fprintf 函数   B．fread 函数   C．fwrite 函数   D．fputc 函数
10. 若 fp 已正确定义并指向某一文件，当未遇到文件结束标志时，函数 feof(fp)返回的值是（   ）。
    A．0   B．1   C．–1   D．一个非 0 值

二、填空题
1. C 语言中，数据可以_____和_____两种编码形式存放在文件中。
2. C 语言中，stdin 文件指针代表标准设备_____。
3. fopen 函数的返回值是_____。
4. 文件打开方式为"r+"，文件打开后，文件读/写位置在_____。
5. 文件打开方式为"a"，文件打开后，文件读/写位置在_____。
6. 函数 fread 的返回值为所读入数据的个数或_____。
7. 函数 rewind 的作用是_____。
8. fp 为文件位置指针，将 fp 移到离当前位置 25 个字节处的语句为_____。
9. 表达式"fscanf(fpn,"%f",&x)"的值为–1 时，函数 feof()的值为_____。
10. 使用以下程序段打开文件后，先利用 fseek()函数将文件位置指针定位在文件尾，然后调用 ftell()函数返回当前文件 ianweizhi 指针的具体位置，从而确定文件长度，请填空。

```
        FILE *myf;
        int f1;
        myf=_____("d1.txt","rb");
        f1=fseek(myf,0,SEEK_END);
        fclose(myf);
        printf("%d\n",f1);
```

11. 以下程序用来统计文件中字符的个数。请填空。
```
    #include<stdio.h>
    main()
    {
        FILE *fp;   long num=0L;
        if((fp=fopen("fname.dat","r"))==NULL)
        { printf(); exit(0);}
        while(_____)
        { fgetc(fp);num++;}
        fclose(fp);
    }
```

三、判断题

1. 在 C 语言中，根据文件的存储形式，把文件分为文本文件和二进制文件。(   )
2. 在 C 语言中，文件类型结构体是程序员在文件中定义的结构体。(   )
3. 当用只读方式打开一个文件时，若文件不存在，fopen()函数返回值为–1。(   )
4. C 语言中，文件是由记录构成的。(   )
5. C 语言中，随机读/写方式不适用于文本文件。(   )
6. 在程序结束时，应当用 fclose()函数关闭已打开的文件。(   )
7. 用 fprint()函数写入文件的数据是以二进制形式表示的。(   )
8. 用 fseek()函数移动文件位置指针只能向前移动，不能向后移动 (   )。

四、编程题

1. 从键盘读入文本（用$作为输入结束标志），写入到 out.txt 文件中。
2. 从上题的 out.txt 文件中逐个读取字符，把字符的 ASCII 码值增加 4 后，输出到一个磁盘文件"test.txt"中保存，实现简单的文件数据加密。
3. 定义一个学生成绩结构体，每个学生有学号、姓名、3 门课的成绩和平均成绩等数据项，从键盘输入 5 个学生的数据（包括学号、姓名、3 门课的成绩），计算出平均成绩，然后将数据写入磁盘文件"stud.dat"中。
4. 参考例 9.3，利用 fread()函数和 fwrite()函数编写文件复制程序。
5. 把第 3 题中文件"stud.dat"的数据读出，用 fprint 格式输出函数以简易表格的形式把学生数据写入文件"stud.txt"。

第10章

应用程序设计实例（课程设计）

 本章要点

- 了解程序设计方法和过程
- 理解课程设计任务
- 掌握应用程序的基本框架结构
- 学会应用程序设计

前面学习了 C 语言基础知识，掌握了 C 语言的使用方法，具备了一定的程序设计能力，本章先简单介绍程序设计过程，然后通过两个实例介绍利用 C 语言设计应用程序的方法。

10.1 程序设计方法简介

程序设计方法很多，程序员可以充分发挥自己的聪明才智，设计出形式多样、运行效率高的程序。但是对于一个复杂的应用程序，不能在像前面章节中的例题一样直接设计。设计一个应用程序，是一个系统性的工作任务，有一定的方法和过程。对于一个应用程序的开发设计主要有如下过程。

1．可行性研究与项目开发计划

可行性研究的目的是用最小的代价在尽可能短的时间内确定问题是否能够解决，也就是说可行性研究的目的不是解决问题，而是确定问题是否可解及是否值得去做。一般应从经济可行性、技术可行性、运行可行性、法律可行性和开发方案等方面研究可行性，并写出可行性研究报告。

在可行性研究的基础上编制项目开发计划书。编制项目开发计划书的目的是用文件的形式，把对于在开发过程中各项工作的负责人、开发进度、所需经费预算、所需软/硬件条件等问题进行安排，以便根据本计划开展和检查本项目的开发工作。

2．软件需求分析

软件需求分析的目的是描述软件的功能和性能，确定软件设计的约束条件同其他系统元素的接口细节，定义软件的其他有效性需求等。需求分析阶段研究的是用户对软件的要求。一方面，必须全面理解用户的各项要求，但又不能全盘接受所有的要求；另一方面，要准确地表达被接受的用户要求。只有经过确切描述的软件需求分析才能成为软件设计的基础。

3．软件概要设计

把一个软件需求转换为软件表示时，首先设计出软件总体系统结构，称为概要设计或结构设计。概要设计阶段的基本任务是：

（1）设计软件系统结构，具体包括采用某种设计方法，将一个复杂的系统按功能划分为模块、确定每个模块的功能、确定模块之间的调用关系、确定模块之间的接口、评价模块的结构质量。

（2）进行数据结构及数据库的设计。

（3）编写概要设计的文档。

（4）评审，包括是否完整地实现了规定的功能、性能要求；设计方案是否可行；关键的处理及内部接口定义的正确性、有效性、各部分的一致性。

4．软件详细设计

详细设计的基本任务包括：

（1）为每个模块进行详细的算法设计；

（2）为模块内的数据结构进行设计；

（3）对数据库进行物理设计；

(4)其他设计;

(5)编写详细设计说明书。

5. 程序编码

在程序编码阶段,要注意程序的结构化和数据结构的合理化。应当采取自顶向下、逐步求精的方法,把一个模块的功能逐步分解,细化为一系列具体的步骤,进而转化为一系列用某种程序设计语言写成的程序。

6. 软件测试

软件测试是根据软件开发各阶段的规格说明和程序内部结构而精心设计一批测试用例(即输入数据及其预期的输出结果),并利用这些测试用例运行程序,以发现程序隐藏的错误并进行纠正的过程。

10.2 课程设计

1. 课程设计的目的

《C语言程序设计教程》是一门实践性很强的课程,为了提高学生综合运用C语言程序设计能力,在学完了《C语言程序设计教程》课程之后,结合实际问题设计应用程序,旨在加深对C语言程序设计知识的理解,加深对使用C语言进行程序设计与开发的认识,掌握使用C语言开发应用程序来解决实际问题的基本方法和过程,提高进行应用程序设计和分析的基本能力,为今后的学习与实践打下良好的设计基础。

2. 课程设计题目

由指导教师拟定设计题目及设计要求供学生选择。

3. 设计准备工作

根据设计任务书给定的题目确定设计的具体题目,进一步学习C语言程序设计,重点是函数、结构体、文件等内容,以及进一步熟悉开发环境的使用,掌握利用C语言进行程序设计方法,根据选定的题目了解实际工作的任务和内容,收集有关原始信息和资料,结合设计要求,理清设计思路,明确设计内容。

4. 设计过程内容及方法、步骤

(1)需求分析:根据选定的题目,了解实际工作中的任务和内容,收集有关的原始信息和资料。

(2)系统分析:结合设计要求,对系统进行分析,确定系统功能和系统结构及模块划分。

(3)数据结构设计:分析工作中需要处理的数据,进行分类整理,确定对数据的描述方法,确定对应的结构体和文件存储结构。

(4)界面设计:根据各模块的功能需要,设计出相应功能所需的显示界面。

(5)代码设计:根据各模块的功能,在相应函数中设计程序代码,实现所需功能,并进行模块调试,纠正错误。

(6) 系统测试：利用模拟数据，对整个程序进行运行测试，找出系统存在的问题和不足，并适当给予改正。

(7) 撰写设计说明书。

5．设计成果

1) 设计成果内容

设计成果包括课程设计说明书、源程序代码。

2) 毕业设计说明书的要求

设计说明书的内容一般包括系统概述、系统分析、系统功能、开发环境、数据结构设计、系统结构图、各模块流程图、操作界面及程序代码、使用手册、设计过程中疑难问题的解决办法、系统需要改进的地方和注意的问题、总结等几个部分。

(1) 设计说明书文字要通顺、层次清楚，对功能实现方法、关键技术、主要代码应注有文字说明，必要时用表格列出。

(2) 设计说明书文字一般不少于 20 000 字。

6．设计期间的基本要求

(1) 学生在教师的指导下，应积极、主动地独立完成课程设计所规定的全部任务。

(2) 应严格按照进度进行设计，不得无故拖延。

(3) 设计方案有原则性错误、未按规定时间完成设计、抄袭他人设计、不按设计要求完成或未完成全部设计内容、无故旷课两次及以上、缺勤时间达 1/3 及以上者，课程设计成绩定为不及格。

10.3 歌唱比赛评分系统

10.3.1 评分过程及功能介绍

1．系统介绍

在电视中经常可以看到，一些竞赛中，当每位选手表演完后，由几位评委对选手的表现打分给出成绩，然后根据每位评委的打分综合计算出选手的得分。此过程现在一般都是由计算机对评委的打分进行处理，当选手表演完后，评委给出各自的评分，然后把评委的打分输入计算机，由计算机程序按照一定规则计算出选手的得分，当所有选手都表演完后，最后计算机根据选手得分进行排名，计算出每位选手的比赛名次。

2．功能分析

根据任务要求，了解程序应完成的任务，除了上面所提到的必须功能外，为了便于用户使用程序，在此基础上还需要增加一些辅助功能，如功能菜单的显示和选择、数据的浏览、数据的查找等，确定程序应实现的功能如下。

(1) 评委分数的输入，并计算出选手最终得分，去掉一个最高分和一个最低分后的平均分数作为选手的最终得分；

(2) 根据选手得分按照分数由高到低进行排名，计算出选手的名次；

(3) 选手得分的查询，以备在比赛中随时查询任意选手的得分情况；

(4)选手分数的浏览,把所有选手的分数都显示出来,以便整体了解选手得分情况;
(5)程序功能菜单,通过菜单提供用户选择不同的功能,完成所需任务。

10.3.2 程序代码

1. 程序结构介绍

程序设计一般都采用模块化程序设计方法。通过前面的功能分析,可以把整个任务按功能划分成各模块,利用 C 语言的函数编写各功能模块程序,最后由主函数实现对各功能模块的调用,把各功能模块组成一个整体。

由于一个选手的得分包含多个信息,为了合理存储选手数据,把选手信息定义为一个结构体,并用此结构体定义结构体数组变量来存储选手数据。

系统各模块函数的功能如下:

(1)主函数 main()实现软件功能菜单的显示,供用户选择,然后根据用户的选择来调用相应的函数,实现程序的流向控制。
(2)Input()函数完成评委分数的输入,同时进行处理,计算出选手的得分。
(3)Find()函数完成按姓名查询选手得分情况。
(4)Display()函数完成选手分数及名次的浏览。
(5)Sort()函数完成按分数由高到低进行排名,计算出选手的名次。

2. 源程序代码

```c
#include<stdio.h>
#include<conio.h>
#include<string.h>
struct score_type
{   char xm[11];
    float score[8];
    float max,min;
    int mc;
}xs[100];
int n=0;
main()
{   char cho;
    while(1)
    {
        clrscr();
        gotoxy(20,4);printf("======竞赛评分系统======");
        gotoxy(26,5);printf("1.选手分数输入");
        gotoxy(26,6);printf("2.选手分数浏览");
        gotoxy(26,7);printf("3.选手分数查询");
        gotoxy(26,8);printf("4.选手排名显示");
```

```
        gotoxy(26,9);printf("5.退出");
        gotoxy(20,10);printf("===========================");
        gotoxy(24,11);printf("请选择功能(1-5):");
        while(1)
        {   cho=getch();
            if(cho>='1' && cho<='5')break;
        }
        switch(cho)
        {
            case '1' : Input();break;
            case '2' : Display();break;
            case '3' : Find();break;
            case '4' : Sort();break;
            case '5' :
               {  gotoxy(20,14);printf("你确认要退出系统吗(Y/N)?");
                  cho=getch();
                  if(cho=='y'||cho=='Y')exit(0);
               }
        }
    }
}

Input()
{
    char cho,c[11];
    float s;
    int i,j;
    struct score_type score1;
    while(1)
    {
        s=0;
        clrscr();
        gotoxy(20,4);printf("=======竞赛选手分数输入=======");
        gotoxy(26,5);printf("选手 姓名: ");
        gotoxy(26,6);printf("第 1 位评委: ");
        gotoxy(26,7);printf("第 2 位评委: ");
        gotoxy(26,8);printf("第 3 位评委: ");
        gotoxy(26,9);printf("第 4 位评委: ");
        gotoxy(26,10);printf("第 5 位评委: ");
```

```
            gotoxy(26,11);printf("第 6 位评委：");
            gotoxy(26,12);printf("第 7 位评委：");
            gotoxy(20,13);printf("===========================");
            gotoxy(38,5);scanf("%s",score1.xm);
            for(i=0;i<7;i++)
            {   gotoxy(38,6+i);scanf("%f",&score1.score[i]);
                s=s+score1.score[i];
            }
            xs[n]=score1;
            xs[n].mc=0;
            xs[n].max=xs[n].score[0];    xs[n].min=xs[n].score[0];
            for(i=1;i<7;i++)
            {   if(xs[n].max<xs[n].score[i])xs[n].max=xs[n].score[i];
                if(xs[n].min>xs[n].score[i])xs[n].min=xs[n].score[i];
            }
            xs[n].score[7]=(s-xs[n].max-xs[n].min)/5;

            gotoxy(7,15);printf("姓　名　评委1　评委2　评委3　评委4　评委5　评委6　评委7");
            gotoxy(7,16);printf("%6s",score1.xm);
            for(j=0;j<7;j++)
            { gotoxy(14+j*7,16);printf("%5.2f",xs[n].score[j]);}
            gotoxy(20,17);printf("最高分：%5.2f,  最低分：%5.2f",xs[n].max,xs[n].min);
            gotoxy(25,18);printf("选手最后得分：%5.2f",xs[n].score[7]);
            n=n+1;
            gotoxy(18,21);printf("是否继续输入下一位选手分数(Y/N)?");
            cho=getch();
            if(cho=='N'||cho=='n')return;
        }
    }


Display()
{
    int i,j,page=0;
    clrscr();
    gotoxy(5,2);printf("==========================    竞  赛  选  手  分  数
===========================");
       gotoxy(5,3);printf("姓　名　评委1　评委2　评委3　评委4　评委5　评委6　评委7　得　分　排名");
        gotoxy(5,4);printf("------------------------------------------------ -----------------");
```

```c
    for(i=0;i<n;i++)
    {
        gotoxy(5,page+5);printf("%6s",xs[i].xm);
        for(j=0;j<8;j++)
            { gotoxy(12+j*7,page+5);printf("%5.2f",xs[i].score[j]);}
        gotoxy(12+j*7,page+5);printf("%3d",xs[i].mc);
        page=page+1;
        if(page==15)
        { gotoxy(5,19);printf("=========================================== =======================");
            gotoxy(30,20);printf("按任意键继续！");
            getch();
            page=0;
            clrscr();
            gotoxy(5,2);printf("========================= 竞 赛 选 手 分 数 =========================");
            gotoxy(5,3);printf("姓  名  评委 1  评委 2  评委 3  评委 4  评委 5  评委 6  评委 7  得 分  排名");
            gotoxy(5,4);printf("---------------------------------------------- ----------------------");
        }
    }
    gotoxy(5,page+5);printf("=============================================================");
    gotoxy(30,page+6);printf("按任意键继续！");
    getch();
    return;
}

Find()
{
    int i,j;
    char xm[11];
    clrscr();
    gotoxy(20,10);printf("请输入要查询选手的姓名：");
    scanf("%s",xm);
    for(i=0;i<n;i++)
    {
        if(strcmp(xs[i].xm,xm)==0)
        { clrscr();
```

```c
        gotoxy(5,8);printf("================                竞 赛 选 手  %s  分  数
================================",xm);
        gotoxy(5,9);printf("姓 名  评委 1  评委 2  评委 3  评委 4  评委 5  评委 6  评委 7  得 分  排名");
        gotoxy(5,10);printf("------------------------------------------  -----------------------",xm);
        gotoxy(5,11);printf("%s",xs[i].xm);
        for(j=0;j<8;j++)
            { gotoxy(12+j*7,11);printf("%5.2f",xs[i].score[j]);}
        gotoxy(12+j*7,11);printf("%3d",xs[i].mc);
        gotoxy(5,12);printf("================================
========================",xm);
        gotoxy(30,14);printf("按任意键继续！");
        break;
        }
    }
    if(i>=n)
    {
        gotoxy(22,12);printf("在成绩表中无此选手！");
    }
    getch();
    return;
}

Sort()
{
    int i,j,mc=0;
    float tmp=0;
    struct score_type score1;
    for(i=0;i<n-1;i++)
        for(j=0;j<n-1-i;j++)
            if(xs[j].score[8]<xs[j+1].score[8])
                { score1=xs[j]; xs[j]=xs[j+1]; xs[j+1]=score1;}
    for(i=0;i<n;i++)
    {   if(xs[i].score[7]!=tmp)
        {   mc=mc+1;
            xs[i].mc=mc;
            tmp=xs[i].score[7];
        }
    }
```

```
        Display();
    }
```

10.4 学生成绩管理系统

10.4.1 任务介绍及功能分析

1. 任务介绍

学生的成绩管理是日常管理工作之一，如统计学生的总分、平均分数，统计每门课程的平均分、最高分、最低分及成绩分布等数据，以及归档以备日后查询或处理等需要。根据需要还可以打印各种成绩单、查询不及格情况、查询某人或某门课的成绩等。

如此繁重的工作需要工作人员的大量精力和时间，计算机具有存储、计算和处理速度快的特点。因此，可以利用计算机来完成这些工作，实现学生成绩的数字信息化管理，提高工作效率。

2. 功能分析

通过上面的介绍，初步了解学生成绩管理应完成的任务。实际工作中，学生成绩管理系统较为复杂，限于篇幅和降低程序设计难度，对系统功能进行适当的简化处理，只保留最基本的功能需要，因此确定在此程序应实现的功能如下。

（1）学生成绩信息录入功能；
（2）学生成绩信息修改，对发现的数据输入错误后进行数据修改；
（3）学生成绩信息删除，对数据中无用的记录进行删除，保持数据文件的清洁；
（4）学生成绩信息浏览；
（5）学生成绩信息查询；
（6）学生成绩信息统计功能，统计出每门课程成绩分数的分布数据，使教师了解成绩分布情况，以便进一步分析学生对知识的掌握情况；
（7）学生成绩单打印，提供不同方式打印学生成绩单。

10.4.2 程序代码

1. 程序结构介绍

由于一个学生有多门课程，为了比较准确地描述学生的成绩信息，用结构体类型来存储学生的成绩信息，在程序的开始定义了结构体类型和结构体变量来存储学生成绩信息，为了不使问题过于复杂，课程门数固定为 8 门。

由于学生成绩数据在程序中需要多次使用，因此要把学生成绩信息内容保存下来。所以在程序中，学生成绩信息以文件形式保存在计算机磁盘上，数据文件名为 student.dat，并与程序可执行文件放在同一个文件夹下。

程序的主函数提供功能菜单的显示，供用户选择，根据用户的选择来调用相应的功能函数，实现控制程序的流向。程序总体框架结构图如图 10-1 所示。

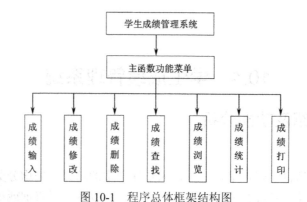

图 10-1 程序总体框架结构图

把系统所需的各功能模块分别写成不同的函数，各函数的功能如下。

（1）Add()函数完成学生成绩数据的输入，并把数据存储到数据文件中，可以随时追加学生记录。

（2）Display()函数完成对已有学生成绩数据的显示，函数从数据文件中读取数据，然后显示出来。

（3）Look For()函数完成按照学生姓名进行查找操作。函数要求先输入要查找的学生姓名，然后再调用函数 Search()函数用顺序查找法来实现，并返回查找的信息，如找到则返回该学生数据在数据文件中的位置，否则返回–1。

（4）Revise()函数实现对学生数据的修改。函数要求先输入要修改学生的姓名，然后再调用 Search()函数来查找此学生的数据，如找到先把原数据显示出来，然后提供新数据的输入，最后把输入的新数据写回原数据文件。

（5）Delete()函数实现对学生数据的删除操作。函数要求先输入要修改学生的姓名，然后再调用 Search()函数来查找此学生的数据，如找到在数据文件中删除此记录。

（6）Print()函数实现成绩单的打印。按照预先规定的格式打印出学生个人成绩单，可以选择打印指定学生成绩单、按班级打印成绩单、打印全部学生成绩单。由于没有打印机，只是用输出语句按格式要求显示在屏幕上，如要通过打印机打印，只需把 print_score()函数中的 printf 语句改为 fprintf 语句即可。例如：

    fprintf(stdprn ,"%5.1f\n",student.total);

2．源程序代码

```
#include<stdio.h>
#include<conio.h>
#include<string.h>

long Search(char s[]);

struct student_type
{   char num[11];
    char name[11];
```

```c
        char class[11];
        float score[7];
        float total;
}student1;

main()
{   char cho;
    while(1)
    {
        clrscr();
        gotoxy(20,4);printf("======学生成绩管理系统======");
        gotoxy(26,5);printf("1.学生成绩录入");
        gotoxy(26,6);printf("2.学生成绩修改");
        gotoxy(26,7);printf("3.学生成绩删除");
        gotoxy(26,8);printf("4.学生成绩浏览");
        gotoxy(26,9);printf("5.学生成绩查询");
        gotoxy(26,10);printf("6.学生成绩统计");
        gotoxy(26,11);printf("7.学生成绩单打印");
        gotoxy(26,12);printf("8.退出");
        gotoxy(20,13);printf("========================");
        gotoxy(24,15);printf("请选择功能(1～8):");
        while(1)
        {   cho=getch();
            if(cho>='1' && cho<='8')break;
        }
        switch(cho)
        {
        case '1' : Add();break;
        case '2' : Revise();break;
        case '3' : Delete();break;
        case '4' : Display();break;
        case '5' : LookFor();break;
        case '6' : Count();break;
        case '7' : Print();break;
        case '8' :
           {   gotoxy(20,18);printf("你确认要退出系统吗(Y/N)?");
               cho=getch();
               if(cho=='y'||cho=='Y')exit(0);
           }
        }
    }
```

```
    }
}

Add()
{   FILE *fp;
    char cho;
    int i,j;
    fp=fopen("student.dat","ab");
    if(fp==NULL)
    {   printf("打开学生数据文件(student.dat)错误！");
        getch();
        return;
    }
    while(1)
    {
        student1.total=0;
        clrscr();
        gotoxy(20,4);printf("======学生成绩输入======");
        gotoxy(26,5);printf("学  号：");
        gotoxy(26,6);printf("姓  名：");
        gotoxy(26,7);printf("班  级：");
        gotoxy(26,8);printf("课程 1：");
        gotoxy(26,9);printf("课程 2：");
        gotoxy(26,10);printf("课程 3：");
        gotoxy(26,11);printf("课程 4：");
        gotoxy(26,12);printf("课程 5：");
        gotoxy(26,13);printf("课程 6：");
        gotoxy(26,14);printf("课程 7：");
        gotoxy(20,15);printf("========================");
        gotoxy(38,5);scanf("%s",student1.num);
        gotoxy(38,6);scanf("%s",student1.name);
        gotoxy(38,7);scanf("%s",student1.class);
        for(i=0;i<7;i++)
        {   gotoxy(38,8+i);scanf("%f",&student1.score[i]);
            student1.total+=student1.score[i];
        }

        gotoxy(1,17);printf("学  号   姓  名  班  级  课程 1  课程 2  课程 3  课程 4  课程 5
              课程 6  课程 7  总  分");
        gotoxy(1,18);printf("%6s",student1.num);
```

```c
        gotoxy(9,18);printf("%6s",student1.name);
        gotoxy(17,18);printf("%6s",student1.class);
        for(j=0;j<7;j++)
          { gotoxy(25+j*7,18);printf("%5.1f",student1.score[j]);}
            gotoxy(25+j*7,18);printf("%5.1f",student1.total);
              fwrite(&student1,sizeof(student1),1,fp);

        gotoxy(24,21);printf("是否继续输入(Y/N)?");
        cho=getch();
        if(cho=='N'||cho=='n')
          { fclose(fp); return;}
      }
  }

Revise()
  { FILE *fp;
     int i;
     long p;
     char xm[11];
     clrscr();
     gotoxy(20,10);printf("输入要修改的学生姓名：");
     scanf("%s",xm);
     p=Search(xm);
     if(p==-1L)
      { gotoxy(22,12);printf("在成绩表中无此学生！");
         getch();
         return;
      }

     fp=fopen("student.dat","rb+");
     if(fp==NULL)
      { printf("打开学生数据文件(student.dat)错误！");
         getch();
         return;
      }

     student1.total=0;
     clrscr();
     gotoxy(20,4);printf("======学生成绩输入======");
     gotoxy(26,5);printf("学  号：");
```

```c
        gotoxy(26,6);printf("姓  名：");
        gotoxy(26,7);printf("班  级：");
        gotoxy(26,8);printf("课程 1：");
        gotoxy(26,9);printf("课程 2：");
        gotoxy(26,10);printf("课程 3：");
        gotoxy(26,11);printf("课程 4：");
        gotoxy(26,12);printf("课程 5：");
        gotoxy(26,13);printf("课程 6：");
        gotoxy(26,14);printf("课程 7：");
        gotoxy(20,15);printf("=======================");
        gotoxy(38,5);scanf("%s",student1.num);
        gotoxy(38,6);scanf("%s",student1.name);
        gotoxy(38,7);scanf("%s",student1.class);
        for(i=0;i<7;i++)
        {   gotoxy(38,8+i);scanf("%f",&student1.score[i]);
            student1.total+=student1.score[i];
        }

        fseek(fp,p,0);
        fwrite(&student1,sizeof(student1),1,fp);
        fclose(fp);
        return;
    }


Delete()
{   FILE *fp1, *fp2;
    int i;
    long p;
    char xm[11],cho;
    clrscr();
    gotoxy(20,10);printf("输入要删除的学生姓名：");
    scanf("%s",xm);
    gotoxy(20,12);printf("你确认要删除这里的学生数据吗(Y/N)?");
    cho=getch();
    if(cho=='N'||cho=='n')
        return;
    p=Search(xm);
    if(p==-1L)
    {   gotoxy(22,12);printf("在成绩表中无此学生！");
        getch();
```

```
        return;
    }

    fp1=fopen("student.dat","rb");
    if(fp1==NULL)
    {   printf("打开学生数据文件(student.dat)错误！");
        getch();
        return;
    }
    fp2=fopen("student.tmp","wb");
    if(fp2==NULL)
    {   printf("打开学生数据文件(student.dat)错误！");
        getch();
        fclose(fp1);
        return;
    }
    while(fread(&student1,sizeof(student1),1,fp1))
        if(ftell(fp1)-sizeof(student1)!=p)
            fwrite(&student1,sizeof(student1),1,fp2);
    fclose(fp1);
    fclose(fp2);
    system("del student.dat");
    system("ren student.tmp student.dat");
    return;
}


Display()
{   FILE *fp;
    int i,j,page=0;
    fp=fopen("student.dat","rb");
    if(fp==NULL)
    {   printf("打开学生数据文件(student.dat)错误！");
        getch();
        return;
    }
    clrscr();
    gotoxy(1,2);printf("================================        学  生  成  绩  表
                    ================");
    gotoxy(1,3);printf("学  号  姓  名  班  级  课程1  课程2  课程3  课程4  课程5  课程6
            课程7  总  分");
```

```c
        gotoxy(1,4);printf("--------------------------------------------------  --------------------------");
        while(fread(&student1,sizeof(student1),1,fp))
        {
            gotoxy(1,page+5);printf("%6s",student1.num);
            gotoxy(9,page+5);printf("%6s",student1.name);
            gotoxy(17,page+5);printf("%6s",student1.class);
            for(j=0;j<7;j++)
              { gotoxy(25+j*7,page+5);printf("%5.1f",student1.score[j]);}
                gotoxy(25+j*7,page+5);printf("%5.1f",student1.total);
                page=page+1;
            if(page==15)
              { gotoxy(1,19);printf("============================================ ======================
========================");
                gotoxy(30,20);printf("按任意键继续！");
                getch();
         page=0;
                clrscr();
                gotoxy(1,2);printf("================================   学  生  成  绩  表
================================");
                gotoxy(1,3);printf("学  号  姓  名  班  级  课程1  课程2  课程3  课程4  课程5
课程6  课程7  总  分");
                gotoxy(1,4);printf("============================================================
========================");
              }
        }
        gotoxy(1,page+5);printf("============================================================
========================");
        gotoxy(30,page+6);printf("按任意键继续！");
        getch();
        fclose(fp);
        return;
}

LookFor()
{   FILE *fp;
    int i;
    long p;
    char xm[11];
    clrscr();
    gotoxy(20,10);printf("输入要修改的学生姓名：");
```

```
    scanf("%s",xm);
    p=Search(xm);
    if(p==-1L)
    {   gotoxy(22,12);printf("在成绩表中无此学生！");
        getch();
        return;
    }

    fp=fopen("student.dat","rb");
    if(fp==NULL)
    {   printf("打开学生数据文件(student.dat)错误！");
        getch();
        return;
    }
    fseek(fp,p,0);
    fread(&student1,sizeof(student1),1,fp);
    clrscr();
    gotoxy(1,2);printf("================================   学   生   成   绩   单
                        ================================");
    gotoxy(1,3);printf("学  号  姓  名  班  级  课程 1  课程 2  课程 3  课程 4  课程 5  课程 6
                课程 7  总   分");
    gotoxy(1,4);printf("================================================================
========================");
    gotoxy(1,5);printf("%6s",student1.num);
    gotoxy(9,5);printf("%6s",student1.name);
    gotoxy(17,5);printf("%6s",student1.class);
    for(i=0;i<7;i++)
    {   gotoxy(25+i*7,5);printf("%5.1f",student1.score[i]);}
    gotoxy(25+i*7,5);printf("%5.1f",student1.total);
    gotoxy(1,6);printf("================================================================
========================");
    gotoxy(30,8);printf("按任意键继续！");
    fclose(fp);
    getch();
    return;
}

Count()
{   FILE *fp;
    int i,j;
```

```c
        int cn[7][5]={{0,0,0,0,0},{0,0,0,0,0},{0,0,0,0,0},
                      {0,0,0,0,0},{0,0,0,0,0},{0,0,0,0,0},
                      {0,0,0,0,0}};
        char xm[11],fd[5][7]={"<60","60～70","70～80","80～90","90～100"};
        clrscr();
        fp=fopen("student.dat","rb");
        if(fp==NULL)
        {   printf("打开学生数据文件(student.dat)错误！");
            getch();
            return;
        }
        while(fread(&student1,sizeof(student1),1,fp))
        {
            for(i=0;i<7;i++)
            {   j=student1.score[i]-50;
                if(j<0)j=0;
                j=j/10;
                cn[i][j]++;
            }
        }
        fclose(fp);

        gotoxy(1,2);printf("========================学生成绩统计========================");
        gotoxy(1,3);printf("分数段   课程 1   课程 2   课程 3   课程 4   课程 5   课程 6   课程 7");
        gotoxy(1,4);printf("============================================================");
        for(i=0;i<5;i++)
        {
            gotoxy(1,5+i);printf("%6s",fd[i]);
            for(j=0;j<7;j++)
            {   gotoxy(8+j*7,5+i);printf("%4d",cn[j][i]);}
        }
        gotoxy(1,5+i);printf("============================================================");
        gotoxy(20,7+i);printf("按任意键继续！");

        getch();
        return;
    }


    Print()
```

```c
{   FILE *fp;
    int i=0;
    char s[11],cho;
    clrscr();
    fp=fopen("student.dat","rb");
    if(fp==NULL)
    {   printf("打开学生数据文件(student.dat)错误！");
        getch();
        return;
    }
    gotoxy(20,4);printf("======成绩单打印方式======");
    gotoxy(24,5);printf("1.打印指定学生成绩单");
    gotoxy(24,6);printf("2.按班级打印成绩单");
    gotoxy(24,7);printf("3.打印全部学生成绩单");
    gotoxy(24,8);printf("4.返回");
    gotoxy(20,9);printf("==========================");
    gotoxy(24,10);printf("请选择打印方式(1～4):");
    while(1)
    {   cho=getch();
        if(cho>='1' && cho<='4')break;
    }
    switch(cho)
    {
        case '1' :
            gotoxy(24,12);printf("请输入学生姓名:");
            scanf("%s",s);
            clrscr();
            while(fread(&student1,sizeof(student1),1,fp))
            {
                if(strcmp(student1.name,s)==0)
                {   Print_score(student1); i++;}
            }
            if(i==0){gotoxy(24,12);printf("无此学生！");}
            break;
        case '2' :
            gotoxy(24,12);printf("请输入班级名称:");
            scanf("%s",s);
            clrscr();
            while(fread(&student1,sizeof(student1),1,fp))
            {
```

```c
                if(strcmp(student1.class,s)==0)
                {   Print_score(student1); i++;}
            }
            if(i==0){gotoxy(24,12);printf("无此班级学生！");}
            break;
        case '3' :
            clrscr();
            while(fread(&student1,sizeof(student1),1,fp))
                Print_score(student1);
            break;
        case '4' : break;
    }
    fclose(fp);
    getch();
    return;
}


Print_score(struct student_type student)
{   int i;
    printf("\n============================            学         生         成         绩         单================================\n");
    printf("学   号   姓   名   班   级   课程1   课程2   课程3   课程4   课程5   课程6   课程7   总   分\n");
    printf("--------------------------------------------------------------------------------\n");
    printf("%6s   %6s   %6s   ",student1.num,student.name,student.class);
    for(i=0;i<7;i++)
        printf("%5.1f   ",student.score[i]);
    printf("%5.1f\n",student.total);
    printf("================================================================================\n\n");
    return;
}


long Search(char s[])
{   FILE *fp;
    long i=-1L;
    fp=fopen("student.dat","rb");
    if(fp==NULL)
    {   printf("打开学生数据文件(student.dat)错误！");
        getch();
```

```
            return (-1L);
    }
    while(fread(&student1,sizeof(student1),1,fp))
    {
        if(strcmp(student1.name,s)==0)
        {
            i=ftell(fp)-sizeof(student1);
            break;
        }
    }
    fclose(fp);
    return (i);
}
```

10.5 课程设计参考题目

1. 通讯录管理系统

编写一个"通讯录管理系统"程序，通讯录信息包括姓名、工作单位、电话号码、QQ号等信息。通讯录信息用磁盘文件保存，要求程序包括如下功能。

（1）可以输入追加联系人记录；
（2）可以浏览通讯录信息；
（3）可以查找某人信息；
（4）可以删除某人信息；
（5）可以修改某人信息；
（6）显示主功能菜单，供用户自由选择。

2. 家庭财务管理系统

此系统的主要任务是完成家庭日常生活收支信息的管理，记录家庭成员每笔输入情况和消费支出情况，同时提供必要的查询统计功能。基本功能要求如下。

（1）日常收入和支出信息的录入，以及修改、删除等操作；
（2）按日、月或某一时间段查询收入和支出的详细信息；
（3）按月或某一时间段统计收支情况，统计出收入总数、支出总数及两数之差。

参考代码如下：

```
struct date
{   int month;
    int day;
    int year;
};
struct home
```

```
    {   int lx;            /* 收支类型，0-收入，1-支出 */
        char name[11];     /* 收支人的姓名 */
        float je;          /* 收支金额 */
        date rq;           /* 收支日期 */
        char bzh[51];      /* 备注，记录收入来源或支出用途等辅助信息 */
    }
```

日期比较函数，如果两日期相等则返回 0，前面日期大于后面日期则返回整数，小于则返回负数。

```
    int Datecmp(struct date date1,struct date date2)
    {   int i;
        i=date2.year-date1.year;
        if(i==0){
            i=date2.month-date1.month;
            if(i==0) i=date2.day-date1.day;
        return i;
    }
```

3．存款管理系统

此系统主要任务是实现家庭存折、信用卡等存款信息的管理，记录存折、信息卡基本信息，以及每次存入和支取信息，同时提供必要的查询统计功能。基本功能要求如下。

（1）存折、信息卡等基本信息的维护，包括输入、修改、删除等操作，信息主要包括：卡号、开户银行、姓名、开户日期、类型、存期、账户金额、备注等。

（2）存入和支取信息的维护，主要针对活期和信用卡的存入和支取信息管理，记录存入或支取的金额、卡号、日期、备注等数据。

（3）定期存款到期和信用卡透支情况查询（或提醒，在软件启动时给出提示信息）。

（4）存折、信息卡基本信息查询。

（5）按日、月或某一时间段查询存入或支取的详细信息。

小　　结

学习 C 语言程序设计课程的目的不是仅仅编写一些简单的程序，而是要能开发具有一定应用价值的应用程序。为了使读者在学完本书后能进一步学习提高，在本章提供了两个比较简单的使用应用程序，希望能有所帮助，并能在此基础上加以改进和提高，使程序更加完善。

第11章

实验实训与上机指导

本章要点

- 了解 C 语言实现环境 TC 和 VC
- 掌握 C 程序上机实验步骤
- 掌握程序调试方法,提高独立解决问题的能力
- 掌握实验报告书写内容和书写方法
- 通过各实验,进一步掌握程序设计方法

实验实训是计算机语言课中非常重要的一个教学环节，学习 C 语言也不例外，学生应多编程序，多上机调试程序。上机实验的目的不仅是为了验证所编程序的正确性，巩固课堂所学知识，更重要的是培养实际操作能力和上机调试程序技术。实验中调试好一个程序后，可以自己改变程序中某些部分，或者人为地设置一些错误和障碍，然后观察和分析相应的编译情况和运行结果，这样才能加深对授课内容的理解。

上机实验步骤如下。

（1）按实验要求，复习与本实验有关的教学内容，事先编好程序，准备好数据，人工检查程序无语法错误和逻辑错误。对程序运行时可能出现的问题做出估计，对编程时就有疑问的地方作好标记，然后上机。这样才能充分利用上机时间，提高上机效率。

（2）上机输入并调试程序，对于上机过程中出现的问题，应分析出错原因，观察"出错信息"，做到尽量自己独立解决问题。

（3）整理实验结果，写出实验报告，实验报告应包括如下内容：
① 实验时间、实验目的和实验内容；
② 算法说明（可以用流程图表示）及程序清单；
③ 操作步骤；
④ 运行结果；
⑤ 分析与思考。如果程序未能正确运行，应找出程序中的错误，并分析出错原因；
⑥ 实验收获及体会。

实验 1 C 语言程序运行环境的使用

1．实验目的

（1）了解所用计算机系统软硬件环境、性能和 C 语言实现的环境。

（2）掌握使用 TC 2.0（或 VC 2.0）编译工具实现 C 语言程序的编辑、编译、连接和运行方法。

（3）通过实验，进一步了解 C 语言程序的构成和特点。

2．复习及准备

第 1 章 1.3 节、1.4 节的内容。

3．实验时数

2 学时。

4．实验内容和步骤

本实验可以在 Turbo C 2.0 和 Windows 下的 Visual C++两种集成开发环境选择一种进行，这里重点介绍在 Turbo C 2.0 开发环境下实现 C 语言程序的方法。对于使用 Visual C++集成开发环境的读者可以参考本书 1.4.2 节和 1.4.3 节进行相应的实验。

（1）启动 Turbo C 2.0。熟悉所用计算机系统软、硬件环境，掌握 Turbo C 集成开发环境所在目录及启动 Turbo C 2.0 方法。

一般的计算机硬件系统运行 TC 或 VC 都不会有什么问题，操作系统也大多数以

Windows 系列为主。Windows 环境下进入 Turbo C 的方法按 1.4.1 节的介绍进行。如果不知道"TC.EXE"文件所在目录,可通过搜索的方法进行查找,并在桌面上建立快捷方式。找到后双击该文件名,即可进入 TC 环境。

(2)设置工作环境。按 1.4.1 节介绍的 Turbo C 工作环境设置方法,设置 TC 的包含文件、库函数文件、目标文件和可执行文件等存放目录。

学校的计算机一般都是公用的,为了保存好自己的 C 语言源程序,最好设置目标文件和可执行文件指定存放到个人子目录中,如 D:\WangHOME 等。

(3)C 语言源程序的输入、编辑。源程序的输入、编辑可以有两种方法:一是直接在 TC 环境中进行,操作步骤是在"File"菜单中选择"New"命令,建立一个默认名为"NONAME.C"的新文件;二是调入已有的保存在外存上的磁盘文件,方法是按功能键【F3】或在 File 菜单中选择 Load 项,出现如图 11-1 所示的输入框,在输入框中输入(或选择)源文件名。如果该文件存在,则调入内存并显示在屏幕上。如果不存在此文件,则建立一个新文件。

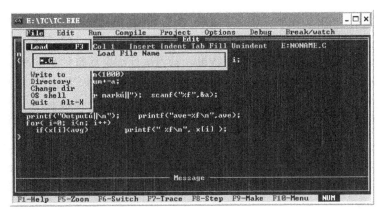

图 11-1 Turbo C 2.0 调入源程序文件输入窗口

当出现如图 11-1 所示的输入框后,也可以直接按【Enter】键,出现如图 11-2 所示的文件选择窗口。在此窗口中,将光标移到所选的文件后按【Enter】键,就将该文件调入内存并显示在屏幕上。图 11-2 中,"CHAP1"和"CHAP4"表示下级子目录,光标移到这个位置按【Enter】键,就进入该子目录。"..\"表示退到上级目录。

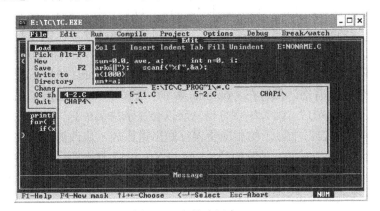

图 11-2 文件选择窗口

保存在外存上的磁盘文件可以采用文字处理软件（如 Windows 系统提供的记事本、写字板、Word 等）预先编辑，然后在 TC 中调用。但要注意两个问题，一是文件的保存格式为纯文本文件，二是扩展名必须为".C"。较长的源程序使用 Windows 的记事本进行输入、编辑，能提高编辑效率，但在字处理软件中保存文件时要选择合适的存储位置，如 Turbo C 2.0 的默认输出文件目录 D:\WangHOME，或以自己姓名命名的文件夹等。

（4）用步骤（3）介绍的两种方法中的任意一种输入例 1.5，文件名为"exam1_5.c"。

> 说明：为了便于读者理解和阅读程序，本书一些程序中的字符串或注释内容使用汉字。如果程序是在 Windows 中的 VC 下实现，汉字的输入、编辑和运行都没有问题。但如果是在 Turbo C 2.0 下实现，需要调入相应的汉字操作系统，如 UCDOS 等。即使用户利用"记事本"等字处理软件输入汉字，在 TC 中和运行时显示出来的也是乱码。因此，如果没有相应的汉字操作系统，用户上机实验时可以使用英文输入相应的字符串或注释。

（5）运行程序。按"Ctrl+F9"组合键编译运行该程序，观察编译连接时的信息提示，如果源程序有错，按照 1.4.4 节介绍的编译连接错误程序调试方法调试程序。

如果程序编译、连接、运行过程正常，运行结果在屏幕上一闪而过，用户可能看不到。因为程序编译界面和运行结果界面是两个相互独立的屏幕状态。这时可按"Alt+F5"键切换至运行结果界面，观察并记录程序的运行结果。看完运行结果后按任意键返回编译界面。

（6）保存源程序。保存源程序是一个重要的环节，源程序编辑过程中或编辑完成后，及时保存源程序是十分必要的，初学者往往忽视这一环节。操作步骤如下：

按功能键【F3】，在出现的白色背景窗口显示了步骤（2）设定的默认存储位置（如 D:\WangHOME）和默认文件名 NONAME.C，在窗口中输入新的文件名"exam1_5.c"。为了操作方便，可以使用默认存储位置操作时只需将 NONAME.C 改写为 exam1_5.c 后按【Enter】键即可。当然也可以更改存储位置和其他的文件名，但用户自己一定要记住，避免以后查找时带来麻烦。

（7）程序运行结束后，退出 TC，进入在步骤（2）中自己设置好的目标文件和可执行文件存放目录，查看相应的目标文件和可执行文件，这时应该有两个新文件，目标文件"exam1_5.OBJ"和可执行文件"exam1_5.EXE"，如果找不到，请核对步骤（2）所设置的输出目录，然后到相应的目录中查找。

（8）在 Windows 或 DOS 下执行该可执行文件，并比较运行结果。

（9）程序调试。删除已生成的目标文件"exam1_5.OBJ"和可执行文件"exam1_5.EXE"，然后修改源程序"exam1_5.c"，例如，去掉一个语句结束标志分号，使之有语法错误，再按步骤（5）的方法进行程序编译、连接、运行，学会初步的 C 语言程序调试方法。

可选操作步骤：用分步法进行编译、连接并运行程序"exam1_5.c"。操作如下：修改源程序"exam1_5.c"使之有错，然后在 Complie 菜单中选择"Complie to OBJ"项，将源程序文件编译成"exam1_5.OBJ"。因为程序有错，所以会显示错误信息，按任意键后光标停留在出错处，仔细观察信息窗口中显示的相应错误行和出错原因，修改源程序并重新编译直到源程序正确。然后再选择 Complie 菜单中的"Link EXE file"选项后，将会在指定的输出目录下，生成可执行文件"exam1_5.EXE"。退出 TC 后执行该文件并比较运行结果。

（10）用同样方法输入并运行例 1.6。

（11）编辑、调试下列错误程序使之正确运行。

键盘输入两个整数，输出此两整数乘积，编译并运行之。

```
#include <stdio.h>
main()
{ int x,y;
    scan("%d,%d",&x,&y);
    z=x*y
    printf("area is %d\n",z);
}
```

运行程序时输入数据可用"20,30；2000,800"两组数据分别运行，并分析运行结果。

程序调试正确后，再将"int x,y;"中的变量 x, y 改为大写字母 X, Y 后重新调试程序。结果证明 C 语言标识符区别大小写。

（12）退出 Turbo C 环境，关机。

注意：

（1）在 Turbo C 2.0 中 printf()函数中需要输出的一些提示信息或注释等不能使用中文，实验时可用英文信息代替。如果是在 VC 环境中，允许使用中文信息或注释。

（2）如果用户使用的是 VC 环境，请参考 1.4.2 节和 1.4.3 节所介绍的使用方法进行程序的编辑、编译、连接、运行和调试。

实验 2　数据类型及运算符

1. 实验目的

（1）掌握 C 语言基本数据类型，熟悉整型、实型和字符型常量、变量定义、赋值和使用方法等。

（2）掌握基本运算符及相应表达式的运用，特别是自增、自减运算符及表达式。

（3）了解运算符的优先级和结合性的概念。

（4）进一步掌握编辑、编译、连接和运行一个 C 语言程序的方法和步骤。

2. 复习及准备

第 1 章 1.4 节、1.5 节的内容及习题。

3. 实验时数

2 学时。

4. 实验内容和步骤

1）整型与字符型转换

输入并运行下面程序：

```
main( )
{int a,b;
    a=65;b=66;
    printf("%d,%d\n",a,b);
```

```
        printf("%c,%c\n",a,b);
    }
```
将第二行"int a,b;"改为"char a,b;"后,再次运行程序。

再将第三行改为"a=300;b=400;"后,运行程序,并分析运行结果。

2)算术运算符及表达式

输入并运行以下程序:

```
    main()
    {int x;
     x=-2+3*5-6;
     printf("%d\n",x);
     x=-2+3%5-6;
     printf("%d\n",x);
     x=-2*3%-6/5;
     printf("%d\n",x);
     x=1/2+3*4;
     printf("%d\n",x);
    }
```

分析运行结果。

3)自增运算符及表达式

输入并运行以下程序:

```
    main( )
    {int a,b,c,d;
     a=3;b=5;
     c=++a;d=b++;
     printf("%d,%d,%d,%d\n",a,b,c,d);
    }
```

运行程序,分析结果。

然后分别将程序作如下改动后运行,并分别分析程序的运行结果,掌握自增运算符的运算规律。

(1)第四行改为:c=a++;d=++b;,然后运行程序;

(2)去掉第四行,将输出语句(第五行)改为:printf("%d,%d\n",a++,b++);,然后运行程序;

(3)在步骤(2)的基础上,将输出语句改为"printf("%d,%d\n",++a,++b);",然后运行程序;

(4)然后再将输出语句改为"printf("%d,%d,%d,%d\n",a,b,a++,++b);",然后运行程序;

(5)将程序改为如下形式,然后运行程序。

```
    main( )
    {int a,b,c=0,d=0;
     a=3;b=5;
```

```
        c+=a++;d-=--b;
        printf("%d,%d,%d,%d\n",a,b,c,d);
    }
```

4）运算符的优先级和结合性

```
    main( )
    {int a,b,c,d;
    a=2;b=3;
    d=(c=a*b+1)+(b=4);
    printf("%d,%d,%d,%d\n",a,b,c,d);
    }
```

运行程序，记录运行结果。表达式"(c=a*b+1)+(b=4)"中(c=a*b+1)与(b=4)先执行哪一个依赖于所用的计算机，为保证特定的计算顺序，可将表达式"d=(c=a*b+1)+(b=4);"分解，改为：

```
    c=a*b+1;
    d=c+(b=4);
```

这样可保证先执行(c=a*b+1)，后执行(b=4)，从而使 d 的最终结果为 11。重新运行程序验证。

5）编写程序实现将键盘输入的小写字母改成大写字母，并输出。

6）编写程序，在屏幕上输出如下信息：

```
==============
= I am a student. =
==============
```

实验 3 顺序结构程序设计

1．实验目的

（1）正确掌握各种基本语句、赋值语句的使用方法。
（2）掌握数据输入/输出函数的使用方法，正确使用各种格式控制说明符。
（3）掌握顺序结构程序设计方法。
（4）掌握 goto 语句及语句标号的使用方法。

2．复习及准备

第 2 章内容及习题。

3．实验时数

2 学时。

4．实验内容和步骤

1）printf()函数各种格式控制说明符验证

输入并运行第 2 章习题问答题 4 中的第（4）小题，即

```c
main()
{int x=10,b=200,z=-3000;
 float fa=12.34,fb=56.78;
 char c='x';
 long int li=1234567;
 unsigned u=65000;
 printf("%d%d%d\n",x,y,z);
 printf("%-5d%-5d%-5d\n",x,y,z);
 printf("%f,%f\n",fa,fb);
 printf("%-7f,% -7f\n",fa,fb);
 printf("%-7.2f,% -7.2f\n",fa,fb);
 printf("%4f,%3f\n",fa,fb);
 printf("%e,%7.2e\n",fa,fb);
 printf("%c,%d,%o,%x\n",c,c,c,c);
 printf("%ld,%lo,%lx\n",li,li,li);
 printf("%d,%o,%x,%u\n",u,u,u,u);
 printf("%s,%6.3s\n","student","student");
}
```

对照运行结果，进一步掌握 printf()函数中各种格式控制说明符的输出形式。

2）scanf()函数格式控制字符和变量地址练习

编写一个求 a+｜b｜的程序。

注意：

（1）库函数中有两个求绝对值的函数 abs 和 fabs。函数 abs 得到的结果为整数（例如，abs(-3.5)的结果为 3），而 fabs 得到实数结果（fabs(-3.5)的结果为 3.5）。分别用这两个函数编程并运行程序，分析结果。

（2）程序中需用 scanf 函数输入 a 和 b 的值，请分析以下两个语句：

scanf("%f%f",a,d);
scanf("%f%f",&a,&b);

哪一个是正确的，分别运行之，分析运行结果。

（3）设 a 的值为 5.5，b 的值为-3.8，如果用"%f%f"格式控制符输入 a 和 b，输入时分别将 5.5 和-3.8 用逗号、空格和回车符分隔，分析比较程序运行结果。

（4）如果将 scanf 函数改为 "scanf("%f,%f",&a,&b);"，应如何输入数据。

（5）a、b 的值仍为 5.5 和-3.8，如果将 scanf 函数改为 "scanf("%d,%d",&a,&b)"，程序运行结果是否正确，为什么？

3）顺序结构程序设计

已知一个圆柱的半径和高分别为 1.45 和 3.2，求该圆周长、圆面积和圆柱的体积。要求用 scanf()函数输入数据，输出结果时要有文字说明，并且取小数点后的两位数字。请编写程序并上机运行。

4）利用 goto 语句编写无穷循环程序
按第 2 章习题中编程题 4 的要求编写程序，并上机运行程序。

实验 4 选择结构程序设计

1．实验目的
（1）了解 C 语言表示逻辑量的方法。
（2）掌握关系运算符、关系表达式和逻辑运行符、逻辑表达式的使用方法。
（3）熟练掌握 if 语句和 switch 语句。

2．复习及准备
第 3 章内容及习题。

3．实验时数
2 学时。

4．实验内容和步骤
（1）编程计算下面分段函数 $f(x)$ 的值，并上机运行。

$$f(x) = \begin{cases} x & (x < 0) \\ 2x+1 & (0 \leq x < 1) \\ 4x-3 & (x \geq 1) \end{cases}$$

要求 x 的值用 scanf()函数输入，分别用 x 三个不同的区间值运行程序。
（2）编写程序上机实现从键盘输入三个整数 a、b、c，输出其中最大值。
（3）编程并运行程序。输入一个学生的百分制成绩，输出相应的等级。90 分以上的等级为"A"，80～89 分等级为"B"，70～79 分等级为"C"，60～69 分等级为"D"，60 分以下等级为"E"。要求用 if 和 switch 语句分别编写。
（4）按第 3 章习题中编程题 5 的要求编写程序，并上机运行程序。

实验 5 循环结构程序设计

1．实验目的
（1）了解循环基本概念，熟练掌握三种循环语句的使用。
（2）掌握"当"型循环和"直到型"循环的区别。
（3）掌握 break 和 continue 语句的使用。
（4）熟练掌握用循环结构实现各种算法。

2．复习及准备
第 4 章内容及习题。

3．实验时数
2 学时。

4．实验内容和步骤

（1）验证第 4 章习题四。即

①
```c
#include <stdio.h>
main()
{   int i=1;
    while(i<=15)
       if(++i%3!=2) continue;
    else printf("%d",i);
    printf("\n");
}
```

②
```c
#include <stdio.h>
main()
{   int   a,b,i;
    a=1;b=3;i=1;
    do { printf("%d,%d,",a,b);
         a=(b-a)*2+b;
         b=(a-b)*2+a;
         if (i++%2==0)    printf("\n");
       } while (b<100);
}
```

③
```c
#include <stdio.h>
main()
{   int i,j=4;
    for (i=j;i<=2*j;i++)
      switch (i/j)
      {  case 0:
         case1: printf("*"); break;
         case2: printf("#");
      }
}
```

（2）参考例 4.11 制作一个在屏幕上显示时、分、秒的电子表。

（3）编程实现屏幕输出"九九乘法表"，要求以三角形形式输出。（提示：外循环变量 i 从 1 开始到 9，内循环变量 j 从 1 开始到 i）。

（4）有 1020 个西瓜，第一天卖一半多两个，以后每天卖剩下的一半多两个，问几天以后可以卖完？

实验 6 数 组 应 用

1．实验目的
（1）进一步掌握数组的概念、定义、初始化和输入/输出方法。
（2）掌握字符数组和字符串函数的使用。
（3）掌握数组编程方法。

2．复习及准备
第 5 章内容及习题。

3．实验时数
4 学时。

4．实验内容和步骤
（1）用选择法对 20 个整数进行排序，要求这 20 个数用 scanf()函数输入。
（2）编写程序，打印杨辉三角形（要求打印 10 行）。

```
1
1   1
1   2   1
1   3   3   1
1   4   6   4   1
1   5   10  10  5   1
……
```

（3）编写程序实现从给定字符串的第 i 个字符开始输出 n 个字符。如字符串"I love China!"，从第 3 个字符开始的 4 个字符为："love"。
（4）改写例 5.12，当输入密码不正确，允许用户重新输入，当 3 次输入的密码都不正确时，则结束程序。
（5）编一个 3×5 矩阵的转置程序，并利用新的数组存放转置后的矩阵。

实验 7 函 数 应 用

1．实验目的
（1）掌握函数的定义和调用方法。
（2）掌握实参和形参的概念，及单向数值传递（值传递）方式。
（3）学会使用递归方法进行程序设计,掌握递归函数编写的规律。
（4）掌握函数嵌套调用方法。
（5）掌握全局变量、局部动态变量及静态变量的概念和使用方法。

2．复习及准备

第 6 章 6.1～6.5 节的内容及习题。

3．实验时数

4 学时。

4．实验内容和步骤

（1）上机验证第 6 章例 6.2 和例 6.10。

（2）按第 6 章习题中编程题 1 的要求编写程序并上机运行。即求方程 $ax^2+bx+c=0$ 的根，分别用三个函数实现求当 $b^2-4ac>0$、$=0$ 和 <0 时的根，并输出结果（a、b、c 的值从主函数输入）。

（3）按第 6 章习题中编程题 2 的要求编写程序并上机运行。即编写一个判素数的函数，在主函数中输入一个整数，输出是否是素数的信息。

（4）上机验证第 6 章例 6.14 的汉诺塔游戏。

（5）求两个整数的最大公约数和最小公倍数。用一个函数求最大公约数，用另一个函数根据求出的最大公约数求最小公倍数。要求：

① 用全局变量的方法。将两个整数的最大公约数和最小公倍数都设为全局变量。

② 不用全局变量。两个整数在主函数中输入。并传送给函数 1，求出的最大公约数返回主函数，然后再与两个整数一起作为实参传递给函数 2，以求出最小公倍数，在主函数中输出最大公约数和最小公倍数。

实验 8 预 处 理

1．实验目的

（1）掌握宏定义、宏展开的使用方法。

（2）掌握文件包含处理方法。

（3）掌握文件预处理方法。

2．复习及准备

第 6 章 6.1～6.5 节的内容及习题。

3．实验时数

2 学时。

4．实验内容和步骤

（1）分别输入下面程序，写出程序运行结果。

①

```
    #define   MAX(a,b) (a>b?a:b)+1
    main ()
    { int i = 6, j = 8;
       printf("%d\n", MAX(i, j));
    }
```

②
```c
#include  <stdio.h>
#define   BOTTOM (-3)
#define   TOP (BOT + 6)
#define   PR(arg)   printf("%d\n", arg)
#define   FOR(arg)   for( ; (arg); (arg)--)
main ()
{
    int i = BOT, j = TOP;
    FOR(j)
switch (j)
{
    case 1 : {PR(i++); break;}
    case 2 : {PR(j); break;}
    default : PR(i);
  }
}
```

（2）按第 6 章习题中编程题 10 的要求编写程序并上机运行。即试定义一个带参数的宏 SWAP(x, y)，对 x, y 值进行交换，并利用它对一维数组 a, b 值进行交换。

（3）键盘输入年份 year，判断该年是否为闰年，要求将判断某年 year 是否为闰年的逻辑表达式为宏体。

参考：定义宏如下：

#define leap(year)   (year%4==0 && year%100!=0) || year%400==0

（4）用带参数的宏计算任意三角形的面积。

参考：定义宏如下：

#define s(a,b,c)   (a+b+c)/2.0
#define area(a,b,c)   sqrt(s(a,b,c)*(s(a,b,c)-a)*(s(a,b,c)-b)*(s(a,b,c)-c))

实验9　指　　针

1．实验目的

（1）进一步掌握指针的概念，学会指针变量的定义与引用。
（2）掌握指针与变量、指针与数组、指针与字符串的关系。
（3）学会使用指针作为函数参数的方法。
（4）了解指向指针的概念及使用方法。

2．复习及准备

第 7 章内容及习题。

3. 实验时数

4 学时。

4. 实验内容和步骤

（1）上机验证下列程序：如果想使指针变量 p1 指向 a 和 b 中的较大者，p2 指向较小者，下面程序能否实现此目的？

```
Swap(int *p1,int *p2)
{ int *p;
   p=p1;p1=p2;p2=p;
}
main()
{int a,b;
 int pt1,pt2;
 scanf("%d,%d",&a,&b);
 pt1=&a;pt2=&b;
 if (a<b) swap(pt1,pt2);
 printf("%d,%d\n",*pt1, *pt2);
}
```

如果不能实现题目要求，请修改这个程序。

（2）如果要输出 a 数组中的 10 个元素，下面程序能否实现？

```
Main()
{static int a[10]={1,3,5,7,9,2,4,6,8,10};
 int i;
 for(i=0;i<10;i++,a++)
   printf("%d",*a);
}
```

分析错误原因，并修改程序上机验证。

（3）参考例 7.14，上机实现从键盘读取文本行，按字母排序，并显示排序表。

（4）完成第 7 章习题中编程题 4 的要求，编写程序并上机运行。将字符串 "Interdependency has become a matter of course for men." 赋予指针变量并进行显示。

（5）参考例 7.16，上机实现由命令行参数输入两个数据，在程序中计算这两个数的和。C 语言源程序文件名为 ad.c。

（6）用指针实现选择法排序程序。

① 编程分析

选择法排序例 5.3 作过介绍，现改用指针方法处理，进行如下设计：

- 定义 int 型一维数组 a，并用指针 p 指向它；
- 用指针实现各个数组元素的输入；
- 用指针访问各个数组元素实现选择法排序。

② 参考程序
```
#include <stdio.h>
#define M 20
void main()
{ int a[M],n,i,j,k, *p, *q;
  printf("请输入待排序数据:\n");
  for(p=a;p<a+M;p++) scanf("%d",p);
  for(i=0;i<M-1;i++)              /*开始选择法排序*/
    { q=&a[i];
       for (p=&a[i+1];p<a+M;p++)
         if (*p<*q) q=p;
       k=a[i];a[i]= *q; *q=k;
    }
  printf("\n 排序后的数据：\n");
  for (p=a;p<a+M;p++)   printf("%d,", *p);
}
```

程序调试输入数据时至少包括三种情况：一组是任意顺序数据；另一组是升序数据；还有一组是降序数据。

参考程序中，指针变量 p 在每一次的数组处理中都是变化的，不管是数组数据输入、数组数据输出、每一步排序等，p 指针总是逐步向后指向下一个元素。在编写调试程序时，指针 p 的指向也可以相对固定，而采用加（或减）移动量的方式指向其他的数组元素。

实验 10　结构体和共用体

1．实验目的

（1）进一步掌握结构体类型的概念、定义和结构体类型变量的定义和使用。
（2）掌握指向结构体变量的指针变量的概念和使用，初步学会对链表进行操作。
（3）掌握共用体的概念和应用。
（4）掌握链表节点的插入、删除和查找等基本操作方法。

2．复习及准备

第 8 章 8.1～8.4 节的内容及习题。

3．实验时数

2 学时。

4．实验内容和步骤

选择以下题目中的两题进行上机实验，其中"（3）"为必选题。
（1）按第 8 章习题中编程题 3 的要求，编写程序并上机运行。
建立一个职工档案，它包括职工的工作证号、姓名、性别、出生时间、参加工作时间、文化程度、工资等内容，最后输出：

① 职工的平均年龄和平均工资；
② 各文化程度职工人数的分布情况。
（2）按第 8 章习题中编程题 4 的要求，编写程序并上机运行。
使用结构体编写班级同学通讯录，包括同学的姓名、家庭住址、联系电话、邮政编码。
（3）编写程序并上机运行。
建立一个链表，每个节点包括：学号、姓名、性别、年龄。输入一个年龄，如果表中的节点所包含的年龄等于此年龄，则将此节点删去。
（4）上机验证例 8.4，用共用体类型编写软件延时器。

实验 11 位 运 算

1. 实验目的

（1）掌握按位运算的概念和方法。
（2）掌握位运算符的使用方法，学会通过位运算实现对某些位的操作。
（3）掌握有关位运算的算法。

2. 复习及准备

第 8 章 8.5 节内容及习题。

3. 实验时数

2 学时。

4. 实验内容和步骤

1）编写程序并上机运行

编写函数 GBS，实现从一个 16 位的单元中取出 4 位。函数调用形式为：GBS (VALUE, N1, N2)。

VALUE：16 位的数据值；
N1：欲取出的起始位；
N2：欲取出的结束位。
如：GBS (0101675,5,8) 表示对八进制数 0101675 取出它的从左面起第 5 位到第 8 位。

2）编写程序并上机运行

编一个函数，对一个 16 位的二进制数取出它的偶数位（即从左边起第 2、4、6、…、16 位）。

3）编写程序并上机运行

设计一个函数，实现给出一个数的原码，输出该数的补码。

实验 12 文 件 应 用

1. 实验目的

（1）掌握文件、文件指针的概念及文件的定义方法。

（2）掌握文件打开、关闭、读/写等文件操作函数。

（3）学会用缓冲文件系统对文件进行简单的操作。

2．复习及准备

第 9 章内容及习题。

3．实验时数

2 学时。

4．实验内容和步骤

（1）上机验证例 9.4。

从键盘输入 10 个学生的信息，写入一个文件 student.dat 中，再从文件读出这 10 个学生的数据显示在屏幕上。

（2）按第 9 章习题中编程题 3 的要求，编写程序并上机运行。

有 5 个学生，每个学生有 3 门课的成绩，从键盘输入以上数据（包括学号、姓名、3 门课的成绩），计算出平均成绩，将原有数据和计算出的平均分数存放在磁盘文件"stud.txt"中。

（3）将上题"stud.txt"文件中的学生数据，按平均分进行排序处理，将已排序的学生数据存入一个新文件"stud_sort.txt"中。

附录 A ASCII 代码

表 A-1 ASCII 编码表

ASCII 码	控制字符	ASCII 码	字符	ASCII 码	字符	ASCII 码	字符
000	NUL	032	(space)	064	@	096	`
001	SOH	033	!	065	A	097	a
002	STX	034	"	066	B	098	b
003	ETX	035	#	067	C	099	c
004	EOT	036	$	068	D	100	d
005	ENQ	037	%	069	E	101	e
006	ACK	038	&	070	F	102	f
007	BEL	039	'	071	G	103	g
008	BS	040	(	072	H	104	h
009	HT	041	)	073	I	105	i
010	LF	042	*	074	J	106	j
011	VT	043	+	075	K	107	k
012	FF	044	,	076	L	108	l
013	CR	045	-	077	M	109	m
014	SO	046	.	078	N	110	n
015	SI	047	/	079	O	111	o
016	DLE	048	0	080	P	112	p
017	DC1	049	1	081	Q	113	q
018	DC2	050	2	082	R	114	r
019	DC3	051	3	083	S	115	s
020	DC4	052	4	084	T	116	t
021	NAK	053	5	085	U	117	u
022	SYN	054	6	086	V	118	v
023	ETB	055	7	087	W	119	w
024	CAN	056	8	088	X	120	x
025	EM	057	9	089	Y	121	y
026	SUB	058	:	090	Z	122	z
027	ESC	059	;	091	[	123	{
028	FS	060	<	092	\	124	|
029	GS	061	=	093	]	125	}
030	RS	062	>	094	∧	126	~
031	US	063	?	095	—	127	DEL

常用的通信码主要有两种：一种是美国国家信息交换标准代码 ASCII（American Standards

Code Information Interchange）；另一种是扩充的二进制数到十进制数交换码 EBCDIC（Extended Binary Coded Decimal Interchange Code）。ASCII 代码使用 7 位二进制位进行编码，目前世界上大多数计算机和通信设备都采用它。EBCDIC 编码使用 8 位二进制位表示，是 IBM 公司采用的编码，它被广泛应用于 IBM 主机和小型机上。

表 A-2　ASCII 控制字符

二进制	十进制	缩写	英　　文	中　　文	快捷键
0000000	00	NUL	Null	空	
0000001	01	SOH	Start of Heading	标题开始	^A
0000010	02	STX	Start of Text	正文开始	^B
0000011	03	ETX	End of Text	正文结束	^C
0000100	04	EOT	End of Transmission	传输结束	^D
0000101	05	ENQ	Enquiry	查询	^E
0000110	06	ACK	Acknowledge	确认	^F
0000111	07	BEL	Bell	响铃	^G
0001000	08	BS	Backspace	退格	^H
0001001	09	HT	Horizontal Tab	水平制表	^I
0001010	10	LF	Line Feed	换行键	^J
0001011	11	VT	Vertical Tab	垂直制表	^K
0001100	12	FF	Form Feed	换页键	^L
0001101	13	CR	Carriage Return	回车键	^M
0001110	14	SO	Shift Out	不用切换（Shift 键）	^N
0001111	15	SI	Shift In	启用切换（Shift 键）	^O
0010000	16	DLE	Data Link Escape	数据通信换码	^P
0010001	17	DC1	Device Control 1	设备控制 1	^Q
0010010	18	DC2	Device Control 2	设备控制 2	^R
0010011	19	DC3	Device Control 3	设备控制 3	^S
0010100	20	DC4	Device Control 4	设备控制 4	^T
0010101	21	NAK	Negative Acknowledge	否认	^U
0010110	22	SYN	Synchronous Idle	同步空闲	^V
0010111	23	ETB	End of Transmission Block	传输块结束	^W
0011000	24	CAN	Cancel	取消	^X
0011001	25	EM	End of Medium	介质中断	^Y
0011010	26	SUB	Substitute	代替字符	^Z
0011011	27	ESC	Escape	强制退出	^[
0011100	28	FS	File Separator	文件分割符	^\
0011101	29	GS	Group Separator	分组符	^]
0011110	30	RS	Record Separator	记录分隔符	^^
0011111	31	US	Unit Separator	单元分隔符	^_
1111111	127	DEL	Delete	删除	

ASCII 编码中，7 位二进制数可以表示 128 个字符，包括 96 个可打印字符（字母 A～Z、a～z、数字 0～9 和标点符号），同时还定义了回车、标题开始等控制符号，ASCII 编码见表 A-1。ASCII 控制字符的含义见表 A-2。计算机中实际表示一个 ASCII 字符时，需要占用 8 个二进制位（一个字节），其中低 7 位是 ASCII 编码，另一个附加的最高位作为奇偶校验位（冗余位）。虽然奇偶校验不能提供出错位置，也不具备纠错能力，但实践证明它为接收端提供了一种简单、有效的检测方法。

除基本的 ASCII 编码外，还有扩展的 ASCII 编码，它使用 8 个二进制位编码，可表示 256 个不同的字符，这里不再列出，读者可以上机运行例 4.3 查看全部的 ASCII 字符。

EDCDIC 码使用 8 位二进制数表示一个字符、数字或控制符号，它也称为二-十进制交换码。由于它没有奇偶校验位，所以它不利于远距离传输，通常用做计算机内部代码。

为了处理多字节字符，各个国家在此基础上产生了多种编码方案，例如，中文系统使用 GB 2312、BIG5、HZ 等，日本、韩国等也都设计了适合自己的编码方案。除此以外，由数家知名软、硬件厂商合作开发的万国码（UNICODE），则是数据表示的新标准，UNICODE 使用 2 个或 4 个字节表示一个符号，分别可表示 65 536 个或 1677 万个字符，可以包含英文、中文、日文及全世界各国的文字符号，让信息交流越过国界。

下面简单介绍一些 ASCII 编码中常用的通信控制字符的功能。

1）NUL

零字符（NUL），是非打印的时间延迟字符，它用于打印设备的通信。因为打印头的定位需要一定的时间量，硬拷贝打印通信设备终端常常要求在每次回车后至少跟有两个 NUL 字符。

2）SOH

标题开始（SOH），在双同步数据流中用于说明一个报文标题数据块的开始；在异步通信中的多文件传送期间，SOH 字符用来在各个文件传送开始之前标志其文件名的开始；在 ZMODEM 文件传送协议中，用来标志一个 128 字节数据块传送的开始。

3）STX

正文开始（STX），也用于双同步通信规程中。它表示标题数据部分的结束，同时表示信息数据部分的开始。

4）ETX

正文结束（ETX），用来标明文本结束的通信控制字符，它通知接收节点所有信息数据部分已发送完毕。在二元同步通信系统中，若一个文本内包含几个信息块，则用正文结束符来结束报文的最后一块，正文结束符后跟块校验字符。文本结束符需要一个表示接收节点状态的回答。

5）EOT

传输结束（EOT），用来指示发送报文的所有数据已传送完毕，此次传输可以包含一个或多个正文或正文相关信息。在 XMODEM 协议中用来指示一次文件传送的结束。

6）ETB

传送块结束（ETB），表示一个具体的被传送数据块的结束。双同步通信规程中，在不用一个连续块而用两个或多个块来传送数据时，使用这个字符来代替 ETX 字符。

7) ENQ

查询（ENQ），用来请求节点的响应。

8) ACK

确认（ACK），用来证实发送节点和接收节点之间的正确通信。例如，在数据传输错误检测中，要求接收节点在收到一数据块后，向发送节点送一个 ACK 字符以表示无通信错误。

9) NAK

否认（NAK），用来指出发送节点和接收节点之间的通信不正确。通常，接收节点的差错校验发现存在数据传输错误时，就发送一个 NAK 来启动重发数据。

控制字符中还有一些用于计算机向硬件（包括电报机、打字机、调制解调器等）发出动作信号，常用的有以下几个：

BEL: 要求硬件响铃一声；

FF: 指示硬件使用一张新纸打印；

CR: 指示硬件把打字头移到一行的开头；

LF: 指示硬件把打字头移到下一行；

TAB: 指示硬件把打字头移到下个定位点；

BS: 指示硬件把打字头移到前一个字符；

DEL: 删除一个字符。

附录B TC编译、连接时常见的错误信息

Turbo C 在编译、连接和运行时常有错误及警告提示信息，提示用户进行修改调试。下表是一些常见的错误和警告信息。

#operator not followed argument	#运算符后未跟宏参数名
'xxx' declared but never used	说明了 xxx，但从未使用
'xxx' is assigned a value which is never used	给 xxx 赋了值，但从未使用过
'xxx' not an argument	xxx 不是函数参数
'xxx' not part of structure	xxx 不是结构体的一部分
'xxx' statement missing (	xxx 语句漏了左括号"("
'xxx' statement missing ;	xxx 语句漏了分号";"
Argument list syntax error	参数表语法错误
Argument 1 missing name	参数名1丢失(只写了类型)
Array bounds missing	数组界限符"["或"]"丢失
Array size too large	数组长度太大
Bad character in parameters	参数中含有不合适的字符
Bad filename format in include directive	包含命令中文件名格式不正确
Call of non function	调用未定义函数
Call to function with no prototype	调用函数时没有声明函数原型
Cannot modify a const object	不允许修改常量对象
Case outside of switch	case 超出了 Switch 语句的范围
Case statement missing	漏掉了 case 语句
Case syntax error	case 语法错误
Code has no effect	代码不起作用，即不可能执行到
Compound statement missing }	复合语句漏掉"}"
Conflicting type modifiers	不一致的类型说明符
Constant expression required	需要常量表达式
Constant out of range in comparison	在比较中常量超出范围
Conversion may lose significant digits	转换时会丢失（高位）数字
Could not find file 'xxx'	编译系统找不到 xxx 文件
Declaration missing ;	说明语句漏掉";"
Declaration need type or storage	说明（变量或结构体成员）漏了类型
Declaration syntax error	说明语法错误
Default outside of switch	default 在 switch 之外出现
Division by zero	除数为0
Do statement must have while	do-while 语句中缺少 while
Do-while statement missing (	Do-while 语句中漏'('

续表

Do-while statement missing)	Do-while 语句中漏 ')'
Do-while statement missing ;	Do-while 语句中漏分号
Enum syntax error	枚举类型语法错误
Error directive :xxx	错误的编译预处理命令
Error writing output file	写输出文件错误
Expression syntax error	表达式语法错误
Extra parameter in call	函数调用时出现多余的参数
Extra parameter in call to 'xxx'	调用 xxx 函数时出现多余的参数
File name too long	文件名太长
for statement missing (	for 语句丢失 "("
for statement missing)	for 语句丢失 ")"
for statement missing ;	for 语句丢失 ";"
Function call missing)	函数调用漏掉了右括号 ")"
Function definition out of place	函数定义位置错误
Function should return a value	（非空类型）函数必须返回一个值
goto statement missing label	goto 语句漏了标号
Hexadecimal or octal constant too large	十六进制或八进制常数太大
Illegal character 'x'	非法字符 "x"
Illegal initialization	非法的初始化
Illegal octal digit	非法的八进制数字
Illegal pointer subtraction	非法的指针相减
Illegal structure operation	非法的结构体操作
Illegal use of floating point	非法的浮点运算（如对实数求余等）
Illegal use of pointer	非法使用指针
Incompatible type conversion	不相容的类型转换
Incorrect number format	错误的数据格式
Incorrect use of default	default 使用不正确
Initialize syntax error	初始化语法错误
Invalid indirection	无效的间接运算
Invalid macro argument sepatator	无效的宏参数分隔符
Invalid pointer addition	指针相加无效
Invalid use of arrow	（指向运算符）箭头使用错
Invalid use of dot	（指向运算符）点使用错
Lvalue required	需要变量（如赋值号左边不是变量）
Macro argument syntax error	宏参数语法错误
Mismatched number of parameters in definition	定义中参数个数不匹配
Misplaced break	break 语句位置错
Misplaced continue	continue 语句位置错
Misplaced else	else 位置错
Must take address of memory location	必须是内存单元的地址（可编址）
No declaration for function 'xxx'	没有函数 xxx 的说明

续表

英文	中文
Non-portable pointer assignment	不可移动的指针（地址常量）赋值
Non-portable pointer conversion	不可移动的指针（地址常量）转换
Not a valid expression format type	不合法的表达式格式
Not an allowed type	不允许使用的类型
Numeric constant too large	数值常数太大
Out of memory	内存不够用
Parameter 'xxx' is never used	参数 xxx 从未用到
Pointer required on left side of →	→ 运算符的左边必须是指针
Possible use of 'xxx' before definition	xxx 在定义前就使用
Possibly incorrect assignment	赋值可能不正确
Redeclaration of 'xxx'	符号"xxx"重复定义
Redefinition of 'xxx' is not identical	xxx 的重复定义不一致
Size of structure or array not known	结构体或数组的大小没定义
Statement missing ;	语句丢失分号";"
Structure or union syntax error	结构体或共用体语法错误
Structure passed by value	结构按值传送
Subscripting missing]	下标丢失右方括号"]"
Superfluous & with function or array	在函数或数组中多余的"&"号
Suspicious pointer conversion	可疑的指针转换
Too few parameters in call 'xxx'	函数调用时实参少于形参
Too many default cases	switch 语句中 default 太多
Too many types in declaration	说明中类型太多
Type mismatch in parameter 'xxx'	参数 xxx 类型不匹配
Type mismatch in parameter 'xxx' in call 'yyy'	调用 yyy 时参数 xxx 类型不匹配
Type mismatch in redeclaration of 'xxx'	xxx 重定义时类型不匹配
Unable to create output file 'xxx'	无法建立输出文件 xxx
Unable to open include 'xxx'	无法打开包含文件 xxx
Unable to open input file 'xxx'	无法打开输入文件 xxx
Undefined structure 'xxx'	结构体 xxx 没有定义
Undefined symbol 'xxx	符号 xxx 没有定义
Unexpected end of file in comment stated on line 'xxx'	源文件在某个注释中意外结束。一般是由注释结束标志"*/"引起
Unreachable code	无法执行到的代码
Unterminated character constant	无终结的字符常量（漏了半边引号）
Unterminated string	无终结的字符串（漏了半边引号）
Unterminated string or character constant	无终结的字符串或字符常量
User break	用户中止
Void functions may not return value	Viod 类型的函数不应有返回值
While statement missing (	While 语句漏掉"("
Wrong number of arguments	调用函数时参数个数出错

附录 C 运算符的优先级与结合性

运算符的优先级与结合性见表 C-1。

表 C-1 运算符的优先级与结合性

优先级	类型	运算符	名称	结合性
1	基本运算	( ) [ ] ->	函数参数表 数级下标 结构体成员	自左至右
2	一元运算	! ~ ++ -- - (类型) * & sizeof	逻辑非 按位求反 增1与减1 算术负 （类型） 取值运算 取地址运算 取类型运算	自右至左
3	算术运算 （二元）	* / %	乘 除 模除	自左至右
4	算术运算 （二元）	+ -	加 减	自左至右
5	移位 （二元）	<< >>	左移 右移	自左至右
6	关系运算 （二元）	< <= > >= == !=	小于 小于等于 大于 大于等于 等于 不等于	自左至右
7	位运算 （二元）	& ^ |	按位与 按位异或 按位或	自左至右
8	逻辑运算 （二元）	&& ||	逻辑与 逻辑或	自左至右
9	条件运算 （三元）	? :	条件运算	自右至左
10	赋值运算 （三元）	= ++ -= *= /= %= >>= <<= &= ^= |=	赋值 组合赋值	自右至左
11	逗号运算 （二元）	,	逗号运算	自左至右

附录 D 常用 Turbo C 库函数

C 语言编译系统都附有一个标准函数库，里面收集了相当多的函数供用户使用，如常用的数学函数、时间函数、字符串处理函数等，Turbo c 系统也不例外。在安装 Turbo c 时，就将它们存放到默认目录 "c:\tc\iNclude" 或指定的其他目录中。

要使用这些函数，可在程序的开头用文件包含 "#include" 命令，将这些函数包含到程序中。例如，程序中用到数学函数，则可以在程序头部使用如下命令：

  #include "math.h"

C 编译系统就将头文件 "math.h" 中的所有函数都包含到程序中，用户可以在程序中使用 "math.h" 中的函数了。用户也可以打开目录 "c:\tc\iNclude" 中的头文件 "math.h"，查看数学函数库中各函数编写内容。

当然用户也可以编制一些功能模块存放在指定的目录中，使用时也是通过文件包含命令的方法实现。

现将 C 语言中常用的函数列举出来，见表 D-1。当用户需要使用某个函数时，可以在表中查找，并将其包含到程序中即可。读者也可以在 TC 中按【F1】，利用"帮助"学习 Turbo C 库函数的函数原型、功能及使用方法。

表 D.1 常用 Turbo C 库函数

类别	函数名	函数原型	功能	包含文件名
一、分类库函数	isalnum	int isalnum(int c)	判别字符是否为字母或数字	ctype.h
	isalpha	int isalpha(int c)	判别字符是否为字母	ctype.h
	isASCII	int isascii(int c)	判别字符的 ASCII 码是否属于（0, 127）	ctype.h
	iscntri	int iscntri(int c)	判别字符是否为一删除字符或普通控制符	ctype.h
	ispunct	int ispunct(int c)	判别字符是否为标点符号	ctype.h
	isspace	int isspace(int c)	判别字符是否为空格，制表符回车，换行等	ctype.h
	isupper	int isupper(int c)	判别字符是否为大写字母	ctype.h
	isxdigt	int isxdigt(int c)	判别字符是否为数字	ctype.h
	isdigit	int isdigit(int c)	判别字符是否为十六进制数	ctype.h
	isgraph	int isgraph(int c)	判别字符是否为空格符除外的可打印字符	ctype.h
	islowor	int islowor(int c)	判别字符是否为小写字母	ctype.h
	isprint	int isprint(int c)	判别字符是否为可打印字符	ctype.h

续表

类别	函数名	函数原型	功能	包含文件名
二、目录函数	chdir	int chdir(const char *path)	更改工作目录	dir.h
	findfirst	int findfirst(const char *filename,struct ffblk *ffblk, int attrib)	搜索磁盘目录	dir.h
	findnext	int findnext(struct ffblk *ffblk)	取匹配findfirst的文件	dir.h
	fnmerge	void fnmerge(char *path,const char *drive,const char *dir,const char *name.const char *ext)	建立新文件名	dir.h
	fnsplit	int fnsplit(const char *path,char *drive,char *dir, char *name,char *ext)	分界路径全名	dir.h
	getcurdir	int getcurdir(int drive,char *directory)	从指定驱动器取当前目录	dir.h
	getcwd	char *getcwd(char *buf,int buflen)	取当前工作目录	dir.h
	getdisk	int getdisk(disk)	取当前磁盘驱动器号	dir.h
	mkdir	int mkdir(const char *path)	建立目录	dir.h
	mktemp	char *mktemp(char *template)	建立一的文件名	dir.h
	rmdir	int rmdir(const char *path)	删除一个目录	dir.h
	searchpath	char *searchpath(const char *file)	搜索dos路径	dir.h
	setdisk	int setdisk(int drive)	设置当前磁盘驱动器	dir.h
三、进程函数	abort	void abort(void)	异常终止当前进程	stdlib.h 或 process.h
	exit	void exit(int status)	终止当前程序,将缓冲区内数据写回文件	stdlib.h 或 process.h
	system(dos)	int system(const char *string)	在程序中执行dos命令。例如system("cls")	stdlib.h 或 process.h
四、类型转换函数	atoi	int atoi(const char *string)	字符串到整型数的转换	stdlib.h
	atol	long atol(const char *string)	字符串到长整型的转换	stdlib.h
	atof	double atof(const char *string)	字符串到浮点数的转换	stdlib.h
	ecvt	char *ecvt(double value,int ndig,int *dec,int *sign)	浮点数到字符串的转换	stdlib.h
	fcvt	char *fcvt(double value,int ndig,int *dec,int *sign)	浮点数到字符串的转换	stdlib.h
	gcvt	char *gcvt(double value,int ndig,char *buf)	浮点数到字符串的转换	stdlib.h
	itoa	char itoa(int value,char *string,int radix)	整型数到字符串的转换	stdlib.h
	ltoa	char ltoa(long value,char*string,int radix)	长整形到字符串的转换	stdlib.h
	strtod	double strlod(const char *s,char **endptr)	将字符串转换为double	stdlib.h
	strtol	long strtol(const char *s,char **endptr,int radix)	字符串到长整型的转换	stdlib.h
	toASCII	int tosscii(int c)	把字符转换成ASCII代码	ctype.h
	tolower	int tolower(int c)	把字符转换成小写字母	ctype.h
	toupper	int toupper(int c)	把字符转换成大写字母	ctype.h
	ultoa	char *ultoa(unsigned long value,char *string,int radix)	无符号长整型到字符串的转换	stdlib.h

续表

类别	函 数 名	函 数 原 型	功 能	包含文件名
五、输入/输出函数	access	int access(const char*filename,int amode)	确定文件的存取	io.h
	cgets	char *cgets(char *str)	从控制台读字符	conio.h
	_chmod	int _chmod(const char *filename,int func[,int attrib])	改变文件的存取方式	io.h
	chmod	int chmod(const char *filename,int amode)	改变文件的存取方式	io.h
	clearerr	void clearer(file *fp)	复位错误标志	stdio.h
	_close	int _close(int handle)	关闭文件标识号	io.h
	close	int close(int handle)	关闭文件标识号	io.h
	cprintf	int cprintf(const char *format,…)	送至屏幕的格式化输出,返回输出字节数	conio.h
	cputs	int cputs(const char *str)	写一个字符串到屏幕,返回最后一个输出字符	conio.h
	_creat	int _creat(const char *path,int attrib)	建立新文件或重新写存在文件	io.h
	creat	int creat(const char *path,int amode)	建立新文件或重写存在文件	io.h
	creatnew	int creatnew(const char *path,int attrib)	建立一个新文件	io.h
	creattemp	int creattemp(char *path,int attrib)	建立一个新文件或重写已存在文件	io.h
	dup	int dup(int handle)	复制文件标识号	io.h
	dup2	int dup2(int oldhandle,int newhandle)	复制文件标识号	io.h
	eof	int eof(int fd)	检测文件结束	io.h
	fclose	int fclose(file *fp)	关闭数据流	stdio.h
	fcloseall	int fcloseall(void)	关闭各个打开的数据流	stdio.h
	fdopen	file * fdopen(int handle,char *type)	使数据流与某个文件标识数相关联	stdio.h
	feof	int feof(file *fp)	检测数据流上的文件结束标志	stdio.h
	fputc	int fputc(char ch,file *fp)	置一个字符串到数据流	stdio.h
	fputs	int fputs(char *str,file *fp)	置一个字符串到数据流	stdio.h
	fread	int fread(char*pt,unsigned size,unsigned n,file *fp)	从数据流读数据	stdio.h
	freopen	file freopen(const char *filename,const char *mode,file *stream)	替换数据流	stdio.h
	fscanf	int fscanf(file *fp,char format,args,…)	从数据流完成格式化输入	stdio.h
	fseek	int fseek(file *fp,long offset,int base)	重定位数据流中的一个文件指针	stdio.h
	ftell	long ftell(file *fp)	返回当前文件指针	stdio.h
	fwrite	int fwrite(char *ptr,unsigned size,unsigned n,file *fp)	向数据流写数据	stdio.h
	ferror	int ferror(file *stream)	检测数据流中的错误	stdio.h
	fflush	int fflush(file *fp)	清除数据流	stdio.h
	fgetc	int fgetc(file *fp)	从数据流中读字符	stdio.h
	fgetchar	int fgetchar(void)	从数据流读字符	stdio.h
	fgets	char *fgets(char *buf,int n,file *fp)	从数据流中取字符串	stdio.h

续表

类别	函数名	函数原型	功能	包含文件名
五、输入/输出函数	filelength	long filelength(int handle)	以字节为单位取文件长度	io.h
	fileno	int fileno(file *stream)	取文件标识号	stdio.h
	flushall	int flushall(void)	清除所有缓存区	stdio.h
	fopen	file *fopen(const char *filename,const char *mode)	打开数据库	stdio.h
	fprintf	int fprintf(file *fp,const char *format,…)	发送格式化输出到以数据流	stdio.h
	getc	int getc(file *fp)	从数据流取字符	stdio.h
	getch	int getch(void)	从键盘取字符并在屏幕上回显	conio.h
	getchar	int getchar(void)	从数据流取字符	stdio.h
	getche	int getche(void)	从键盘输入字符并在屏幕上回显	conio.h
	getftime	int getftime(int handle,struct ftime *ftimep)	取文件的日期和时间	dos.h
	getpass	char *getpass(const char *prompt)	读口令	conio.h
	gets	char *gets(char *string)	从输入流取字符串	stdio.h
	getw	int getw(file *fp)	从输入流取整型数	stdio.h
	signal	int signal(int sig,sigfun fname)	软件信号	signal.h
	ioctl	int ioctl(int handle,int func[,void *argdx,int argcx])	控制 I/O 设备	io.h
	isatty	int isatty(int handle)	检查类型，测试 handle 是否为设备字符 o	io.h
	kbhit	int kbhit(void)	检查当前是否有有效按键	conio.h
	lock	int lock(int handle,long offset,long length)	设置文件共享	io.h
	lseek	int lseek(int handle,long offset,int fromwhere)	移动读/写文件指针	io.h
	_open	int _open(const char *filename,int oflags)	打开文件准备读/写	io.h
	open	int open(char *filename int mode)	为读写打开文件	io.h
	perror	void perror (const char *s)	输出系统错误信息	stdio.h
	printf	int printf(char *format,aregs,..)	格式化上 的函数	stdio.h
	putc	int putc(int ch,file *fp)	送一字符到输出流	stdio.h
	putch	int putch(int ch)	输出字符到屏幕返回显示的字符	conio.h
	putchar	int putchar(char ch)	传送字符到一个输出流	stdio.h
	puts	int puts(char *str)	传送一个字符串到一输出流	stdio.h
	putw	int putw(int w,file *fp	将字符或一个字送到输出流	stdio.h
	_read	int _read(int handle,void *buf,unsigned len)	读文件	io.h
	read	int read(int fd,char *buf,unsigned count)	读文件	io.h
	rename	int rename(char *oldname,char *newname)	重命名文件	stdio.h
	rewind	void rewind(file *fp)	重定位文件中的数据流	stdio.h
	scanf	int scanf(char *format,aregs,..)	完成格式化输入	stdio.h
	setbuf	void setbuf(file *fp,char *buf)	为文件数据流分配缓存	stdio.h
	setftime	int setftime(int handle,strunct ftime *ftimep)	设置文件的日期和时间	io.h
	setmode	int setmode(int handle,int amode)	设置文件的打开方式	io.h
	setvbuf	int setvbuf(file *fp,char *buf,int type,size_y size)	为数据流分配缓存	stdio.h

续表

类别	函数名	函数原型	功能	包含文件名
五、输入输出函数	sprintf	int sprintf(char buffer,const char *format,…)	发送格式化的输出到字符串	stdio.h
	sscanf	int sscanf(const char *buffer,const char *format,…)	完成字符串的格式化输入	stdio.h
	strerror	char * strerror(int errnum)	返回指向错误信息串的指针	stdio.h
	tell	long tell(int handle)	取文件指针的当前位置	io.h
	ungetc	int ungetc(int c,file *fp)	退一个字符回输入流	stdio.h
	ungetch	int ungetch(int ch)	退一个字符键盘缓存	conio.h
	vfprintf	int vfprintf(file *fp,int const char *format,va_list arglist)	传送格式化信息到输入流	stdio.h
	vfscanf	int vfscanf(file *fp,const char *format,va_list arglist)	根据输入流实现格式化输入	stdio.h
	vsprintf	int vsprintf(char *buffer,const char *format,va_list arglist)	传送格式化输出到一个字符串	stdio.h
	vsscanf	int vsscanf(const char *buffer,const char *format, va_list arglist)	根据输入流实现格式化输入	stdio.h
	_write	int _write(int handle,void *buf,unsigned len)	写文件	io.h
	wrinte	int write(int handle,void *buf,unsigned nbyte)	写文件	io.h
六、接口函数	absread	int absread(int drive,int nsects,int lsect,void *buffer)	读数据	dos.h
	abswrite	int abswrite(int drive,int nsects,int lsect,void *buffer)	写数据	dos.h
	bdos	int bdos(int dosfun,unsigned dosdx,unsigned dosal)	MS-DOS 系统调用	dos.h
	bdosptr	int bdosptr(int dosfun ,void *argument,unsigned dosal)	MS-DOS 系统调用	dos.h
	bioscom	int bioscom(int cmd,char abyte,int port)	串口通信	bios.h
	biosdisk	int biosdisk(int cmd,int drive,int head,int track,int sector,int nsects,void *buffer)	磁盘（硬盘、软盘）	bios.h
	biosequip	int biosequip(void)	检查设备	bios.h
	bioskey	int bioskey(int cmd)	键盘接口	bios.h
	biosmemory	int biosmemory(void)	返回存储器大小	bios.h
	biosprint	int biosprint(int cmd,int abyte,int port)	打印机 I/O	bios.h
	biostime	long biostime(int cmd,long newtime)	设置或读取 BIOS 时间数据	bios.h
	country	struct country *country(int xcode,struct country *cp)	返回与系统无关的信息	dos.h
	ctrlbrk	void ctrlbrk(int(*handler)(void))	设置 Control-Break 处理程序	dos.h
	disable	void disable(void)	屏　中断	dos.h
	dosexterr	int dosexterr(struct doserror *eblkp)	取扩展错误信息	dos.h
	enable	void enable(void)	开放中断	dos.h
	fp_off	unsigned fr_off(farpointer)	取远地址段	dos.h
	fp_seg	unsigned fr_seg(farpointer)	设置地址段	dos.h
	freemem	int freemem(unsigned segx)	释放分块	dos.h
	geninterrupt	void geninterrupt(int intr_num)	产生软件中断	dos.h
	getcbrk	int getcbrk(void)	取 control-break 设置	dos.h
	getdfree	void getdfree (unsigned char drive,struct dfree *dtable)	取磁盘自由空间	dos.h
	getdta	char far *getdta(void)	取磁盘传输地址	dos.h
	getfat	void getfat(unsigned char drive,struct fatinfo *dtable)	取文件分配表信息	dos.h

续表

类别	函数名	函数原型	功　能	包含文件名
六、接口函数	getfatd	void getfatd(stuct fatinfo *dtable)	取文件分配表信息	dos.h
	getpsp	unsigned getpsp(void)	取程序段前缀	dos.h
	getvect	void interrupt(*getvect(int intr_num)) ()	取中断向量入口	dos.h
	getverify	int getverify(void)	取验证状态	dos.h
	harderr	void harderr(int (*handler) ())	建立硬件错误处理程序	dos.h
	inport	int inport(int portid)	从硬件端口上读取一个双字节数据	dos.h
	inportb	unsigned char inportb(int portid)	从硬件端口上读取一个字节数据	dos.h
	int86	int int86(int intno,union regs *inregs,union regs *outregs)	通用 8086 软件中断接口	dos.h
	int86x	int int86x((int intno,union regs *inregs,union regs *outregs,struct sregs *segregs)	通用 8086 软件中断接口	dos.h
	intdos	int intdos(union regs *inregs,union regs *outregs)	通用 ms-dos 中断接口	dos.h
	intdosx	int intdosx(union regs *inregs,union regs *outregs struct sregs *segregs)	通用 ms-dos 中断接口	dos.h
	intr	void intr(int intno,struct regpack *preg)	改变 8086 软中断接口	dos.h
	keep	void keep(unsigned char status,unsigned size)	返回到 ms-dos，程序仍驻留主存	dos.h
	mk_fp	void far *mk_fp(seg,off)	设置远指针	dos.h
	outport	void outport(int portid ,int value)	输出一个双字数据到硬件端口	dos.h
	putportb	void outportb(int portid,unsigned char value)	输出一个字节数据到硬件端口	dos.h
	parsfnm	char *parsfnm(const char *cmdline,struct fcb *fcb, int option)	分析文件名	dos.h
	peek	int peek(unsigned segment,unsigned offset)	检查内存单元	dos.h
	peekb	char peekb(unsigned segment,unsigned offset)	检查内存单元	dos.h
	randbrd	int randbrd(struct fcb *fcb,int rcnt)	读随机块	dos.h
	randbwr	int randbwr(struct fcb *fcb,int rcnt)	写随机块	dos.h
	segread	void segread(struct sregs *segp)	读段寄存器	dos.h
	setdta	void setdta(char far *dta)	设置磁盘传输地址	dos.h
	setvect	void setvect(int interruptno,void interrupt(*isr) ())	设置中断向量入口	dos.h
	setverify	void setverify(int value)	设置验证状态	dos.h
	sleep	void sleep(unsigned seconds)	停一时间段	dos.h
	unlink	int unlink(const char *filename)	删除一个文件	dos.h
七、操作函数	memccpy	void *memccpy(void *dest,const void *src,int c, size_t n)	从源数据块中复制指定的字节数到目标中	string.h mem.h
	memchr	void *memchr(const void *s,int c,size_t n)	在数组的前几个字中搜索字符	string.h mem.h
	memcmp	int memcmp(const void *s1,const void *s2,size_t n)	比较两字符串的前 n 个字节	sting.h mem.h
	memcpy	void *memcpy(void *dest,const void *src,size_t n)	从源数据块中复制指定的字节数到目标中	string.h mem.h

续表

类别	函数名	函数原型	功能	包含文件名
七、操作函数	memicmp	int memicmp(const void *s1,const void *s2,size_t n)	比较两字符串的前几字节,不区分大小写	string.h mem.h
	memmove	void *memmove(void *dest,const void *src,size_t n)	同 memcpy	string.h mem.h
	memset	void *memset(void *s,int c,size_t n)	置数组 s 中所有字节为字节 ch	string.h mem.h
	movedata	void movedata(unsigned srcseg,unsigned srcoff,unsigned destseg,unsigned destoff, size_t n)	复制字节	string.h mem.h
	movmem	void movmem(void *src,void *dest unsigned length)	移动数据块	mem.h
	setmem	void setmem(void*dest,int len,char value)	给存储器赋值	mem.h
	stpcpy	char *stpcpy(char *dest,const char *src)	将一字符串拷贝到另一字符串中	string.h
	strcat	char *strcat(char*dest,const char *src)	合并两个字符串	string.h
	strchr	char *strchr(const char *str,int c)	查找指定字符串的第一次出现	string.h
	strcmp	int strcmp(const char *s1,const char *s2)	不区分大小写比较两个字符串	string.h
	strcpy	char *strcpy(char *dest,const char *src)	赋值字符串到另一字符串	string.h
	strcspn	size_t *strcspn(const char *s1,const char *s2)	搜索字符串	string.h
	strdup	char *strdup(const char *s)	复制字符串到新建立的位置 s	string.h
	strerror	char *strerror(int errnum)	返回指向错误信息串的指针	string.h
	stricmp	int stricmp(const char *s1,const char *s2)	比较两字符串,不区分大小写	string.h
	strlen	size_t strlen(const char *s)	计算一字符串长度	string.h
	strwr	char *strlwr(char *s)	转换字符串中的大写字母为小写字母	string.h
	strncat	char *strncat(char *dest,const char *src,size_t maxlen)	一字符串的一部分与另一字符串合并	string.h
	strncmp	int strncmp(const char s1,const char *s2,size_t maxlen)	用两字符串的部分进行比较	string.h
	strncpy	char *strncpy(char *dest,const char *src,size_t maxlen)	复制一字符串的一部分到另一字符串	string.h
	strnicmp	int strnicmp(const char *s1,const char *s2,size_t maxlen)	用两字符串的一部分进行比较(不区分大小写)	string.h
	strnset	char *strnset(int *s,int c,size_t n)	将字符串中指定个数的字符置为某一给定字符	string.h
	strpbrk	char *strpbrk(const char *s1,const char *s2)	搜索字符串给定集合中任意字符的第一次出现	string.h
	strrchr	char *strrchr(const char *s,int c)	搜索字符串找出某一给定字符的最后一次出现	string.h
	strrev	char *strrev(char *s)	反转一个字符串	string.h
	strset	char *strset(char *s,int c)	对某一字符串赋以某以给定字符	string.h
	strspn	size_t strspn(const char *s1,const char *s2)	搜索字符串,找出给定字符集中子集的第一段	string.h
	strstr	char *strstr(const char *s1,const char *s2)	在字符串中搜索给定子串	string.h

续表

类别	函数名	函数原型	功能	包含文件名
七、操作函数	strtok	char *strtok(char *s1, const char *s2)	在字符串中找出在第二字符串中定义并用定界符分隔的标记	string.h
	strupr	char *strupr(char *s)	转换字符串的小写字母为大写字母	string.h
八、数学函数	abs	int abs(int n)	绝对值	math.h 或 stdlib.h
	acos	double acos(double x)	反余三角函数	math.h
	asin	double asin(double x)	反正三角函数	math.h
	atan	double atan(double x)	反正切三角函数	math.h
	atan2	double atan2(double y,double x)	反正切三角函数	math.h
	cabs	double cabs(struct complex z)	复数的绝对值	math.h
	ceil	double ceil(double x)	上含入	math.h
	_clear87	unsigned int _clear87(void)	清除浮点状态字	float.h
	cos	double cos(double x)	余三角函数	math.h
	cosh	double cosh(double x)	双函数	math.h
	exp	double exp(double x)	指数函数，返回值为 e^x	math.h
	fabs	double fabs(double x)	绝对值	math.h
	floor	double floor(double x)	下含入	math.h
	fmod	double fmod(double x,double y)	取模运算	math.h
	_fpreset	void _fpreset(void)	重新初始化浮点数学包	float.h
	frexp	double frexp(double value,int *exponent)	把双精度数分成尾数和指数	math.h
	hypot	double hypot(double x,double y)	计算直角三角形的边长	math.h
	labs	long labs(long n)	求绝对值	math.h
	ldexp	double ldexp(double value,int exp)	计算 $value \times 2^{exp}$ 的值	math.h
	log	double log(double x)	对数函数 $\ln(x)$	math.h
	log10	double log10(double x)	常用对数函数 $\log_{10}(x)$	math.h
	matherr	int matherr(struct exception *e)	浮点出错处理程序	math.h
	modf	double modf(double x,double *ipart)	可由用户修改的数学出错处理程序	math.h
	pow	double pow(double x,double y)	幂指数函数 x^y	math.h
	pow10	double pow10(int p)	指数函数 10^y	math.h
	rand	int rand(void)	随机数产生函数	stdlib.h
	sin	double sin(double x)	正三角函数	math.h
	sinh	double sinh(double x)	双正函数	math.h
	sqrt	double sqrt(double x)	计算平方根	math.h
	srand	void srand(unsigned seed)	初始化随机数发生数	stdio.h
	_status87	unsigned int _status87(void)	取浮点状态字	float.h
	strtod	double strtod(const char *s, char **endptr)	将字符串转换为双精度浮点值	stdlib.h
	strtol	long strtol(const char *s, char **endptr,int radix);	将字符串转换为长整型值	stdlib.h
	tan	double tan(double x)	正切三角函数	math.h
	tanh	double tanh(double x)	双正切函数	math.h

续表

类别	函数名	函数原型	功　能	包含文件名
九、内存分配与管理函数	malloc	void *malloc(size_t size)	分配主存储器	stdlib.h
	free	void free(void *block)	释放分配块	stdlib.h
	malloc	void *malloc(size_t size)	分配主存	atdlib.h 或 malloc.h
	realloc	void *realloc(void *block, size_t size)	重分配主存	stdlib.h
十、其他函数	chsize	int chsize(int handle, long size)	改变文件大小	io.h
	delay	void delay(unsigned milliseconds)	停执行一时间段	dos.h
	div	div_t div(int numer, int denom)	两整数相除，返回商和余数	stdlib.h
	fgetpos	int fgetpos(FILE *fp, fpos_t *pos)	取当前文件指针	stdio.h
	fsetpos	int fsetpos(FILE *fp, const fpos_t *pos)	对流文件的文件指针定位	stdio.h
	ldiv	ldiv_t ldiv(long number, long denom)	两长整型数相除，返回商和余数	stdlib.h
	longjmp	void longjmp(jmp_buf jmpb, int retval)	执行非局部转移	setjmp.h
	_lrotl	unsigned long _lrotl(unsigned long val,int count)	向左循环移位一个无符号长整型值	stdlib.h
	_lrotr	unsigned long _lrotr(unsigned long val,int count)	向右循环移位一个无符号长整型值	stdlib.h
	random	int random(int num)	随机数发生器	stdlib.h
	randomize	void randomize(void)	初始化随机发生器	stdlib.h
	_rotl	unsigned _rotl(unsigned value, int count)	向左循环移位一个值	stdlib.h
	_rotr	unsigned _rotr(unsigned value, int count)	向右循环移位一个值	stdlib.h
	setjmp	int setjmp(jmp_buf jmpb)	非局部转移	setjmp.h
	sound	void sound(unsigned frequency)	用指定的频率打开　器	dos.h
	nosound	void nosound(void)	关闭　器	dos.h
	_strerror	char *_strerror(const char *s)	返回指向错误信息字符串的指针	string.h
	strtoul	unsigned long strtoul(const char *s,char **endptr,int radix)	将字符串转换成一个无符号长整型数	stdlib.h
	tmpnam	char *tmpnam(char *sptr)	建立一个　一的文件名	stdio.h
	tempfile	FILE *tmpfile(void)	打开一个二进制的临时文件	stdio.h
十一、标准函数	atexit	int atexit(atexit_t func)	注册终止函数	stdlib.h
	bsearch	void *bsearch(const void *key,const void *base, size_t *nelem, size_t width,int (*fcmp)(const void*, const void*))	二分法查找	stdlib.h
	getenv	char *getenv(const char *name)	从环境中取字符	stdlib.h
	lfind	void *lfind(const void *key, const void *base,size_t *pnelem, size_t width,int (*fcmp)(const void *, const void *))	线性搜索	stdlib.h

续表

类别	函数名	函数原型	功能	包含文件名
十一、标准函数	lsearch	void *lsearch(const void *key, void *base,size_t *pnelem, size_t width,int (*fcmp)(const void *, const void *))	线性搜索	stdlib.h
	putenv	int putenv(const char *name)	添加一字符串到当前环境	stdlib.h
	qsort	void qsort(void *base, size_t nelem,size_t width, int(*fcmp)(const void *, const void *))	快速排序	stdlib.h
	swab	void swab(char *from, char *to,int nbytes)	交换字节	stdlib.h
十二、时间和日期函数	asctime	char *asctime(const struct tm *tblock)	转换日期和时间为 ASCII	time.h
	ctime	char *ctime(const time_t *time)	转换日期和时间为字符串	time.h
	clock	clock_t clock()	程序处理时间。返回从程序启动所经过的时间	time.h
	difftime	double difftime(time_t time2,time_t time1)	计算两次时间之间的时间差	time.h
	dostounix	long dostounix(struct date *d,struct time *t)	转换日期和时间为 UNIX 时间格式	dos.h
	getdate	void getdate(struct date *datep)	取系统日期	dos.h
	gettime	void gettime(struct time *timep)	取系统时间	dos.h
	gmtime	struct tm *gmtime(const time_t *timer)	转换日期和时间为格林标准时间	time.h
	localtime	struct tm *localtime(const time_t *time)	转换日期和时间为结构	time.h
	setdate	void setdate(struct date *datep)	设置系统日期	dos.h
	settime	void settime(struct time *timep)	设置系统时间	dos.h
	time	time_t time(time_t *timer)	现在时间	time.h
	tzset	void tzset(void)	与 UNIX 兼容的时间函数	time.h
	unixtodos	void unixtodos(long time,struct date *d,struct time *t)	转换日期和时间为 DOS 格式	dos.h
十三、字符屏幕管理函数	clreol	void clreol(void)	清除正文窗口中的内容直到行末	conio.h
	clrscr	void clrscr(void)	清除正文模式窗口	conio.h
	delline	void delline(void)	删除正文窗口中的行	conio.h
	gettext	int gettex(int left,int top,int right,int bottom,void *destin)	复制正文模式屏幕商的正文到存储器	conio.h
	gettextinfo	void gettextinfo(struct text_info *r)	取正文模式显示窗口	conio.h
	gotoxy	void gotoxy(int x,int y)	在正文窗口中定位光标	conio.h
	highvideo	void higyvideo(void)	选择高密度的正文字符	conio.h
	insline	void insline(void)	在正文窗口插入空行	conio.h
	lowvideo	void lowvideo(void)	选择低密度字符	conio.h
	movetext	int movetext(int left,int top ,int right,int bottom,int destleft,int desttop)	把屏幕正文从一个窗口复制到另一个窗口	conio.h
	normvideo	void normvideo(void)	选择标准密度字符	conio.h
	puttext	int puttext(int left,int top ,int right,int bottom,void *source)	从存储器复制正文到屏幕	conio.h

续表

类别	函数名	函数原型	功能	包含文件名
十三、字符屏幕管理函数	textattr	void textattr (void)	设置正文属性	conio.h
	textbackground	void textbackground (int newcolor)	选择新的正文背景颜色	conio.h
	textcolor	void textcolor(int newcolor)	在正文模式中选择新的字符颜色	conio.h
	textmode	void textmode (int newmode)	设置屏幕为正文模式	conio.h
	wherex	int wherex(void)	给出窗口中水平光标位置	conio.h
	wherey	int wherey(void0	给出窗口中垂直光标位置	conio.h
	window	void window(int left,int top,int right,int bottom)	定义 活正文模式窗口	conio.h
十四、图形处理函数	bar	void far bar(int left,int top,int right,int bottom)	条形图	graphics.h
	bar3d	void far bar3d(int left,int top,int right,int bottom,int depth,int topflag)	三维条形图	graphics.h
	circle	void far circle (int x,int y,int radius)	圆	graphics.h
	cleardevice	void cleardevice(void)	清除图形屏幕	graphics.h
	clearviewport	void clearviewport (void)	清除当前的视区	graphics.h
	closegraph	void closegraph (void)	关闭图形系统	graphics.h
	detectgraph	void far detectgraph(int far *graphdriver,int far *graphmode)	决定要使用图形驱动器和模式	graphics.h
	drawpoly	void far drawpoly(int numpoints,int far poiypoints[])	多边形	graphics.h
	ellipse	void far ellipse(int x,int y,int stangle,int endangle,int xradius,int yradius)	圆	graphics.h
	fillpoly	void far fillpoly(int numpoints,int far polypoints[])	多边形并着色	graphics.h
	floodfill	void far floodfill(int x,int y,int border)	对一个有界区域着色	graphics.h
	getarccoords	void far getarccoords(struct arccoordstype far *arccoords)	取最后一次用的 标	graphics.h
	getaspectratio	void far getaspectratio(int far *xasp,int far *yasp)	返回当前图形模式的纵 比	graphics.h
	getbkcolor	int far getbkcolor(void)	返回当前背景颜色	graphics.h
	getcolor	int far getcolor(void)	返回当前 图颜色	graphics.h
	getfillpattern	void far getfillpattern(char far *pattern)	复制一个用户定义的填充模式到主存	graphics.h
	getfillsettings	void far getfillsettings(struct fillsettingstype far *fillinfo)	取有关当前填充模式和颜色信息	graphics.h
	getgraphmode	int far getgraphmode(void)	返回当前图形模式	graphics.h
	getimage	int far getimage(int left,int top,int right,int bottom, void far *bitmap)	保存指定区域的位图像到主存储器	graphics.h
	getlinesettings	void far getlinesettings(struct linesettingstype far *lineinfo)	取当前线类型、模式和 度	graphics.h
	getmaxcolor	int far getmaxcolor(void)	返回最大的颜色值	graphics.h
	getmaxx	int far getmaxx(void)	返回屏幕最大的 x 标	graphics.h
	getmaxy	int far getmaxy(void)	返回屏幕最大的 y 标	graphics.h

续表

类别	函数名	函数原型	功能	包含文件名
	getmoderange	void far getmoderange(int graphdriver,int far *lomode, int far *himode)	取一给定的图形驱动器的模式范围	graphics.h
	getpalette	void far getpalette(structpalettetype far *palette)	返回当前调色板的信息	graphics.h
	getpixel	unsigned far getpixel(int x,int y)	取指定象素的颜色	graphics.h
	gettextsettings	void far gettextsettings(struct textsettingstype far *texttypeinfo)	返回当前正文设置的信息	graphics.h
	getviewsettings	void far getviewsettings(atruct viewsettingstype far *viewport)	返回当前视区的信息	graphics.h
	getx	int far getx(void)	返回当前位置的 x 标	graphics.h
	gety	int far gety(void)	返回当前位置的 y 标	graphics.h
	grapherrormsg	char *far grapherrormsg(int errorcode)	返回一个错误的信息串	graphics.h
	graphdefaults	viod far graphdefaults(void)	将所有图形设置复位成它们的默认值	graphics.h
	_graphfreemem	void far _graphfreemem(void far *ptr,unsigned size)	释放用户可修改的图形存储器	graphics.h
	_graphgetmem	void far *_graphgetmem (unsigned size)	分配用户可修改的图形存储器	graphics.h
	graphresult	int far graphresult(void)	返回最后一次不成功的图形操作错误代码	graphics.h
十四、图形处理函数	imagesize	unsigned far imagesize(int left,int top,int right,int bottom)	返回存储一格位图象所需的字节数	graphics.h
	initgraph	void far initgraphline(int far *graphdriver,int far *graphmode, char far *pathtodriver)	初始化图形系统	graphics.h
	line	void far line(int x1,int y1,int x2,int y2)	线	graphics.h
	linerel	void far linerel(int dx,int dy)	从当前位置到一个相对距离间 一直线	graphics.h
	lineto	void far lineto(int x.int y)	从当前位置到(x,y)间 一直线	graphics.h
	moverel	void far moverel(int dx,int dy)	把当前位置移动一段相对距离	graphics.h
	moveto	void far moveto(int x,int y)	移动当前位置到(x,y)处	graphics.h
	outtext	void far outext(char far *textstring)	在视区显示一个字符串	graphics.h
	outtextxy	void far outtext xy(int x,int y,char far *textstring)	发送一个字符串到指定位置	graphics.h
	pieslice	void far pieslice(int x,int y,int stangle,int endangle, int radius)	形图并充填	graphics.h
	putimage	void far putimage(int left,int top,void far *bitmap, int op)	在屏幕上显示一个位图形	graphics.h
	putpixel	void far putpixel(int x,int y,int pixelcolor)	在指定处 一个象素	graphics.h
	rectangle	void far rectangle(int left,int top,int right,int bottom)	矩形	graphics.h
	registerbgidriver	int registerbgidriver(void (*driver)(void))	注册已连接的图形驱动器代码	graphics.h
	regislerbgifont	int regislerbgifont(void (*font)(void))	注册已连接键入字体代码	graphics.h
	restorecrtmode	void far restorecrtmode(void)	复屏幕模式为 initgraph 设置值	graphics.h
	setactivepage	void far setactivepage(int page)	为图形输出 活页	graphics.h

续表

类别	函 数 名	函 数 原 型	功　　能	包含文件名
十四．图形处理函数	setallpalette	void far setallpalette(struct palettetype far *palette)	改变所有调色板颜色为指定颜色	graphics.h
	setbkcolor	void far setbkcolor(int color)	利用调色板设置当前背景颜色	graphics.h
	setcolor	void far setcolor(int color)	利用调色板设置当前颜色	graphics.h
	setfillpattern	void far setfillpattern(char far *upatteun,int color)	利用调色板设置当前图颜色	graphics.h
	setfillstyle	void far setfillstyle(int pattern ,int color)	选择用户定义的着色模式	graphics.h
	setgraphbufsize	unsigned far setgraphbufsize(unsigned bufsize)	设置着色模式及颜色	graphics.h
	setgraphmode	void far setgraphmode(int mode)	改变内部图形缓存区大小	graphics.h
	setlinestyle	void far setlinestyle(int linestyle,unsigned upattern, int thickness)	设置当前线宽和类型	graphics.h
	setpalette	void far setpalette(int colornum,int color)	改变一种调色板颜色	graphics.h
	settexjustify	void far settexjustify(int horiz,int vert)	设置正文对齐	graphics.h
	setextstyle	void far setextstyle(int font,int direction,int charsize)	设置当前正文属性	graphics.h
	setusercharsize	void far setusercharsize(int multx,int divx,int multy, int divy)	为笔　字形用户自定义字符放大因子	graphics.h
	setviewport	void far setviewport(int left,int top,int right,int bottom,int clip)	为图形输出设置当前视区	graphics.h
	setvisualpage	void far setvisualpage(int page)	设置可见图形页数	graphics.h
	textheight	int far textheight (char far *textstring)	返回字符串高的图象数	graphics.h
	textwidth	int far textwidth (char far *textstring	返回字符串宽的图象数	graphics.h

参 考 文 献

1. 李志球．实用 C 语言程序设计教程．北京：电子工业出版社，2000.3
2. 谭浩强．C 语言程序设计．北京：清华大学出版社，2000.1
3. 孙辉、吴润秀．C 语言程序设计教程．北京：人民邮电出版社，2004.10
4. 吕凤翥．C 语言程序设计（教师使用参考书）．北京：清华大学出版社，2006.6
5. 沈大林．C 语言程序设计案例教程．北京：中国铁道出版社，2004.10
6. 廖雷．C 语言程序设计（第 2 版）．北京：高等教育出版社，2003.12
7. 李凤云，刘凤华．C/C++程序设计基础．北京：人民邮电出版社，2003.1
8. 谭浩强，卜家岐，范燮昌编著．C 语言程序设计教程．北京：高等教育出版社，2006.1
9. 谭浩强等．C 语言程序设计题解与上机指导．北京：清华大学出版社，2000.11
10. 张磊．C 语言程序设计实验与实训指导及题解．北京：高等教育出版社，2005.8
11. 顾小晶．实用 C 语言简明教程．北京：中国电力出版社，2004.10
12. 崔武子、齐华山等．C 程序设计试题精选．北京：清华大学出版社，2005.6

《C 语言程序设计教程（第二版）》读者调查表

尊敬的读者：

　　欢迎您参加读者调查活动，对我们的图书提出真诚的意见，您的建议将是我们创造精品的动力源泉。

　　为方便大家，我们提供了两种填写调查表的方式：

　　1. 您可以登录 http://yydz.phei.com.cn，进入右上角的<u>读书</u>栏目，填好本调查表后直接反馈给我们。

　　2. 您可以填写下表后寄给我们（北京海淀区万寿路 173 信箱电子技术分社　邮编：100036）。

姓名：_____　　性别：□ 男　□ 女　　年龄：_____　　职业：_____

电话（寻呼）：_____　　E-mail：_____

传真：_____　　通信地址：_____

邮编：_____

1. 影响您购买本书的因素（可多选）：
   □封面封底　　□价格　　□内容提要、前言和目录　　□书评广告　　□出版物名声
   □作者名声　　□正文内容　　□其他____ _____

2. 您对本书的满意度：

   从技术角度　　□很满意　　□比较满意　　□一般　　□较不满意　　□不满意
   从文字角度　　□很满意　　□比较满意　　□一般　　□较不满意　　□不满意
   从排版、封面设计角度　　□很满意　　□比较满意　　□一般　　□较不满意
   □不满意

3. 您最喜欢书中的哪篇（或章、节）？请说明理由。
   _____
   _____

4. 您最不喜欢书中的哪篇（或章、节）？请说明理由。
   _____
   _____

5. 您希望本书在哪些方面进行改进？
   _____
   _____

6. 您感兴趣或希望增加的图书选题有哪些？
   _____
   _____
   _____

邮寄地址：北京海淀区万寿路 173 信箱电子技术分社　张榕　　邮编：100036
电　　话：（010）88254455　　E-mail：zr@phei.com.cn